PUBLIC
DESIGN

공공디자인으로 대한민국 바꾸기

PUBLIC DESIGN

모든 이를 위한 공공디자인 · 생활안전을 더하는 공공디자인 · 재생 공공디자인
품격을 높이는 공공디자인 · 생활편의 공공디자인 · 참여 공공디자인 · 공공디자인 진흥전략

머리말

보다 아름답고 쾌적한 환경에서 살고자 하는 것은 사람의 기본적인 욕구입니다. 그것이 인간의 삶을 보다 윤택하게 하고 좋은 생각과 행복한 마음으로 이어나가게 하기 때문일 것입니다. 그러나 우리의 도시는 오랫동안 경제적 논리와 개발 논리에 치우쳤기 때문에 기능적으로는 발달해 왔지만, 풍요로운 사람의 삶과 개성적인 미적 가치와는 다소 거리가 먼 방향으로 성장해 왔습니다. 그 결과로 그 어느 도시보다 높은 빌딩과 넓은 아파트 단지를 가지게 되었지만, 조화롭지 못한 도심경관과 자연경관과 문화경관의 훼손을 비롯하여 안전하지 못한 보행환경 등의 문제를 안게 되었습니다.

이제 경관법과 공공디자인법의 제정으로 우리는 우리 사회를 한 단계 더 질적으로 성장시킬 기회를 맞게 되었습니다. 이러한 도시 공공디자인의 성장을 위해서는 시민과 행정 및 전문가의 협력과 지속적인 노력이 필수적입니다. 도시환경이라는 인프라의 개선은 많은 시간과 비용이 수반되며, 따라서 많은 이들이 도시의 공공환경이 평등하고 안전하며 쾌적해야 한다는 것을 이해해야 합니다. 또한 그것을 바꾸기 위한 끊임없는 노력이 필요합니다. 그것을 위해서 필요한 것이 많은 이들의 이해와 지혜를 높이기 위한 교육을 위한 교재이며, 우리 사회에 무엇보다 공공디자인의 발전을 위해 필요한 자양분이라고 할 수 있습니다.

그런 측면에서 금번 공공디자인으로 대한민국 바꾸기는 공공디자인과 안전 디자인 및 유니버설 디자인 그리고 도시재생 등 공공디자인과 관련된 다양한 분야의 이론과 실천에 대한 내용을 기초부터 사례까지 체계적으로 정리하였다는 점에서 국내 공공디자인의 수준을 한 단계 높일 수 있는 교재라고 생각이 됩니다. 이러한 우리의 노력은 다음 세대들이 보다 편하고 쾌적하며 안전하게 살 수 있는 도시환경 조성에 크게 기여할 것이며, 국제적으로도 가치가 높은 작업이라고 생각됩니다. 이 교재를 시작으로 우리의 도시 공공디자인 교육의 장이 더욱 확산되기를 기대하며, 시민중심·인간중심·지역중심의 도시 디자인이 더욱 성장하기를 기대합니다.

수고해 주신 모든 집필진과 후원해 주신 한국도시설계학회의 김영환 회장님 및 모든 임직원 여러분, 출판을 흔쾌히 허락해 주신 지구문화사 대표님과 관계자분들에게도 진심으로 감사를 드리고 싶습니다.

더 나은 도시를 위한 소중한 밑거름이 되기를 기대합니다. 감사합니다.

2020년 2월 1일

한국도시설계학회 공공디자인연구위원회 위원장 중앙대학교 교수 이석현

Contents

PART 1 모든 이를 위한 공공디자인

1 . 공공디자인 해석하기

1.1 공공디자인 개념과 의미 10
1.2 공공디자인 진흥종합계획의 방향과 내용 13
1.3 공공디자인 구성과 특징 15
1.4 공공디자인의 진행과정과 관점 21
1.5 공공디자인의 향후 추진 방향 27

2 . 공공공간의 무장애 디자인

2.1 무장애 디자인 (BARRIER - FREE DESIGN) 34
2.2 무장애 디자인 생활환경인증 (BF 인증) 34
2.3 실내 공공공간의 무장애 디자인 범위 및 이슈 35

3. 유니버설 디자인 - 공공화장실 디자인 사례

3.1 프로젝트 배경 및 목적 55
3.2 주요 내용 56
3.3 주요 개선 사례 68
3.4 프로젝트의 의의와 기대 효과 72

PART 2 생활안전을 더하는 공공디자인

4. 안전마을 조성을 위한 공공의 디자인

4.1 안전마을 전략의 필요성 76
4.2 안전 디자인 선행 사례 조사 77
4.3 수원시 안전마을 전략 및 세부 실행지침 81

5. 도시안전을 위한 환경색채

5.1 도시안전과 색채 96
5.2 도색중심의 초기 셉테드 99
5.3 최근 셉테드와 색채 109
5.4 도시안전에서의 색채역할 117

6. 고속도로의 안전디자인

6.1 고속도로 디자인의 기본 방향 123
6.2 현황조사 125
6.3 졸음쉼터 문제점 분석 126
6.4 졸음쉼터 설계기준 128
6.5 더 나은 졸음쉼터 디자인을 위한 5가지 제언 132
6.6 맺음말 138

PART 3 재생 공공디자인

7. 도시재생과 연계된 공공디자인

7.1 프롤로그 ... 142
7.2 도시재생이란? ... 145
7.3 도시재생사업에서 공공디자인의 필요성 ... 154
7.4 도시재생지역 내 가로와 공공디자인 ... 156
7.5 공공디자인 적용 사례 ... 159
7.6 에필로그 ... 169

8. 가로재생 디자인

8.1 길이 뜨고 있다 ... 170
8.2 재생의 시대, 더 중요해진 가로의 의미 ... 177
8.3 재생을 위한 가로, 어떻게 만들 것인가 ... 183

9. 원도심 도시재생과 공공디자인

9.1 원도심 도시재생사업과 공공디자인 ... 188
9.2 경안동 도시재생 뉴딜 사업 소개 ... 192
9.3 도시재생 사업과 도시디자인 관리체계 ... 205

10. 도시재생 활성화를 위한 공공디자인

10.1 대도시 중심구의 변천 ... 210
10.2 바람 불 때 연 날리기 ... 211
10.3 한국 관광의 별이 되다 ... 224
10.4 돌아보며 ... 225

PART 4 품격을 높이는 공공디자인

11. 해양문화디자인

11.1 22세기 해양시대를 읽다 ... 228
11.2 해양디자인의 출발 ... 233
11.3 해양디자인 정의 ... 239
11.4 결론 ... 246

12. 일상으로서의 공공공간 디자인

12.1 공공공간의 의미와 분류 ... 247
12.2 공공공간의 특성과 조형 요소 ... 250
12.3 공공공간의 조형 디자인 ... 260
12.4 맺음말 ... 270

13. 공공건축 디자인

13.1 공공건축의 개요 ... 271
13.2 공공건축의 건축 ... 277
13.3 공공건축의 디자인 관리 ... 284

Contents

PART 5 생활편의 공공디자인

14. 공공안내 사인 색채 개선

14.1 공공사인의 이해 300
14.2 공공안내 사인 색채 305
14.3 공공안내 사인 색채 관련 가이드라인 314
14.4 공공안내 사인 색채 개선방안 319

15. 지하철 역사공간 안내체계 디자인

15.1 지하철 역사 공간 안내체계 디자인 개요 321
15.2 조사 및 분석 - D.D.I 사용자 심층 인터뷰 325
15.3 통합 안내 사인 표준 디자인 335

PART 6 참여 공공디자인

16. 주민 참여를 통한 공공디자인

16.1 '참여를 통한 공공디자인'을 왜 해야 하는가? 348
16.2 퍼실리데이터로서의 디자이너 349
16.3 참여를 원활히 하기 위한 전략 350
16.4 참여 과정을 디자인하기 354
16.5 주민 참여 기법 356

17. 커뮤니티 활성화 전략

17.1 참여자 모집 364
17.2 찾아가는 워크숍 367
17.3 역할 바꾸기 368
17.4 도시재료 370
17.5 시범사업 373

18. 공공소셜 플랫폼 디자인

18.1 "공공"과 "디자인" 사이 376
18.2 커뮤니티 재생 377
18.3 커뮤니티 속성 재규정 379
18.4 융복합 혹은 플랫폼 381
16.5 융복합 플러스 플랫폼 383

PART 7 공공디자인 진흥전략

19. 공공디자인 진흥을 위한 전략

19.1 다시 공공디자인이다 ······ 390
19.2 공공디자인의 진흥전략 ······ 394
19.3 공공디자인 진흥의 실현 ······ 404

20. 공공디자인 행정과 거버넌스

20.1 공공디자인 행정 ······ 407
20.2 공공디자인 정책 ······ 413
20.3 공공디자인 법규와 제도 ······ 415
20.4 공공디자인 거버넌스 ······ 423

21. 공공서비스 디자인 전략

21.1 서비스 디자인의 등장 ······ 428
21.2 공공서비스 디자인 ······ 433
21.3 공공디자인 전략의 필요성 ······ 440

PART 1

모든 이를 위한 공공디자인

1. 공공디자인 해석하기

1.1 공공디자인 개념과 의미
1.2 공공디자인 진흥종합계획의 방향과 내용
1.3 공공디자인 구성과 특징
1.4 공공디자인의 진행과정과 관점
1.5 공공디자인의 향후 추진 방향

2. 공공공간의 무장애디자인

2.1 무장애 디자인 (BARRIER - FREE DESIGN)
2.2 무장애 디자인 생활환경인증 (BF 인증)
2.3 실내 공공공간의 무장애 디자인 범위 및 이슈

3. 유니버설 디자인 - 공공화장실 디자인 사례

3.1 프로젝트 배경 및 목적
3.2 주요 내용
3.3 주요 개선 사례
3.4 프로젝트의 의의와 기대 효과

Public Design
Public Design For Everyone,
Universal Design,
An Easy Design,
Public Design For People,
Barrier Free Design.

PART 1 모든 이를 위한 공공디자인

1. 공공디자인 해석하기

1.1 공공디자인의 개념과 의미

공공디자인은 공공공간과 공공시설 등의 공적인 요소뿐만 아니라 외부경관에 영향을 미치는 사적 공간에 대해 심미성·기능성·정체성 등을 고려하여 진행되는 모든 디자인 행위를 지칭하는 용어이다. 또한 공공디자인법은 그러한 공공의 디자인에 대해 문화적 공공성과 심미성 향상에 필요한 사항을 정함으로써 국가 및 지역의 정체성과 품격을 제고하고 국민의 문화 향유권을 증대하는 데 목적을 두고 있다. [공공디자인법 제1조(목적)]

최근 이러한 공공디자인의 중요성이 커지고 있는 것은 국내의 사회·경제적 성장 및 국민의식 향상으로 쾌적하고 지속 가능한 공공공간에 대한 요구가 높아진 것을 반영한 것이다. 또한, 인구의 고령화 및 다문화 확산 등의 변화로부터 성별과 연령·장애의 유무·문화에 구분 없이 향유 가능한 일상 공공공간의 중요성이 커진 것이며, 그러한 기반을 교육·환경·인권·복지·정치·경제·여가 등 사회영역 전반으로 확산될 수 있도록 조성해 나가는 데도 중요한 의의가 있다. [문화기본법 제2조(기본이념)]

동시에 도시경관 측면에서 기존의 획일적이고 기능 위주의 단순한 공공의 디자인을, 지역과 장소의 특성을 고려한 개성적이고 기능적인 디자인으로 향상시키고자 하는 목적도 포함하고 있다. 이는 장기적으로 공공공간의 발전과 지역의 활성화에도 영향을 미침으로써 삶의 만족도 향상에 기여하게 될것이며, 다음 세대에도 물려줄 수 있는 지속 가능하고 매력적인 공간 조성을 지향하고 있다.

그림 1-1 파장동 공공디자인 개선 후 풍경 - 안전한 보행로와 휴게공간의 조성

공공디자인의 방향과 내용

공공디자인은 크게 5가지의 의미를 가지고 있다.

첫째, 사용자에게 쾌적한 공공공간과 환경의 조성을 통해 생활에서의 만족도를 향상시키고 장소의 가치를 높이는 것이다. 이는 기존의 많은 공공공간과 공공시설이 양적 공급과 기능적인 측면을 강조하여 생긴 공간사용의 불편함과 안전성의 저하 및 공간매력의 저하 등의 문제점 개선에 목적을 두고 있다.

둘째, 사용자의 다양성을 고려하여 차별없는 공간사용 환경을 지향하고 있다. 이는 건강한 사람과 신체에 장애가 있는 사람·연령·성별의 차이·문화의 차이·지역의 차이 등에 구분 없이 모든 사용자에게 편리하고 쾌적한 사용 환경을 제공하는 것이다. 이를 통해 장소의 불균형을 해소하고 행복감을 증진시켜 새로운 사회 활동의 배경을 향상시키는 데에 그 목적이 있다.

셋째, 개성적인 공간조성으로 장소의 매력을 향상시키는 것이다. 이는 공공디자인에 있어 지역과 장소에 축적된 특성을 반영하고, 사용자의 특성을 고려하여 공간마다의 차별화된 형태와 소재로서 지속 가능한 가치를 창출하는 것을 의미한다.

넷째, 누구나에게 안전한 사용 환경을 조성하는 것을 기본으로 한다. 최근 전국적으로 신체적·사회적 약자를 대상으로 한 범죄가 증가하고 있으며, 공공디자인 적용에 있어서도 이러한 점을 고려하여 사용하기 안전하고 범죄로부터 안전한 공간을 조성하여 보다 편리하고 개방적인 장소의 구축이 필수적으로 요구된다.

다섯째, 지속 가능한 공공디자인의 적용으로서, 공공환경의 조성과 디자인 개발에 있어서 공공장소의 주체인 시민이 계획의 중심이 되도록 하는 참여의 디자인이다. 이를 통해 계획단계부터 장소의 가치와 사용자의 니즈가 명확하게 반영되어 공간만족감이 높아지며, 유지관리에 있어서도 시민 주체가 중심이 되는 지속 가능한 공공환경 구축이 가능하다.

더불어 시민과 행정 및 전문가의 유기적인 관계를 구축하여 계획과 관리의 수준향상과 시민의식 향상 및 시민 참여활동의 지속적인 지원이 가능한 체계 구축이 요구된다.

그림 1-2 공공디자인의 의미와 방향

1.2
공공디자인 진흥계획의 방향과 내용

공공디자인 진흥종합계획은 공공디자인의 문화적 공공성과 심미성 향상을 위한 정책을 국가 차원에서 지정한 최초의 법정 계획으로서 전국의 지방자치단체의 공공디자인 지역계획의 방향을 제시하는 데 목적을 두고 있다. 이를 통해 공공디자인 정책을 수립하는 중앙 부처 간이나 중앙과 지방정부 간에서 다양한 분야의 협력을 유도하고 있다.

특히 추진체계에 있어 기초 지방자치단체의 공공디자인 지역위원회에서 지속적으로 공공디자인을 관리할 수 있도록 하여 양호한 지역의 경관과 환경을 개선할 수 있도록 한 점에서 의의가 크다.

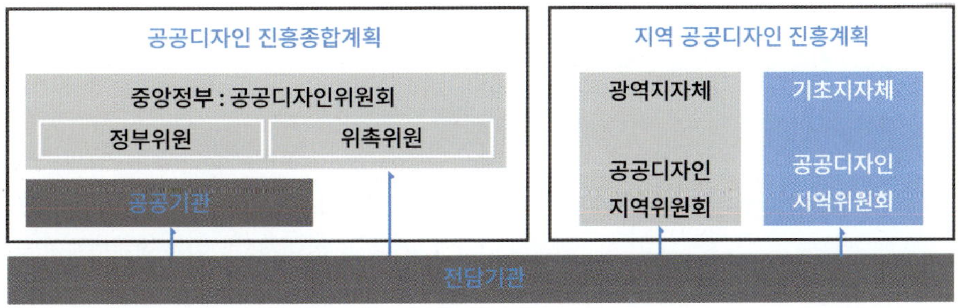

그림 1-3 공공디자인 진흥종합계획의 추진체계

이러한 체계를 바탕으로 기존의 개별적으로 진행되던 공공디자인을 협력과 참여를 통한 방법으로 추진하고자 하고 있으며, 동시에 물리적 환경 위주로 조성되는 계획의 방향도 공공디자인을 활용한 사회문제 해결 방식의 서비스 지원 형태로 변환하고자 하고 있다. 이는 관주도의 방식이 아닌 소통과 참여의 시민주도로 추진하도록 하여 지속 가능한 디자인 의식과 수준 성장이 가능하도록 하고 있으며, 동시에 일상에서 안전과 편의를 증진하기 위한 공공디자인의 적용과 도시재생과 같은 도시와 공공공간의 맥락을 지속적으로 형성시켜 나가는 차별화된 접근법을 지향하고 있다.(그림 1-4)

	현재	목표	미래
구조	**개별**	협력과 연계의 새로운 공공디자인 모형 제시	**협력**
대상	**물리적 환경**	공공디자인을 활용한 사회문제 해결	**서비스 지원**
주체	**관 주도**	국민소통과 참여의 공공디자인 프로세스	**국민 주도**
효과	**이벤트**	국민 일상의 안전과 편의를 증진하는 공공디자인	**일상**

그림 1-4 공공디자인 진흥종합계획 수립의 기본 방향

공공디자인 진흥계획의 주요 방향

모든 사용자를 고려한 쾌적한 공공공간 조성을 위한 공공디자인은 다음과 같은 방향으로 추진하는 것을 원칙으로 한다.

① 쾌적하고 안전한 환경조성 - 안전디자인, 환경디자인

공공의 이익과 안전을 최우선으로 고려하여 아름답고 쾌적한 환경을 조성하도록 한다. 이와 관련된 디자인 방법으로는 안전디자인과 환경디자인 등이 있다.

② 모든 사람을 위한 디자인 - 유니버설 디자인

연령, 성별, 장애 여부, 국적 등에 관계없이 모든 사람들이 안전하고 쾌적하게 환경을 이용할 수 있는 디자인을 지향한다. 이와 관련된 디자인 방법으로는 유니버설 디자인이 있다.

③ 조화롭고 차별화된 디자인 - 아이덴티티, 균형있는 디자인

국가와 지역의 역사 및 정체성을 표현하고, 주변 환경과 조화·균형을 이루는 디자인을 지향한다. 이와 관련된 디자인 방법으로는 아이덴티티와 균형있는 디자인이 있다.

④ 참여의 디자인 - 서비스 디자인, 참여 디자인

공공디자인에 관한 국민들의 의견을 적극적으로 수렴하여, 의사결정 과정에 국민들이 참여할 수 있는 다양한 방안의 마련을 지향한다. 이와 관련된 디자인 방법으로는 서비스 디자인과 참여 디자인이 있다.

⑤ 통합 디자인 - 통합적인 디자인

공공공간과 공공시설물과 관련된 관계기관과 적극적 협력체계를 통하여 통합적 관점의 공공디자인이 구현될 수 있도록 한다. 이와 관련된 디자인 방법으로는 통합적인 디자인이 있다.

그림 1-5 미국 시애틀의 매력적인 수변 공공 공간 디자인

1.3 공공디자인의 구성과 특징

공공디자인의 대상

공공디자인의 대상은 사적 영역의 디자인과 공적 영역의 디자인 모두가 해당된다. 개인 소유의 건축물과 시설물이라도 공공의 공간에서 다양한 사람들에게 시각적, 물리적인 영향을 미치기 때문에 공공디자인의 영역에 해당된다.

공공영역의 디자인에는 공공 공간과 공공시설, 공공안내와 정보 등과 같은 공공재로 사용되는 모든 항목이 대상이 된다. 특히 정부와 지자체, 공공기관에서 추진하는 모든 도시환경과 관련된 계획대상은 공공디자인의 영역에 해당되며, 최근은 문화의 영역까지 확장되어 비물질적인 도시환경의 요소들도 공공디자인 영역에 포함되고 있다.

(1) 공공공간의 디자인

공공 공간에는 도시의 모든 공간 및 환경이 포함되며, 건축물과 같은 공공건축물에서부터, 건축물의 내부, 광장과 같은 외부 공공 공간 등이 포함된다.

그림 1-6 개방적으로 기능적인 요코하마의 보행 공공시설물

그림 1-7 심미성과 기능성을 가진 독일의 공공매체 디자인

(2) 공공매체 디자인

공공매체는 관련된 사인과 표지판, 광고판 등의 정보매체와 지자체의 사인과 상징물, 화폐 등의 상징매체 등 일체의 시각정보물이 포함된다.

대분류	중분류	소분류	세부 항목
공공 공간 디자인	도시 환경	야외공공 공간계	공원, 운동장, 묘지, 공공기관 부속용지, 광장, 놀이터, 집회시설, 보도, 쌈지공원 혹은 기타 유사기능의 공간디자인
		기반시설 공간계	도로, 주차장, 터널, 철로, 고가도로, 교량, 관개배수시설, 상하수도시설, 하수처리장, 발전소 혹은 기타 유사기능의 공간디자인
	공공 건축 및 실내 환경	행정 공간계	공공안내소, 마을회관, 파출소, 소방서, 우체국, 전화국, 동사무소, 군사공간, 교도소, 국가 또는 지방자치단체 청사, 정부행정부처 건물, 외 국공관 건축물 혹은 기타 유사 기능의 공간디자인
		문화복지 공간계	시민회관, 문화재, 체육관, 경기장, 공연장, 국공립 복지시설, 국공립 의료시설, 보육원, 기념관, 박물관, 미술관, 휴게소 혹은 기타 유사기능의 공간디자인
		역사시설 공간계	여객자동차터미널, 화물터미널, 철도역사, 지하철역, 공항, 항만, 고속도로 휴게실 혹은 기타 유사기능의 공간디자인
		교육 공간계	국공립 초·중·고등학교 및 대학교, 유아원, 교육원, 훈련원, 연구소,도서관, 여수원 혹은 기타 유사기능의 공간디자인

표 1-1 공공디자인의 영역 (한국공공디자인학회 2007)

대분류	중분류	소분류	세부 항목
공공 시설물 디자인	교통 시설	보행시설물계	보행 신호등, 펜스, 볼라드, 가드레일, 가로표식, 에스컬레이터, 정류장, 자전거 정차대, 육교, 지하도, 보행 유도등 등과 같은 시설물의 디자인
		운송시설물계	신호등, 교통차단물, 속도 억제물, 주차시설, 주차요금징수기, 공공기관 소유차량 등과 같은 시설물의 디자인
	편의 시설	휴게시설물계	벤치, 의자, 쉘터, 옥외용 테이블 등과 같은 시설물의 디자인
		위생시설물계	휴지통, 음수대, 재떨이, 화장실, 세면장 등과 같은 시설물의 디자인
		판매시설물계	매점, 무인 키오스크, 자동판매기, 신문가판대 등과 같은 시설물의 디자인
	공급 시설	관리시설물계	맨홀, 전신주, 보행등, 신호개폐기, 전력구, 배전함, 환기구, 우체통,소화전, 방재시설, 범죄예방장치, 신원확인장치 등과 같은 시설물의 디자인
		정보시설물계	공중전화, 풍향계, 시계, 인포부스, 관광안내시설, 지역 안내도, 교통 정보판 등의 시설물의 디자인
		행정시설물계	각종 집기와 도구, 제복, 가구, 문구, 표찰, 무인 민원처리기 등과 같은 시설물의 디자인
공공 매체 디자인	정보 매체	지시유도 기능매체계	이정표, 교통표지판, 지역관광안내도, 버스노선도, 지하철노선도, 방향유도사인, 규제사인, 자동차 번호판, 각종 픽토그램 등과 같은 시각매체의 디자인
		광고기능매체계	광고판, 현수막, 포스터, 게시판, 간판, 배너, 깃발, 홍보영상 등과 같은 시각매체의 디자인
	상징 매체	행정기능매체계	국가상징사인, 행정부처 및 지방자치단체의 상징사인, 국가기관 상징사인, 각종 증명서, 공문서 서식, 각종 출판물 표지, 각 기관 웹 페이지 등과 같은 시각매체의 디자인
		유동기능매체계	화폐, 여권, 교통카드, 채권, 기념주화, 우표 등과 같은 시각매체의 디자인
		환경연출매체계	벽화, 슈퍼그래픽, 미디어 아트, 오감연출매체 등과 같은 시각매체의 디자인
공공 디자인 정책	행정 및 정책계		문화진흥정책, 산업정책, 보건복지정책, 환경자원정책, 기술정책, 문화정책, 지역개발, 관광자원개발, 이벤트 산업, 국민건강진흥, 스포츠 복지, 예술 등 공공디자인을 진흥할 수 있는 다양한 방안
	관련법규계		경관법, 도로교통법, 건축법, 의장법, 산업디자인 관련법, 산업재산권법, 보건복지법, 문화재보호법, 교통안전법, 행정법 등과 같은 공공디자인을 진흥할 수 있는 법의 연구

표 1-1 공공디자인의 영역 (한국공공디자인학회 2007)

(3) 공공시설물 디자인

공공시설물은 외부공간과 건축물 내부의 공간이용편의를 위해 설치된 공공제품 일체를 지칭하는 용어이다. 도로의 펜스와 육교, 다리, 조명 등의 교통시설과 벤치, 휴지통, 안내소, 화장실 등의 편의시설, 소화전, 현금지급기, 자판기 등의 공급시설이 해당된다.

그림 1-8 심플하고 기능적인 일본 요코하마의 공공시설물

(4) 공공디자인 정책

공공디자인 종합 진흥계획과 같은 공공디자인 정책과 법규, 지자체의 진흥계획 및 가이드라인 및 매뉴얼과 같은 지속적인 공공디자인 구축을 위해 요구되는 정책계와 법규계가 이에 해당된다.

공공디자인 진흥법 공공디자인 진흥종합계획	공공디자인 진흥계획 공공디자인 가이드라인 공공디자인 도시재생 공공디자인 뉴딜사업 공공디자인 ⋮

공공디자인 계획을 추진하기 위해서는 필수적으로 다음과 같은 요소들이 반영되어야 한다.

공공디자인의 특성

❶ 심미성 - 조화성/조형성

공공디자인에 있어 심미성은 조형적으로 다른 요소들과 조화를 이룰 수 있는 관계성을 가지는 것을 의미한다. 조형적인 조화를 위해서는 공간에 최적화된 형태와 색채, 소재 등을 시각적으로 구현해야 하며, 모방을 탈피하여 창조적으로 장소의 정체성을 부여하는 과정이 필요하다.

최근은 기존의 획일적이고 과도한 디자인으로 인해 공공공간의 정체성이 저하되는 문제점을 해결하기 위해, 다양성을 수용하여 심플하면서도 장소의 특성 및 사용자의 특성, 조형적 질서를 명확히 표현하는 디자인 방향으로 가고 있다.

❷ 기능성 - 공공성/사용성/내구성/인지성

공공디자인에 있어 기능성은 사회 구성원 모두에게 차별없이 사용하기 편리한 기능을 가진 공공성을 의미하는 것으로서, 공공의 편의와 이익에 부합되어야 한다. 특히 모든 사람들의 차별 없는 사용환경 구축을 위한 사용성 확보가 중요한데, 인체공학적인 측면과 안전성 측면을 비롯하여 가로구조와의 적합성이나 시지각적인 작동의 편의 등이 고려되어야 한다.

최근은 시각장애인과 노약자 등의 신체약자를 고려한 색채와 소재의 개발, 유도 블록과 촉각 점자지도, 소리 신호 등의 다양한 공공디자인 기능이 개발되어 적용되고 있다.

이러한 공공디자인에 있어 기능성은 구성원들의 삶의 질적 수준을 나타내며, 한 사회의 문화수준과 배려의 척도를 평가하는 중요한 수단이 되고 있다.

❸ 환경성 - 친환경성/지속성/쾌적성

공공디자인에 있어 환경성은 환경과 친숙하면서도 지속가능한 과계를 가지는 디자인을 의미한다. 최근은 개발을 넘어선 친인간적·친자연적·친문화적 디자인의 접근으로 표현되고 있다. 환경성에서는 공공디자인을 하나의 시설물로 보는 것이 아닌, 다음 세대에 물려줄 문화적 자산으로 생각하고 지속적으로 성장하고 발전할 수 있는 디자인을 추구한다.

따라서 지속가능한 소재와 형태로서 주변의 시각적·환경적으로 부하를 주지 않도록 재사용이 가능한 소재와 색채, 오래 봐도 친숙한 형태, 문화적으로 주변의 공간특성과 조화되는 디자인이 요구된다. 동시에 모든 사용자가 정신적, 육체적으로 안정감과 만족감을 느낄 수 있는 쾌적한 사용환경의 구축도 환경성의 중요한 요소이다.

1.4 공공디자인의 진행과정과 관점

공공디자인의 진행과정

공공디자인 계획의 진행은 지역 공공디자인 추진을 위한 기본구상의 작성으로부터 시작된다. 기본구상에는 정의와 필요성, 구성요소들이 포함되어야 한다. 기본구상을 바탕으로 지역의 현황과 문제점에 대한 조사 및 분석 시에는 대상지역의 공공디자인 기반구축을 위한 공공디자인 현황과 함께, 법률과 제도에 관한 조사가 필요하며, 참고가 될 국내외 선진사례에 대한 조사와 분석도 동시에 진행한다.

이와 같은 조사 및 분석 결과를 바탕으로 기본구상과 계획안을 작성하며, 각 요소와 실천전략을 수립하게 된다. 구상과 전략에서는 지역에서 지향해야 할 공공디자인의 방향과 체계 및 전략 등 철학과 방법이 구체적으로 제시되어야 한다.

이에 따라 다음 단계에서 공공디자인 요소와 권역, 단계에 따른 단계별 추진계획안을 작성하고, 세부적인 사업추진 주체와 추진사업 및 조직체계와 운영방법 등을 제시하여 실질적인 추진에 따른 내용을 정리한다. 대표적인 사례인 동두천시 기본계획의 진행내용은 다음과 같다 (그림 1-10).

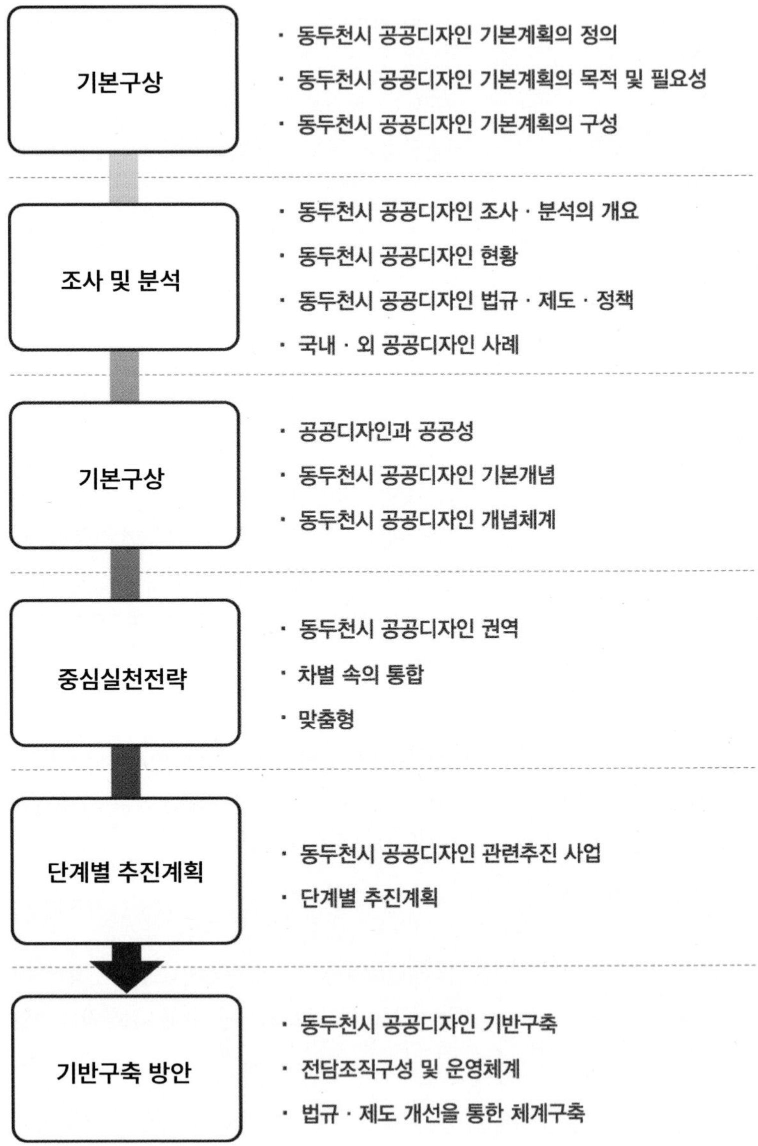

그림 1-10 동두천시 공공디자인 기본계획의 진행내용

공공디자인의 개념과 기본방향

공공디자인 기본방향은 공공디자인과 관련된 각종 정책과 사업들이 균형 있게 추진될 수 있도록 하는 기준이 되며, 각종 사업 추진결과에 대한 평가에 있어서도 구심적 역할을 한다. 따라서 지역에서 추구하고자 하는 지역형성과 경관조성 및 공공디자인의 방향 등이 포괄적으로 포함되어야 하며, 지향하고자 하는 미래상과의 연계성 등이 면밀하게 고려되어야 한다.

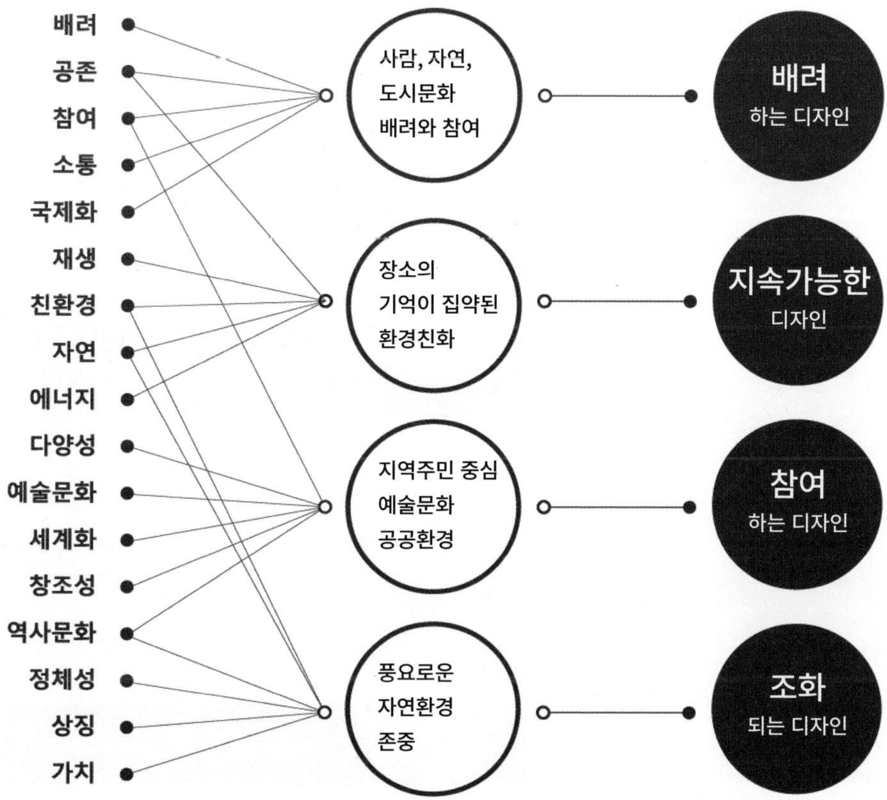

그림 1-11 동두천시 공공디자인 기본계획의 방향

배려하는 디자인	자연과 도시문화, 사람에 대한 배려와 참여
지속가능한 디자인	후손에게 물려줄 수 있는 장소의 기억이 집약된 환경친화적 디자인
참여하는 디자인	지역 주민이 중심이 되는 예술문화 및 공공환경 디자인
조화되는 디자인	풍요로운 자연환경을 존중하는 디자인

그림 1-11 동두천시 공공디자인 기본계획의 방향

이를 공공디자인의 철학과 미래상으로 규정할 수 있으며, 지역의 공공디자인에 대한 가치와 지향하고자 하는 전략의 기준 역할을 하게 된다. 또한 공공디자인의 시대별 가치와 구성원들의 사회적 지향 등이 반영되어야 한다. 따라서 공공디자인 수준과 의식의 발전에 따라 기본방향의 수준도 변경되어야 한다(그림1-11).

공감하고, 소통하며, 조화시키는 동두천

공감 Sympathy + 소통 Communication + 조화 Harmony

"조화를 통해 공감하는 도시, 동두천"

그림 1-12 공공디자인 미래상 예시(다음 페이지에서 계속)

배려하는 디자인	자연과 도시문화, 사람에 대한 배려와 참여
지속가능한 디자인	후손에게 물려줄 수 있는 장소의 기억이 집약된 환경친화적 디자인
참여하는 디자인	지역 주민이 중심이 되는 예술문화 및 공공환경 디자인
조화되는 디자인	풍요로운 자연환경을 존중하는 디자인

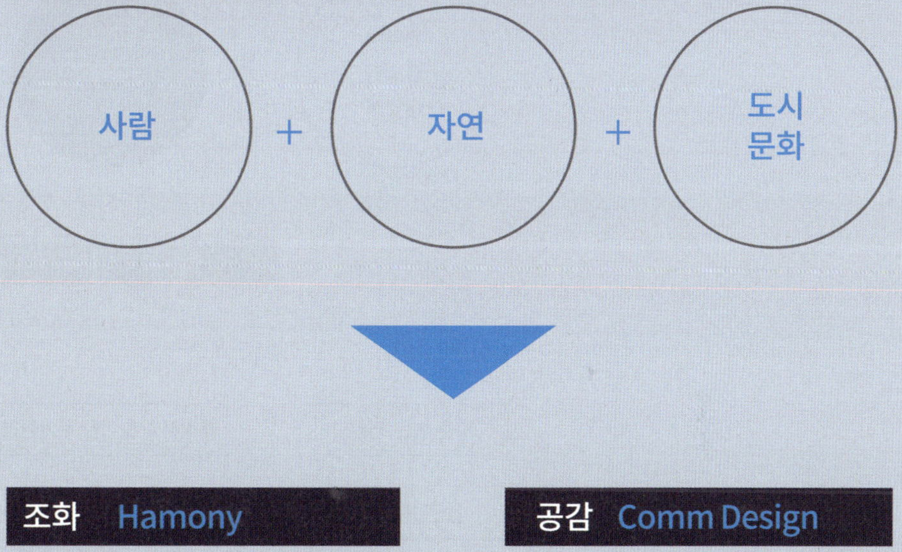

그림 1-12 공공디자인 미래상 예시

공공디자인 미래상과 전략

공공디자인 기본구상에는 지역에서 지향하고자 하는 공공디자인의 콘셉트와 미래상, 추진전략이 수립되어야 한다. 이러한 콘셉트와 미래상은 행정 단독으로 수립되는 것이 아닌 전문가와 시민과의 워크숍, 교류회, 여론조사 등을 통해 소통하는 방식으로 수립되어야 실질적 추진력을 가질 수 있다.

그림 1-13 동두천시 공공디자인 기본계획의 방향

공공디자인 미래상은 지역 시민과 전문가와 공유하는 가장 핵심적인 약속이기 때문에 알기 쉽고 명확해야 하며, 지역의 특성이 반영되어야 한다.

공공디자인 전략은 이러한 미래상을 구현하기 위한 단계별·요소별 핵심 내용을 정리한 것으로서 다른 지역과의 차별화된 공공환경 조성의 필수적인 요소이다. 최근은 물리적 환경 이외의 커뮤니티의 의식향상과 지역의 정체성 구축이 가장 핵심적인 과제가 되어 있으며, 지속가능한 공공환경 구축을 위한 공공디자인 요소별 특화전략도 고려되어야 한다(그림 1-13).

1.5 공공디자인의 향후 추진방향

공공디자인의 전망

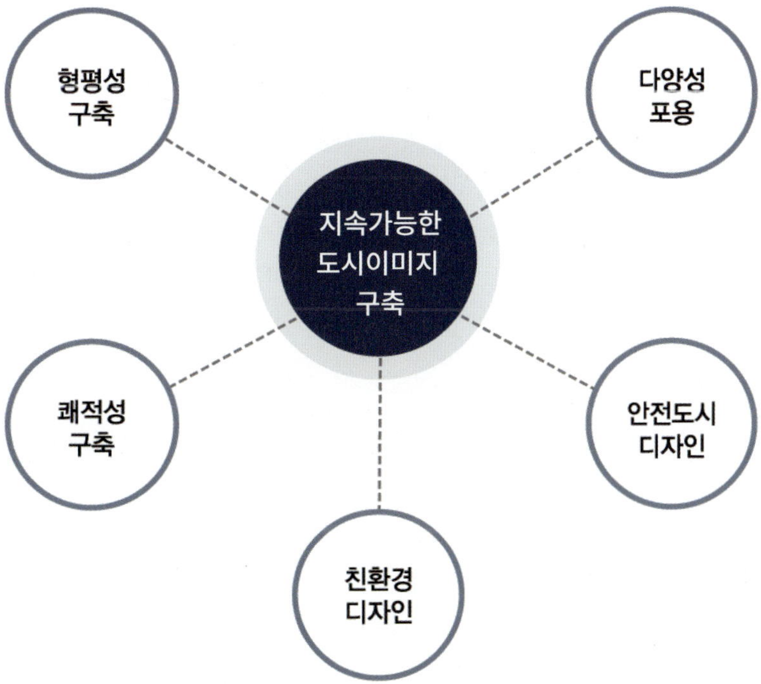

그림 1-14 공공디자인의 추진 방향

기존 공공디자인 정책은 물리적 환경구축과 정비가 주요과제가 되어 왔다. 이는 개발과 확장 및 공급 위주 정책으로 이어져, 지역 경관특성이나 사용자의 특성이 소외된 상황이 빈번하게 발생되었고 특히 공공 공간의 쾌적성·안전성의부족 문제가 심각하게 대두되었다.

이러한 문제해결을 위해서는 사용자의 다양성과 공간의 특성을 반영한 지속가능한 공공디자인 계획과 정책의 추진이 필요하며, 동시에 물리적 환경정비와 공급 위주의 공공디자인 정책에서 사용자의 문화 행태 특성, 차별 없는 공간이용을 고려한 공공디자인의 추진이 필요하다.

동시에 친환경적인 공공디자인 추진을 통해 사람만을 배려하는 것이 아닌 모든 생명체의 지속가능한 환경조성에 초점을 둔 디자인과 소재의 계획도 요구된다.

형평성 및 다양성 정책과 관련해서는 신체 건강한 성인을 기준으로 추진되던 공공디자인을 장애인과 여성, 고령자, 어린이와 같은 신체적·심리적 약자를 배려한 공공디자인 계획이 요구된다. 동시에 사회적으로 확산되고 있는 다문화 환경을 고려하여 다양한 이주민과 관광객을 고려한 공공환경의 조성을 위한 공공환경 조성과 지원정책의 추진이 요구된다.

지속가능한 공공디자인의 기반구축 프로세스

지속가능한 공공디자인 기반구축을 위한 기본적인 프로세스는 다음과 같다. 먼저 공공디자인 이념을 실천적으로 구현하기 위한 추진 기반의 구축이 요구되며, 동시에 행정 내에 업무의 지속성 및 사업추진의 효율성을 높이기 위한 체계구축이 요구된다.

❶ 쾌적성 구축을 위한 공공디자인 기반 구축

① 각 공공디자인 세부 요소에 대한 가이드라인 구축 및 홍보
② 공공건축물 및 시설물, 공공 공간에 대한 공공디자인 적용방안 및 이미지 구축방안의 수립
③ 적용계획 및 평가를 위한 기본체계 구축
④ 공공디자인 수행 전담 부서의 설립 및 지원체계 구축방안 계획
⑤ 보행환경 및 자전거 이용자의 조성과 관리·운영을 위한 정책 수립

❷ 형평성 구축을 위한 방안

① 장애인과 노약자 등 신체약자를 위한 공공공간 디자인 가이드라인 수립
② 장애인의 편의성을 고려한 사인 및 공공시설물 디자인 계획안 수립
③ 여성의 이용과 보행안전성을 고려한 보행공간의 조성 및 수립방안 구축
④ 노약자가 거주하기 쉬운 주택환경 조성 방안 및 문화공간 구축을 위한 정책 수립

❸ 다양성의 포용

① 외국인 거주자 및 관광객을 위한 다국적 언어 표기 및 공공디자인 픽토그램 개발
② 외국인 교류센터의 구축 및 공공공간 이용방안 계획 수립
③ 다문화 문화 행사 및 교류 행사의 촉진방안 수립
④ 산업단지의 외국인 교류센터 및 지원기관의 설립

❹ 안전도시를 위한 디자인

① 안전도시(CPTED) 구축을 위한 디자인 가이드라인 개발
② 어린이 통학안전을 위한 안전 귀가길 계획 수립
③ 도심 내 안전교육 및 홍보
④ 여성이 안전한 생활환경 구축을 위한 야간 조명 및 공공공간 개선 디자인 계획 수립

지속가능한 공공디자인의 추진에는 기본적으로 정책과 제도의 구축에서부터 전담조직, 운영시스템의 구축, 사업시행 및 관리운영 시스템의 구축이 필요하다. 동시에 현실적인 기반구축을 위해서는 이러한 운영이 지속적으로 가능하도록 행정시스템 내부의 협력 및 운영에 관한 내용이 조례에 반영되도록 한다. 또한 이러한 계획수행을 위한 전담조직 구성 및 지원방안을 수립하도록 한다.

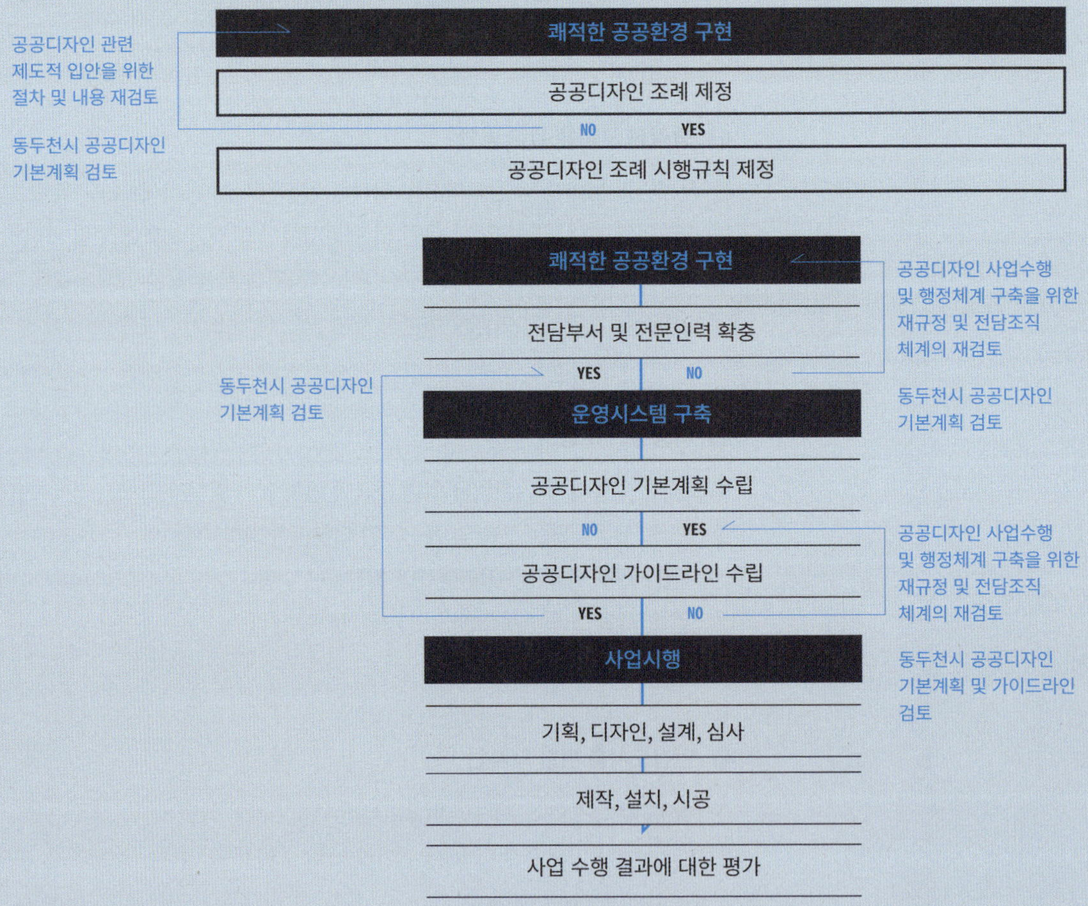

그림 1-15 지속가능한 공공디자인 추진 프로세스

참여하고 공감하는 공공디자인의 추진

지속가능한 공공공간의 구축을 위해서는 다양한 참여주체들의 참여가 필요하다. 이를 위해 기본적인 조직체계의 구분은 행정 영역에서 담당하고, 다양한 시민조직과 협동조합과 같은 조직체가 그 중간에서 완충 역할을 하며 공공디자인의 실천에 참여할 수 있도록 한다. 이를 통해 공공공간의 조성에서 주민의 참여가 보장되고 이를 통해 지속적인 관리와 활성화 프로그램의 자발적인 활동이 보장되어 물리적·지리적 환경에서의 공공환경의 활성화가 가능해진다.

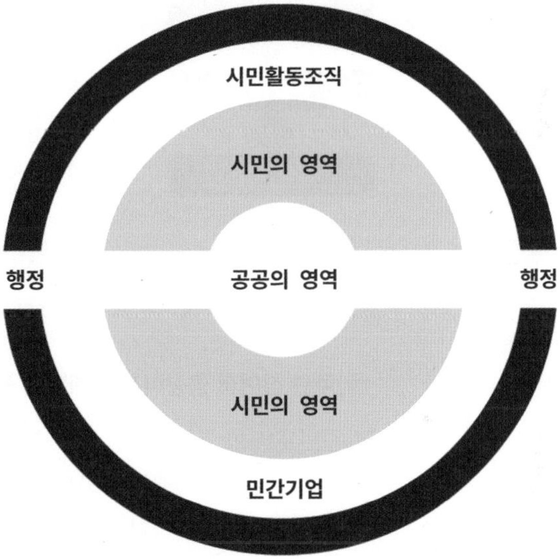

그림 1-16 공공디자인에 있어 주민참여의 영역

주민 참여 중심의 공공공간 조성을 위해서는 제도적으로 공공공간 조성에 있어 주민의 주도적 참여를 유도하기 위한 정책수립과 참여형 공공공간 계획의 실시·관리 운영에 있어 주민의 협력 시스템 구축이 수반되어야 한다. 이를 위해서는 지역에서 실시되는 공공디자인의 구상에서부터 기획, 계획, 디자인, 관리의 전 단계에게 걸쳐 주민의 활동을 보장하기 위한 정보의 공유와 활동 내용의 협의와 자금의 운용 및 추진위원회 설립 등의 방식을 정착시켜 나가야 한다.

참여형 공공디자인의 단계별 추진내용과 방법은 다음과 같다.

단계	추진내용
시작	· 공동체 문제점의 발견 · 문제를 공유하는 사람들의 모임
조사	· 마을의 특성과 자원 등을 조사 · 문제점과 현황을 정리
기획	· 조치결과를 바탕으로 마을의 미래상 설정 · 활동 방향 등을 설정 · 기초적인 협력 체계
활동	· 구체적인 마을 만들기 개선 사업의 추진 (소프트웨어 프로그램, 거리의 물리적 정비 등) · 공동체별 특성화 사업 추진
상승, 확산	· 사회적 기업고 협동조합과 같은 경제공동체로 발전 · 마을 운영위원회의 협의 체계 구성 · 운영 지원센터의 설립 등 다른 마을에 대한 협력과 지원 확대

그림 1-17 참여형 공공디자인 추진 프로세스

1 주민 참여형 공공디자인 계획의 실시

① 주민 참여형 공공디자인 시범사업의 실시

② 주민 주도형 공공디자인 공모사업의 실시 및 홍보

③ 주민 주도형 공공디자인 개선을 위한 교육 및 홍보 실시

④ 사업 운영에 대한 각종 의견 수렴을 위한 홈페이지 구축

2 주민 참여형 공공디자인 추진 시스템 구축 및 조례 제정

① 주민과 전문가, 행정의 협력 시스템 구축

② 공공디자인 조례에 주민협의체 구성과 운영방식의 반영

③ 정기적인 주민 참여형 사업에 대한 지원 방안 수립

④ 공공디자인 사업에 대한 전담 운영제 실시

⑤ 주민 리더들에 대한 정기적인 간담회 및 운영 평가회, 모니터링제 실시

❸ 추진협의회 설립과 운영

① 공공공간, 공공건축물과 시설물에 대한 관리 및 운영을 위한 추진협의회 설립

② 정기적인 간담회 및 답사, 교육의 실시

③ 기 설치된 디자인에 대한 평가 및 관리 방안 구상

PART 1 모든이를 위한 공공디자인

2. 공공공간의 무장애 디자인

무장애 디자인(Barrier-free Design)의 기본은 장애를 가진 사람들 또는 노인과 같은 신체적 약자의 일상생활과 사회참여를 위한 것으로부터 시작되었다. 그러나 현대에서는 모든 사람들의 접근과 안정성을 보장하는 디자인으로 개념이 확대되어 가고 있다.

본 챕터에서는 무장애 디자인의 정의를 살펴보고, 실내 공공공간에서의 무장애 디자인을 지원하는 요소에 대해 알아보고자 한다.

2.1 무장애 디자인 (BARRIER - FREE DESIGN)

무장애 디자인(Barrier-free Design)이란 실내·외 공간에서 장애인 및 노인 등의 시설이용 약자가 일상생활 및 사회활동을 함에 있어 장벽으로 느낄 수 있는 물리적 장애물을 제거한 디자인을 말한다.

2.2 무장애 디자인 생활환경 인증 (BF 인증)

2007년 4월, 보건복지부는 무장애 디자인의 제도적 실현을 위해 관련지침을 공고하고 「장애인·노인·임산부 등의 편의증진 보장에 관한 법률」, 「장애물 없는 생활환경 인증에 관한 규칙」과 같은 법적 근거 아래 「무장애 디자인 생활환경인증」(이하 BF 인증) 제도를 시작하였다.

BF 인증제도란, 어린이·노인·장애인·임산부뿐만 아니라 일시적 장애인 등이 개별시설물·지역을 접근·이용·이동함에 있어 불편을 느끼지 않도록 계획·설계·시공·관리 여부를 공신력 있는 기관이 평가하여 인증하는 제도[1] 이며, 현재 보건복지부 산하 한국장애인개발원에서 국가 BF인증을 실시하고 있다.

BF인증은 공공기관 건축물에 대해서는 의무 시행을 하고 있으며, 민간 건축물에 대해서도 인증을 단계적으로 확대해 가고 있다.

[1] 한국장애인개발원, https://bf.koddi.or.kr/bf/bf.aspx

2.3 실내 공공 공간의 무장애 디자인 범위 및 이슈[2]

실내공간의 무장애 디자인 요소를 고려해야 하는 일차적 공간은 출입문, 복도, 계단, 경사로, 승강기, 화장실 등이다. 본 챕터에서는 국가인증 매뉴얼을 기반으로 하여, 공간마다 반복하여 언급되는 단차, 유효폭, 유효거리, 유효높이, 보행장애물, 출입문/손잡이, 핸드레일, 계단, 경사로, 승강기, 안내장치와 같은 용어를 재정리하고 무장애 디자인에 대한 기본개념 및 세부내용을 살펴보고자 한다.

단차

Guidelines Issue

난차란 공간 내 또는 공간과 공간 사이에서 발생하는 높낮이의 차를 말하며, 휠체어 사용자와 시각장애인에게는 보행 방해를 일으킬 수 있는 물리적 요소로 작용한다.

1 주 출입구 및 일반출입문

① 출입구 바닥면에는 문턱이나 높이 차이를 두지 않는 것이 좋으며, 단차가 발생할 경우 높이 차이는 2cm 이하가 되도록 한다.[3]

출입문 단차 없음 ○

출입문 단차 2cm 이상 ×

<출처 : "장애물 없는 생활환경 인증제도 매뉴얼(건축편)". 2013. 한국장애인개발원. p.80.>

그림 2-1 출입구의 단차

② 턱 낮추기로 단차를 보완할 경우 기울기는 1/12 이하로 권장한다.

③ 출입문의 재료분리대 또한 1cm 이하로 설치한다.

[2] 장애물 없는 생활환경 인증제도 매뉴얼(건축편)-개정3판 Part 1 재정리, 2013, 한국장애인개발원

[3] 편의증진법 시행규칙과 같은 법 규정을 의미하며, 그 외의 사항은 법적 규정은 아니나 무장애 디자인 설계 시 고려요소에 대한 설치정보를 정리한 것임

④ 미닫이 문의 경우 바닥면 레일이 돌출될 경우 단차가 발생하므로, 매립하여 설치하거나 바닥면 레일이 없는 행거형 문을 설치하여 휠체어 사용자 및 어린이들의 안전을 도모한다.

❷ 복도

① 복도 바닥면에서 부득이하게 단차가 발생할 경우, 경사로 또는 휠체어 리프트를 설치해야 한다.

② 복도 경사도는 1/12를 준수하여야 하며, 단차가 0.15cm 일 경우에는 경사로 양쪽에 핸드레일을 설치하고, 미끄럽지 않은 바닥 재질을 선택해야 한다.

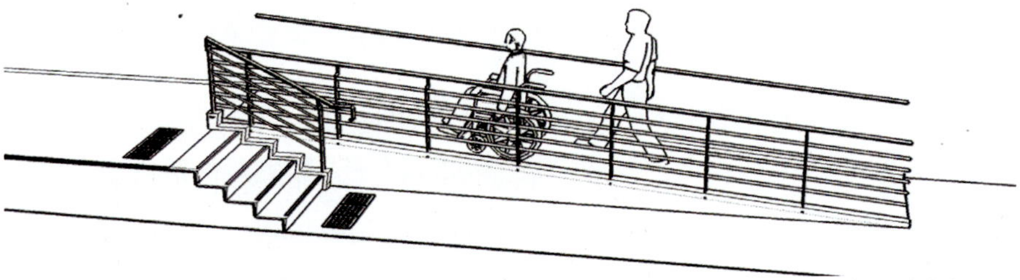

<출처 : "장애물 없는 생활환경 인증제도 매뉴얼(건축편)". 2013. 한국장애인개발원. p.97.>

그림 2-2 복도의 높이 차이 제거를 위한 경사로 설치

③ 부득이하게 미끄러운 재질로 마감해야 할 경우, 전체 바닥 중 1.2m의 폭은 미끄럽지 않은 재질로 마감하여, 목발 사용자와 같은 이용 약자의 보행을 고려해야 한다.

미끄럽지 않은 잔다듬 마감 ○

대리석 마감 후 논슬립 테이프 부착 △

<출처 : "장애물 없는 생활환경 인증제도 매뉴얼(건축편)". 2013. 한국장애인개발원. p.99.>

그림 2-3 복도를 포함한 바닥 마감 처리

유효폭

유효폭이란 어떠한 행위가 가능한 최소한의 폭을 말하며, 적절한 유효폭은 공간 사용자에게 불편없는 접근과 활동을 보장한다.

<출처 : "장애물 없는 생활환경 인증제도 매뉴얼(건축편)". 2013. 한국장애인개발원. p.72.>

그림 2-4 출입문의 유효폭

❶ 출입구 및 승강기

모든 출입문과 승강기의 유효폭은 휠체어 등이 통과할 수 있도록 0.8m 이상으로 한다.(0.9m 권장)

❷ 복도

① 복도의 유효폭은 1.2m 이상으로 하되, 복도의 양옆 공간이 있을 경우 1.5m이상으로 할 수 있다.

② 휠체어 두 대의 교행을 위해서는 1.8m의 유효폭을 권장하며, 복도 전체에 1.8m의 교행을 위한 유효폭 설계가 불가능할 경우 부분적인 알코브(alcove) 형식의 1.8m 교행 공간을 구성하는 것이 바람직하다.

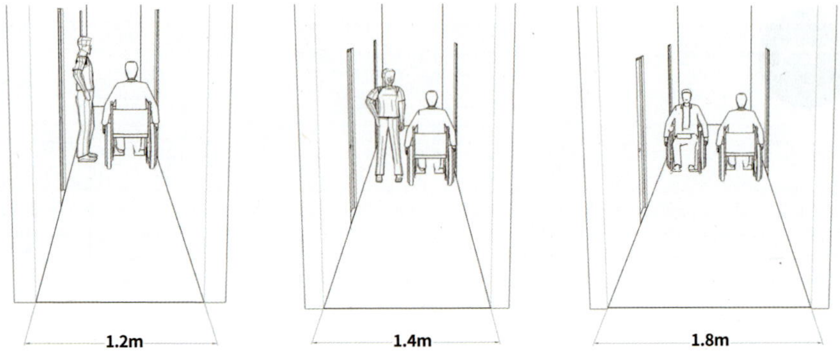

<출처 : "장애물 없는 생활환경 인증제도 매뉴얼(건축편)". 2013. 한국장애인개발원. p.94-95.>

그림 2-5 복도의 유효폭

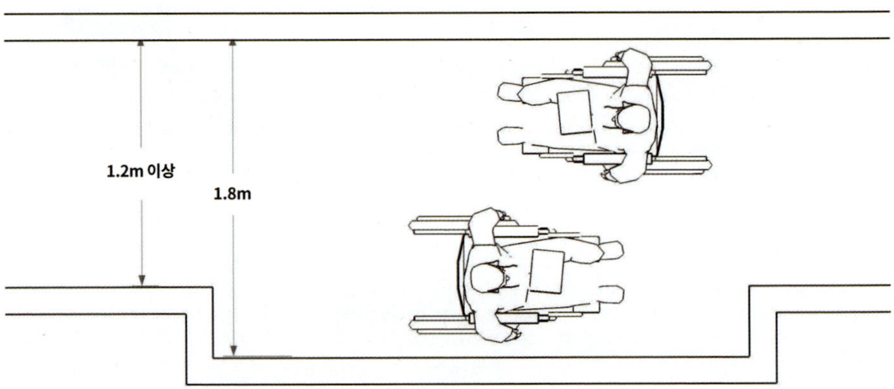

<출처 : "장애물 없는 생활환경 인증제도 매뉴얼(건축편)". 2013. 한국장애인개발원. p.95.>

그림 2-6 휠체어 교행을 위한 알코브 형식의 공간확보

③ 복도의 유효폭은 복도의 양 벽면 간 단순한 거리를 의미하는 것이 아니라, 방해 없이 교행할 수 있는 폭을 의미함. 따라서 벽면에 소화전, 핸드레일, 음수대 등 설치물이 부착되어 있거나 여닫이문 개폐에 소요되는 거리는 제외한 치수를 의미한다.

③ 계단 및 경사로

① 계단 참 또는 경사로의 유효폭은 1.2m 이상을 확보한다.

② 경사로 시작과 끝부분, 회전 및 휴식을 위한 중간 참에는 1.5m × 1.5m 이상의 활동공간을 확보한다.

③ 계단 및 경사로의 유효폭 공간은 회전 및 정지 등을 위해 반드시 수평면 처리를 해야 한다.

유효거리

유효거리란 어떠한 행위가 가능한 최소한의 거리를 말하며, 출입문 전/후 또는 승강기 전면의 유효거리는 사용자의 불편없는 접근과 활동을 보장한다.

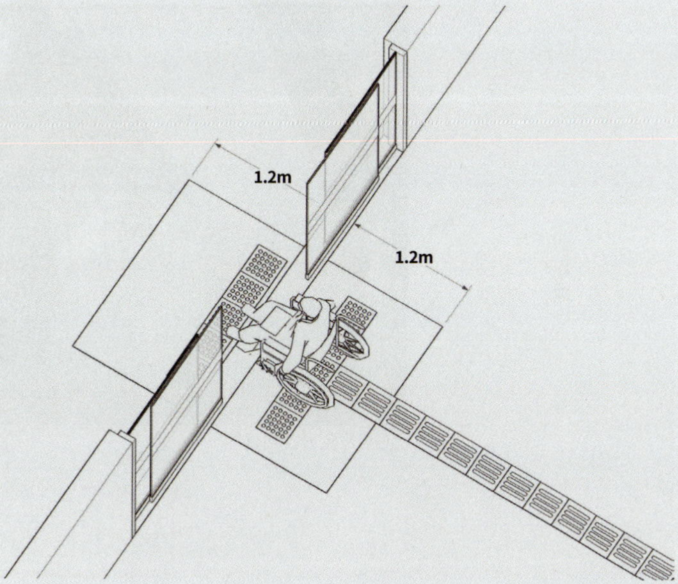

<출처 : "장애물 없는 생활환경 인증제도 매뉴얼(건축편)". 2013. 한국장애인개발원. p.75.>

그림 2-7 연속 출입구(문) 전·후면 유효거리

① 출입구(문) 전면에는 휠체어의 회전 활동이 가능하도록 1.2m 이상의 유효거리가 확보되어야 하며 문 개폐에 소요되는 공간은 유효거리에서 제외한다.

② 출입구(문) 전/후면 유효거리에서는 휠체어 사용자 등의 방향 전환 또는 문 개폐 활동이 이루어지므로 바닥이 수평면이어야 한다.

③ 승강기 전면에는 1.4m × 1.4m 이상의 유효거리를 확보해야 한다.

유효 높이

유효높이란 시각장애인 및 보행자의 안전 보행 또는 공간 접근을 위해 확보되어야 하는 최소 높이를 말하며, 주로 공간 상부 돌출물에 의한 충돌 우려가 있다.

접근방지용 난간 미설치 △

접근방지용 난간 미설치 ×

<출처 : "장애물 없는 생활환경 인증제도 매뉴얼(건축편)". 2013. 한국장애인개발원. p.104.>

그림 2-8 유효높이 확보를 위한 장치 유무

① 일반적인 통로의 상부는 바닥면으로부터 2.1m 이상의 유효높이를 확보해야 한다.

② 바닥면과 유효높이 2.1 m 사이에 구조적 장애물이 있는 경우 접근 방지를 위해 바닥면으로부터 높이 0.6m 이하의 접근 방지용 난간 또는 보호벽을 설치하여야 한다.

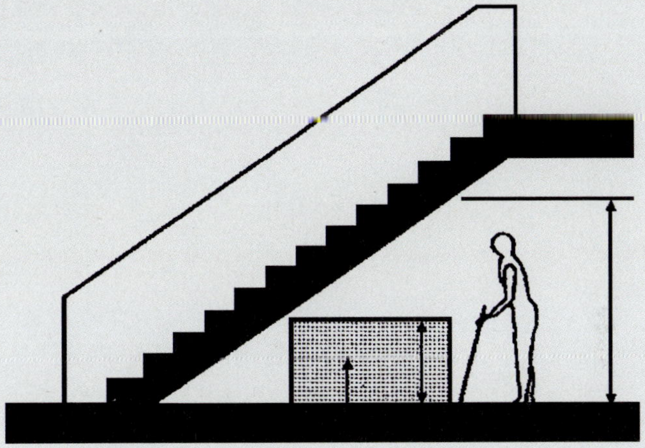

<출처 : "장애물 없는 생활환경 인증제도 매뉴얼(건축편)". 2013. 한국장애인개발원. p.104.>

그림 2-9 유효높이 확보를 위한 장치의 기준 높이

보행 장애물

① 통로의 바닥면으로부터 높이 0.6m~2.1m 사이 벽면으로부터 돌출된 물체가 있다면 돌출의 폭은 벽으로부터 0.1m 이하가 되어야 한다.

② 단, 돌출장애물이 독립 기둥이나 받침대 등에 부착되어 있다면 돌출의 폭을 0.3m까지 확장할 수 있다.

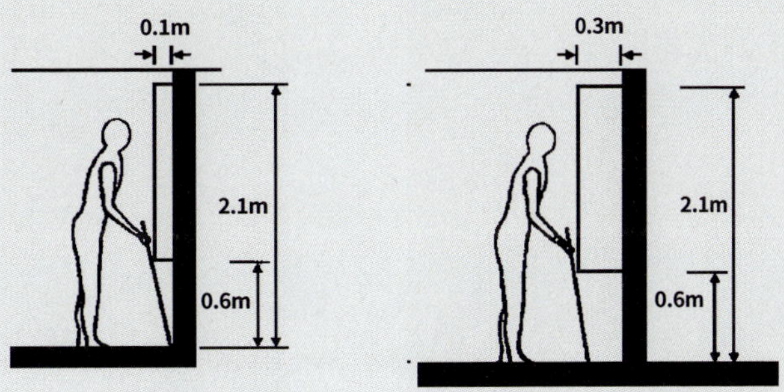

<출처 : "장애물 없는 생활환경 인증제도 매뉴얼(건축편)". 2013. 한국장애인개발원. p.101.>

그림 2-10 통로 내 돌출장애물의 돌출폭

③ 좌우 벽면에서 돌출되어 있는 부착물, 의자 등은 규칙적으로 배열되어 있을 경우 시각장애인의 방향 인지 등에 도움이 될 수 있으나 기본적으로 보행을 위한 유효폭을 침범하거나 보행 시 장애물이 되므로 지양하도록 한다.

출입문/손잡이

① 문의 폭이 1.1m 이상으로 클 경우, 휠체어 사용자는 개폐가 어려우므로 반자동문 또는 자동문의 설치를 하여 사용의 용이함을 도모한다.
② 여닫이문과 미닫이문을 함께 설치한 경우, 문 개폐 용이함에 있어 시각장애인은 여닫이문, 휠체어 사용자는 미닫이 또는 자동문을 사용하는 것이좋음. 점자형 블록 설치 위치 등을 여닫이문과 연결·활용하여 사용 유도를 도모할 수 있다.

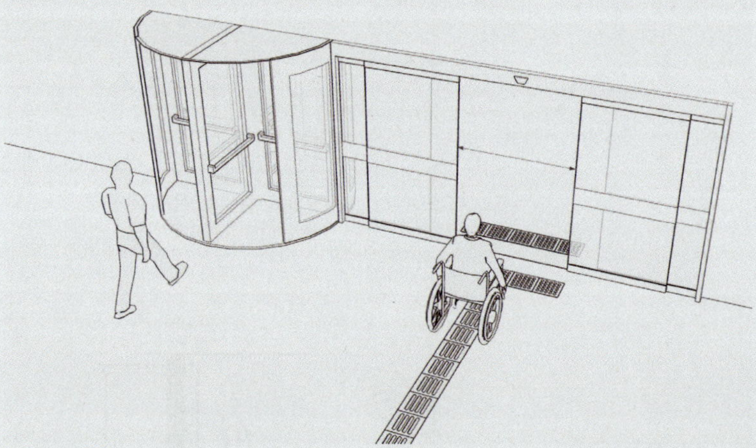

<출처 : "장애물 없는 생활환경 인증제도 매뉴얼(건축편)". 2013. 한국장애인개발원. p.71.>
그림 2-11 회전문과 자동문이 병설된 경우 휠체어와 시각장애인의 유도방법

③ 휠체어 사용자가 내부공간과의 시각적 교류가 필요한 경우, 출입문에 투시창을 설치할 수 있으며 투시창의 높이는 바닥면으로부터 0.6m~1.5m 사이로 지정한다.

④ 문의 손잡이가 둥근형일 경우, 어린이나 휠체어 이용자가 손으로 감싸안고 돌리기 어려울 수 있으므로, 레버형 또는 수평/수직 막대형으로 설치한다.

막대형 손잡이 ○

레버형(지렛대형) 손잡이 ○

<출처 : "장애물 없는 생활환경 인증제도 매뉴얼(건축편)". 2013. 한국장애인개발원, p.90.>

그림 2-12 막대형 / 레버형 손잡이

⑤ 손잡이의 높이는 바닥면으로부터 0.8~0.9m가 적합하다.

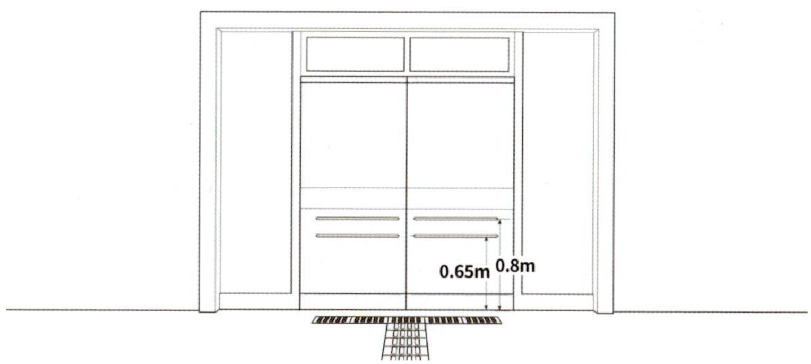

<출처 : "장애물 없는 생활환경 인증제도 매뉴얼(건축편)". 2013. 한국장애인개발원. p.71.>

그림 2-13 회전문과 자동문이 병설된 경우 휠체어와 시각장애인의 유도방법

⑥ 어린이나 노약자가 많이 사용하는 출입문에는 손끼임 방지처리를 권장하며 옷이 걸리는 형태의 손잡이 설치는 지양해야 한다.

핸드레일

핸드레일은 복도와 계단, 경사로, 승강기 등 수평 및 수직적 이동공간에 필수적으로 설치해야 하는 안전 요소이다. 시각장애인의 경우 방향인지에 도움을 받을 수 있으며 걸음이 불편한 보행약자의 경우 편리한 보행을 돕기도 한다.

① 장애인 전용시설의 복도, 계단, 경사로, 승강기 내부에는 핸드레일을 연속하여 설치하되, 방화문 등의 설치 등을 위해 불가피하게 연속이 끊길 경우에 한하여 손잡이 설치가 제외될 수 있다.
② 핸드레일은 바닥면으로부터 0.8m~0.9m 높이에 설치하며 2중 설치의 경우 위쪽 핸드레일은 0.85m 내외, 아래쪽 핸드레일은 어린이 및 휠체어 사용자를 고려한 0.65m 높이 내외로 한다.

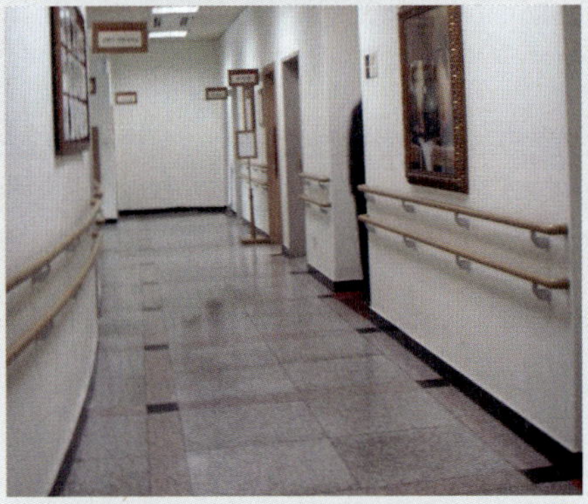

연속손잡이 설치 ○

연속손잡이 설치 ○

<출처 : "장애물 없는 생활환경 인증제도 매뉴얼(건축편)". 2013. 한국장애인개발원. p.102.>

그림 2-14 핸드레일 연속 설치

③ 손에 힘이 없는 어린이나 노인, 장애인을 고려하여 핸드레일의 지름은 3.2cm~3.8cm가 적합하다.
④ 벽에 설치하는 핸드레일의 경우 벽면과 핸드레일 사이에 손이 들어갈 폭은 5cm 내외로 한다.
⑤ 핸드레일 양 끝부분과 핸드레일의 방향이 바뀌는 굴절 부분에는 점자표지판을 부착하여야 한다.
⑥ 계단 및 경사로가 끝나는 부분에서는 핸드레일을 수평으로 0.3m 이상 연장 설치해야 함. 이는 시각장애인과 같은 시설 약자들이 통로가 연속되는 방향을 인지하는 데에 도움을 준다.

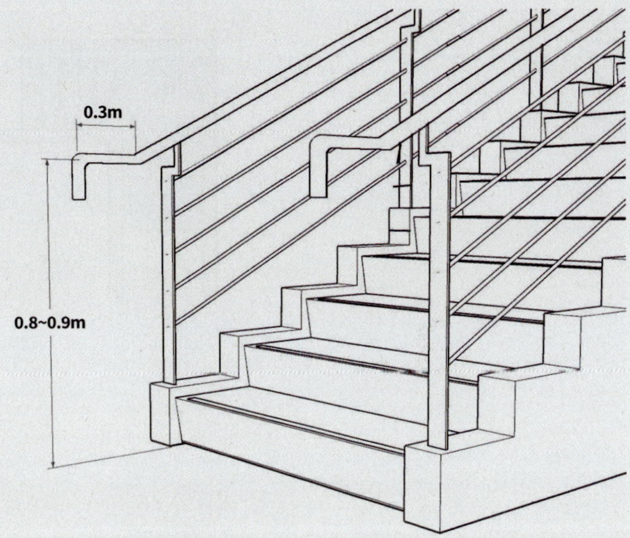

<출처 : “장애물 없는 생활환경 인증제도 매뉴얼(건축편)”. 2013. 한국장애인개발원. p.117.>

그림 2-15 계단 핸드레일의 연장설치

⑦ 계단 핸드레일이 한쪽에만 있을 경우, 편마비 환자와 같이 한쪽 손만 사용이 가능한 이용자는 오르거나 내려올 때에 한 번쯤은 어려움이 생기게 되므로, 핸드레일은 반드시 양쪽에 설치하도록 한다.

⑧ 경사로의 길이가 1.8m 이상이거나, 높이가 0.15m 이상인 경우에는 양측면의 손잡이를 연속 설치해야 한다.

계단

① 계단의 형태는 나선형의 경우에는 좌우 디딤판의 폭이 다르기 때문에 시각장애인 등에게는 특히 위험할 수 있으므로 직선형이나 꺾임형으로 해야 한다.

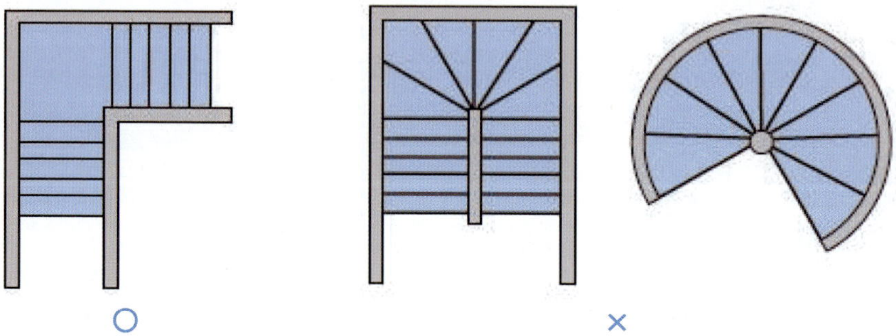

<출처 : "장애물 없는 생활환경 인증제도 매뉴얼(건축편)". 2013. 한국장애인개발원. p.121.>

그림 2-16 적절한 계단의 형태

② 계단의 디딤판 너비는 0.28m 이상, 챌면의 높이는 0.18m 이하로 설치하며, 동일한 계단에서 디딤판의 넓이와 챌면의 높이는 균일 연속되게 한다.

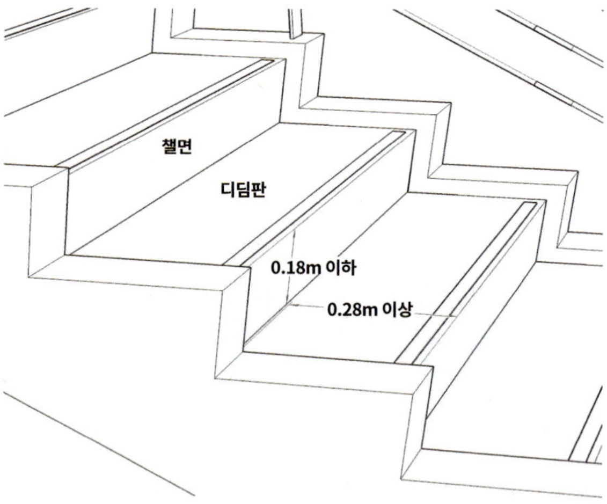

<출처 : "장애물 없는 생활환경 인증제도 매뉴얼(건축편)". 2013. 한국장애인개발원. p.112.>

그림 2-17 디딤판과 챌면의 치수

③ 계단 이용 시 지팡이나 목발, 어린이의 발이 빠지지 않도록 챌면이 설치되어 있어야 하며, 챌면의 기울기는 발끝이나 목발이 걸리지 않도록 디딤판 수평면으로부터 60도 이상 기울어져 있어야 한다.
④ 계단 디딤판 끝부분인 계단코는 3cm 이상 돌출되어서는 안 된다.

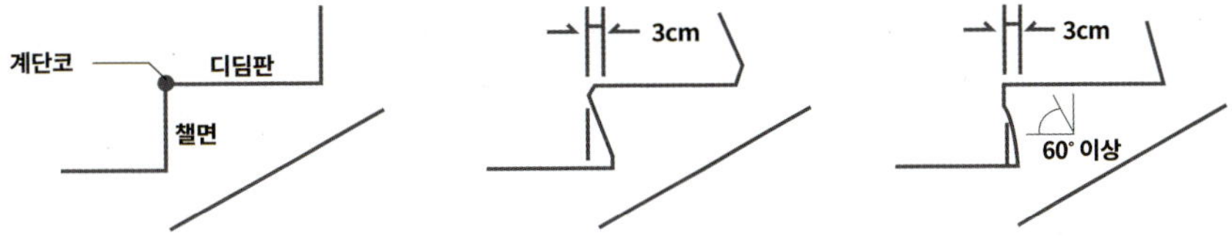

<출처 : "장애물 없는 생활환경 인증제도 매뉴얼(건축편)". 2013. 한국장애인개발원. p.111.>
그림 2-18 계단코의 기준 치수 및 챌면 기울기의 기준 각도

⑤ 계단코는 걸려 넘어지지 않는 구조로 하며, 발과 닿는 면을 평평하게 처리한 후, 줄눈 넣기 또는 고무소재를 사용하여 미끄러짐이 발생하지 않도록마감한다.
⑥ 계단의 디딤판과 챌판이나 계단코 등은 다른 색 또는 다른 재질로 계획하여 요소 간 구분이 용이하도록 해야 한다.
⑦ 계단 측면의 난간을 설치하는 경우, 난간 아래쪽으로 목발이나 지팡이 등이 빠지지 않도록 하부 바닥면으로부터 2cm 이상 높이의 추락 방지턱을 설치해야 한다.
⑧ 계단은 바닥면으로부터 1.8m 이내를 오를 때마다 휴식할 수 있는 수평형태의 참이 설치되어야 한다.

<출처 : "장애물 없는 생활환경 인증제도 매뉴얼(건축편)". 2013. 한국장애인개발원. p.122.>
그림 2-19 계단 사이의 수평형태의 참 설치

경사로

① 경사로의 기울기는 1/12 이하여야 하며, 아래 요건을 모두 충족할 경우 1/8까지 기울기 완화가 가능하다.

- 신축이 아닌 기존 시설에 설치되는 경사로일 것
- 높이가 1미터 이하 경사로로 시설의 구조 등 1/12를 지키기 어려운 경우
- 시설관리자 등으로부터 상시 보조 서비스가 제공될 경우

② 경사로의 기울기가 1/12~1/18의 범위를 초과하여 지나치게 완만한 경우에도 이동거리가 길어져서 불편을 초래할 수도 있으므로 적절한 기울기를 준수해야 한다.

③ 바닥면으로부터 높이 0.75m 이내마다 휴식할 수 있도록 너비 1.5m×1.5m의 수평면으로 된 참을 설치해야 한다.

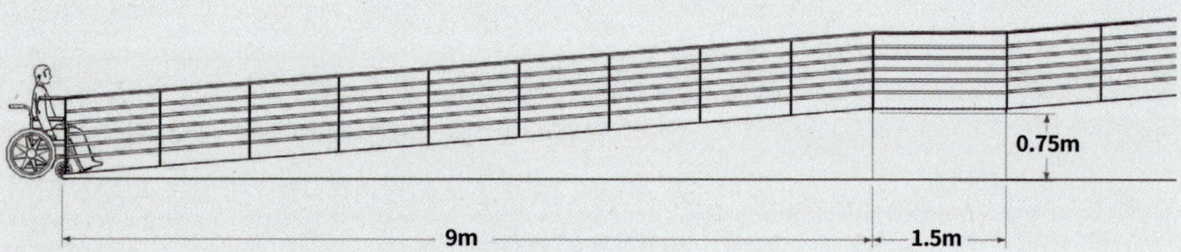

<출처 : "장애물 없는 생활환경 인증제도 매뉴얼(건축편)". 2013. 한국장애인개발원. p.133.>

그림 2-20 경사로 내 수평면 휴식참

④ 경사로 양측면에는 휠체어 바퀴가 경사로 가로 폭 바깥으로 미끄러져 나가지 아니하도록 5cm 이상의 추락방지턱 또는 측벽을 설치해야 한다.

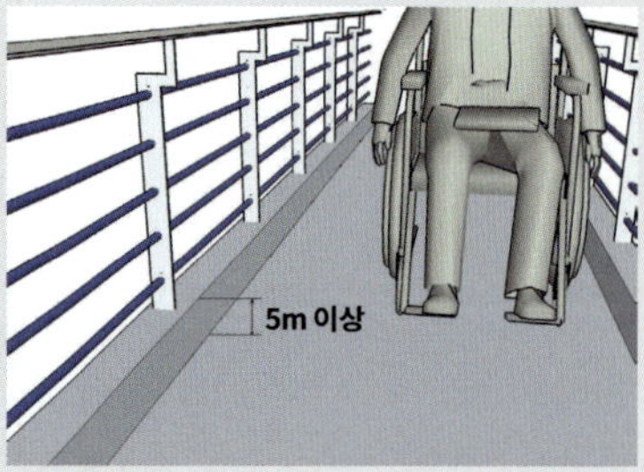

<출처 : "장애물 없는 생활환경 인증제도 매뉴얼(건축편)". 2013. 한국장애인개발원. p.136.>

그림 2-21 경사로 추락방지턱

⑤ 내려오는 경사면과 대면하는 벽에 킥 플레이트(kick plate) 또는 매트(mat)를 부착하여 휠체어 벽면 충돌 시 벽에 부딪히는 충격을 최소화 하여야 한다.

<출처 : "장애물 없는 생활환경 인증제도 매뉴얼(건축편)". 2013. 한국장애인개발원. p.137.>

그림 2-22 경사로 대면벽 킥 플레이트 설치

승강기

① 장애인용 승강기는 장애인 등이 접근이 가능한 통로와 연결하여 설치하고 가급적 출입구와 가까운 위치에 설치해야 한다.

② 승강기 내부 유효 바닥 면적은 폭 1.1m 이상에 깊이 1.35m 이상으로 하되, 신축 건물의 경우 수동 휠체어의 회전이 용이하도록 1.6m 이상의 폭을 마련해야 한다.

③ 유효 바닥 면적이 1.4m × 1.4m 미만인 경우에는 휠체어 회전이 불가능하므로 승강기 후면 0.6m 이상 높이에 거울을 설치하여, 엘리베이터 전면으로 휠체어 사용자가 탑승하였을 경우에는 회전 없이 거울에 비친 층의 수나 문의 열림 상태를 확인하고 하차할 수 있도록 한다.

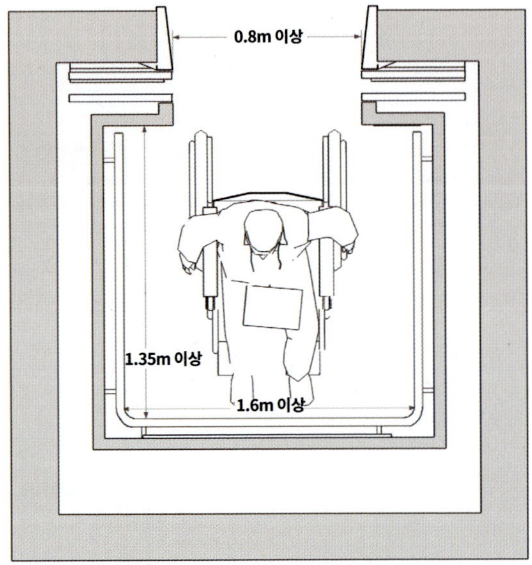

<출처 : "장애물 없는 생활환경 인증제도 매뉴얼(건축편)". 2013. 한국장애인개발원. p.155.>

그림 2-23 승강기의 유효바닥 면적

④ 승강기내 휠체어 사용자 또는 어린이를 위한 조작반은 진입 방향의 우측에 높이는 바닥으로부터 0.8m~1.2m 사이 가로형으로 설치하는 것이 기본이나, 스위치 수가 많아 조작판 범위가 0.8m~1.2m를 벗어날 경우에는 1.4m까지 연장하여 설치 가능하다.

⑤ 승강기 내 유효 바닥 면적이 1.4m × 1.4m 이상으로 휠체어 회전이 가능한 경우에는 휠체어 진입방향 좌측도 조작판 설치가 가능하다.

⑥ 휠체어 사용자는 몸보다 발이 앞으로 나와 있어 승강기 내부 코너에 조작반이 위치할 경우에는 손이 닿기 어려우므로 조작반은 코너에서 0.4m~0.5m 이격 설치하도록 한다.

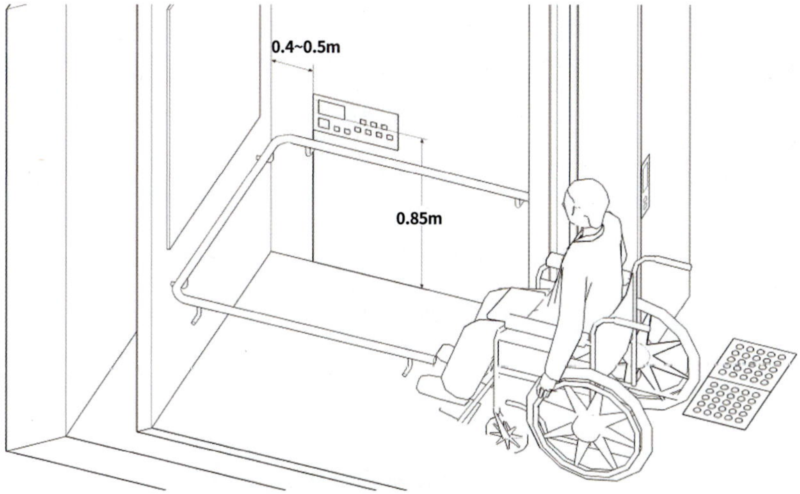

<출처 : "장애물 없는 생활환경 인증제도 매뉴얼(건축편)", 2013, 한국장애인개발원, p.150.>

그림 2-24 승강기용 내부조작반 설치 위치

⑦ 승강장에 설치되는 스위치는 시각장애인의 편의를 위해 바닥면으로부터 1.5m 높이에 설치하고 점자를 붙이는 것이 바람직하다.

⑧ 승강기 내 조작설비(층의 수, 통화장치 등) 형태는 터치식으로 설치되었을 경우에 시각장애인이 정확하게 버튼이 눌렸는지를 확인하기 어려우므로, 버튼식으로 설치하도록 한다.

⑨ 외부에서 승강기 내부의 상황을 알 수 있도록 승강기 전면에는 유리를 사용할 수 있다.

⑩ 유리를 사용한 승강기를 설치하는 경우에는 승강기 주변에 난간과 같은 보호장치나 색띠를 설치하여 약시인 또는 휠체어 사용자 등의 충돌이 생기지 않도록 한다.

⑪ 휠체어 사용자와 목발이나 지팡이 및 유아 등의 발이 빠지지 않도록 승강장 바닥과 승강기 바닥의 틈은 3cm 이하로 한다.

안내 장치

1 점자판

① 출입문 옆 벽면의 1.5m 높이에는 실의 이름을 표기한 점자표지판을 부착한다.

② 계단 손잡이 양 끝부분 및 굴절부분에는 점자표지판을 부착한다.

③ 승강기 조직설비의 형태는 층수, 통화장치, 출입문 개폐, 비상호출 등에 점자표지판을 부착한다.

④ 시각장애인의 점자표지는 휠체어 사용자용 조작반보다 일반 세로형 조작반에 설치하는 것을 권장한다.

연속손잡이 설치 ○

<출처 : "장애물 없는 생활환경 인증제도 매뉴얼(건축편)". 2013. 한국장애인개발원. p.164.>

그림 2-25 세로형 조작반내 점자 표기

2 점형 블록

① 계단이 시작되거나 끝나는 지점의 0.3m 전면에는 시각디자인이 감지할 수 있도록 계단의 폭만큼 점형 블록(block)을 설치하거나 바닥재 질감 등을 달리 마감하여야 한다. 정확한 설치 지점을 지키는 것은 계단, 방풍실, 승강기 등의 위치를 정확히 인지하는 데 도움이 된다.

② 각 층에 설치된 장애인 승강기 앞 점형 블록은 호출 버튼(button) 0.3m 전면에 설치해야 한다. 승강기 문이 열리는 전면에 설치될 경우 다른 승강기사용자의 불편함이 초래될 수 있기에 버튼 앞에 2~3장의 점형 블록 설치를 준수하도록 한다.

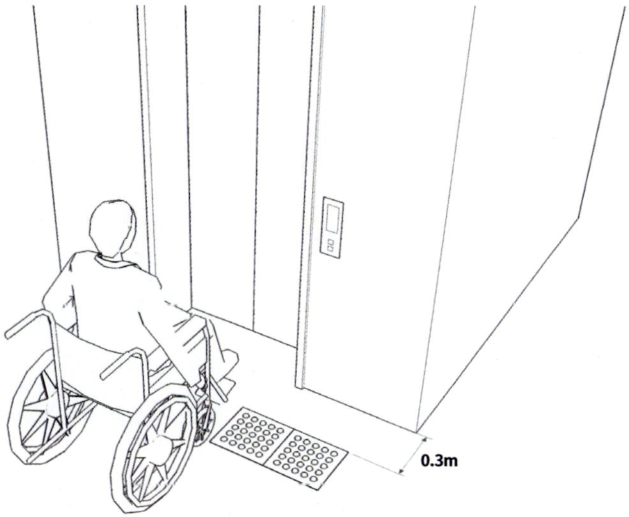

<출처 : "장애물 없는 생활환경 인증제도 매뉴얼(건축편)". 2013. 한국장애인개발원. p.159.>

그림 2-26 승강기 호출 버튼 전면의 점자 블록

③ 여닫이 문의 경우 경고용 점형 블록은 문이 닫힌 상태에서 문 앞뒤로 0.3m 이격하여 설치하며 블록의 길이는 문의 폭에 준하여 설치한다.

④ 방풍실의 길이가 3m 미만인 경우 방풍실 내부에는 점자 블록을 설치하지 않도록 한다.

❸ 안내 표시 및 음성 신호 장치

① 경사로나 승강기 등의 위치를 유도·안내하는 표시는 연속으로 설치하는 것이 바람직하다.

② 각 층의 승강장에는 승강기의 도착 여부를 표시하는 점멸등과 함께 음향신호 장치를 설치하여야 하며, 승강기 내부에는 도착층 및 운행상황을 표시하는 점멸등 및 음성 신호 장치를 설치해야 한다.

③ 승강기 내부에서도 도착층을 선택하였을 때와 선택 취소를 하였을 때에 대한 음성 안내는 반드시 해야 한다.

안내표시 설치 ○

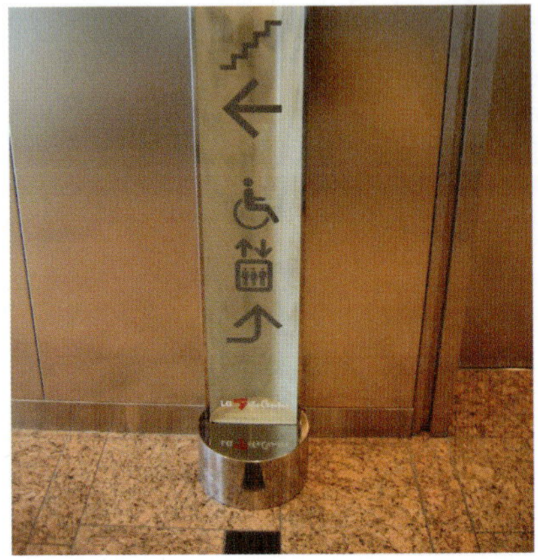

안내표시 설치 ○

<출처 : “장애물 없는 생활환경 인증제도 매뉴얼(건축편)”. 2013. 한국장애인개발원. p.138.>

그림 2-27 안내표시

④ 사람이나 물체가 승강기 문의 중간에 끼었을 경우 자동적으로 문의 작동이 멈추었다가 다시 열리는 되열림 장치를 설치하여 다소 늦게 접근한 사용자의 경우에도 문에 끼지 않도록 해야 한다.

PART 1 모든이를 위한 공공디자인

3. 유니버설 디자인 - 공공화장실 디자인 사례

3.1 프로젝트 배경 및 목적

모두를 위한 인식

> "장애인 화장실은 장애인만 사용가능한가?"
> "장애인 화장실은 누구를 위한 화장실인가?"

장애인이나 노약자 등 사회적 약자가 건물 내에서 가장 불편하게 느끼는 공간이 화장실이다. 과거에 명명한 '장애인 화장실'이란 명칭으로 인해 장애인 전용으로 잘못 인식되고 있음으로써 적은 사용빈도와 무관심으로 누구도 사용하지 않는 공간 자체가 장애물로 방치되는 현상을 낳고 있다.

모두를 위한 디자인

본 장에서는 장애인을 최우선으로 배려하면서 노인이나 임산부 등 사회적 약자 모두에게 편리한 환경의 화장실 지침기준 마련을 위해 유니버설 디자인을 토대로, 실사용자 및 전문가 의견을 반영한 「유니버설 디자인 적용의 장애인 화장실 개선 방안」 용인시의 사례를 제시하고자 한다.

모두를 위한 공간 조성

본 계획에서는 장애인만 이용할 수 있는 것으로 인식되어온 장애인 화장실을 [장애인·노인·임산부 등의 편의증진 보장에 관한 법률]에 따라 장애인·노인·임산부 등 편의시설과 이동 공간이 필요한 사람이 편히 이용할 수 있는 「유니버설 화장실」로 만들기 위한 디자인 방안을 제시할 것이다. 또한 신축과 개보수를구분하여 공공시설물에 시범적으로 적용하고 그 성과를 민간 영역으로 확장해 나가고자 한다.

3.2 주요내용

성공적인 장소 만들기 방안의 구성요소

1 가치-공공성과 사회성 그리고 확산성

유니버설 디자인 개념이 적용된 공공 화장실은 세 가지 의미로써 사회적 가치를 구현한다. 그것은 사회가 가지는 [문제의 인식]과 [보편적 디자인]을 통한 [지속가능한 방향 제시]로서, 세 영역이 조합된 정책의 방향은 누구나 동등한 권리를 갖는 사회적 분위기의 확산을 위해서도 중요하다.

01 문제의 인식 → 02 보편적 디자인 → 03 지속가능한 방향 제시

유니버설 디자인 적용의 장애인 화장실 개선의 가치는 다음과 같다.

첫째, 대상자 범위의 확대이다.

장애인 전용이 아닌 [장애인·노인·임산부 등의 편의증진 보장에 관한 법률]에 따른 장애인·노인·임산부 등 편의시설과 이동 공간을 필요로 하는 대상이 함께 이용할 수 있는 공간을 만든다.

둘째, 편의시설 추가 설치 및 공간 확대이다.

유니버설 디자인 개념의 확산은 수준높은 사회적 형평성의 구축을 요구한다.이러한 사회적 변화를 반영하여 여자 화장실뿐만 아니라 남자 화장실에도 기저귀교환대, 유아 변기 등의 설치가 확대되고 있다.또한, 노령화 사회에서는 수동 휠체어가 아닌 전동 휠체어, 스쿠터 및 노인보조기구 사용자 등을 고려한 공간의 확대 적용이 필요하다. 이러한 시대적 변화를 이끌어 나가기 위해서는 사회적 환경이나 분위기 전환을 위한 공공기관의 주도적인 변화가 필수적이다.

결국 「유니버설 화장실」은 장애인만을 위한 「장애인 화장실」이 아닌 사회적 약자를 위한 사용 환경 조성에 주목한 프로젝트라고 볼 수 있다. 상황이나 연령 등에 따라 모든 사람이 가질 수 있는 핸디캡(handicap)을 장애의 개념으로 확대하고 모두를 위하는 공간을 만드는 것에 대한 시작이 「유니버설 화장실」이라고 할 수 있다.

최근의 공공청사는 역시 단순한 행정공간이 아닌 커뮤니티 공간, 즉 모두를 위한 개방된 공간으로써 활용 범위가 확대되고 있다. 그렇기 때문에 다양한 연령층과 성별을 비롯하여 장애유무, 다인종이 이용하는 공간으로써의 공공청사 및 공간은 모두를 위한 디자인에 대한 인식을 확산시키기에는 더할 나위 없는 공간이라고 볼 수 있다.

2 커뮤니케이션 - 유지와 지속가능성의 구성 요소

공공기관의 유니버설 화장실 설치 계획에서는 성공적이고 지속 가능한 디자인을 만들기 위해서는 다음의 네가지 구성요소가 필요하다.

- 편의시설과 사회 기반시설
- 사회적/문화적 생활
- 모두를 위한 목소리와 영향력
- 성장을 가능하게 하는 공간

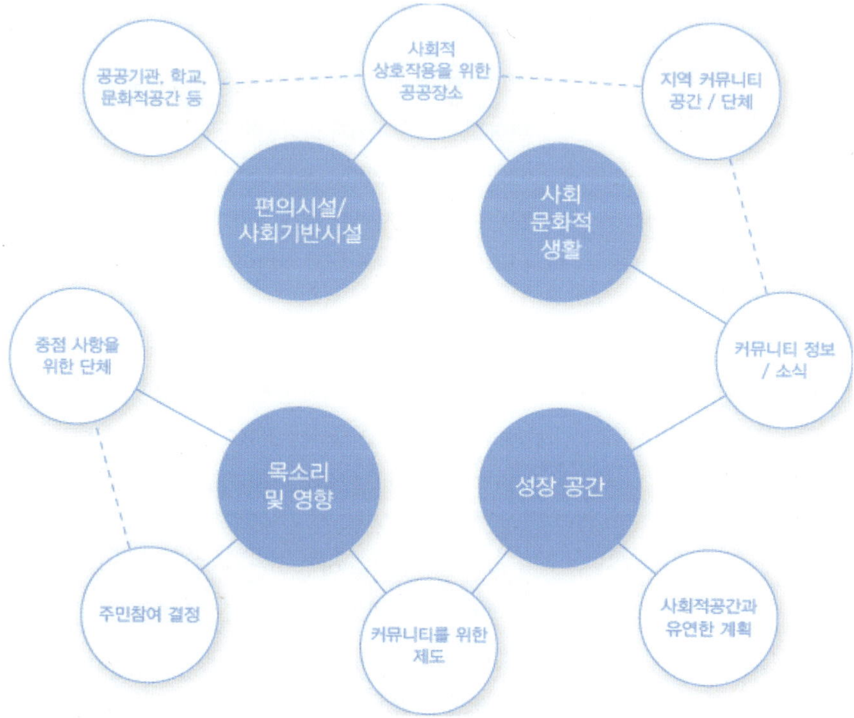

<출처 : “사회적 지속가능성을 위한 디자인” 보고서. 2011. Saffron Woodcraft/권선애,임소정. p.23.>

그림 3-1 지속가능의 구성 요소

본 계획의 시작단계에서는 단순히 장애인 화장실 개선사업의 의미를 넘어서 모두를 위한 공간조성을 고려한, 지속 가능한 정책 및 공간 만들기 차원의 접근이 요구된다. 이를 반영하여 계획과정은 사회적 공공시설이나 편의시설을 위한 공간 계획의 가장 중요한 요소인 시민참여 결정을 기본으로 하여 진행되었다.

유니버설 디자인 관점의 화장실은 장애인 전용이 아닌 노약자·임산부뿐만 아니라 영유아 동반 이용자·유모차·캐리어 이용자 등 편의시설이 필요한 이들에게 배려된 공간이다. 또한 사회적인 문제에 대한 인식의 개선을 유도하여 물질적·지적으로 지속가능한 사회적 성장의 가능성을 제공하는 시작점의 의미도 가지고 있다.

성공적인 장소 만들기의 도전 과제

01 문제점 찾기	· 공공청사 장애인 화장실 현황 및 실태조사 · 설문조사 · 장애인 화장실 활용을 위한 토론회 · 시의회, 지체장애인 협의회 등 관련단체 의견수렴
02 디자인 개발	· 장애인 화장실 안내 사인 디자인 개발 · 화장실 신축 및 개보수시 편의시설 개선방안 마련
03 전문가 자문 및 의견 수렴	· 장애인편의시설기술지원센터 등 관련자문가 자문 · 사인 디자인 및 편의시설 개선방안 개발 · 직원 및 시의원 등 선호도 설문조사 · 샘플시공 (시청 1층 민원실 옆, 시의회, 노인복지관, 처인구보건소)
04 디자인 보완·홍보	· 샘플시공에 따른 의견수렴 및 디자인 보완 · 장애인 화장실 이용에 관한 인식개선 홍보 캠페인 · 3개 구청 및 복지관 대상 홍보 교육
05 실행 및 홍보·교육	· '유니버설 화장실' 명칭 최초사용 · 관내 전 공공 청사 공공시설 장애인 화장실에 사인 부착 및 편의시설 추가 설치 · 관내 전 고속도로휴게소 확대 시행 등 협의

그림 3-2 프로젝트 프로세스

문제점 찾기

1 문제 인식 - 왜?

우선 사회적 형평성 차원에서 기존 화장실에 대한 문제점 진단이 요구된다. 기존의 많은 화장실은 이용자의 빈도가 극히 드물고 문이 잠겨 있거나 고장난 채 방치되거나, 청소도구함으로 전락된 곳이 많다. 이러한 장애인 화장실에 대한 안전성과 편의성의 문제 인식의 기반 위에 해결방안이 모색되어야 한다.

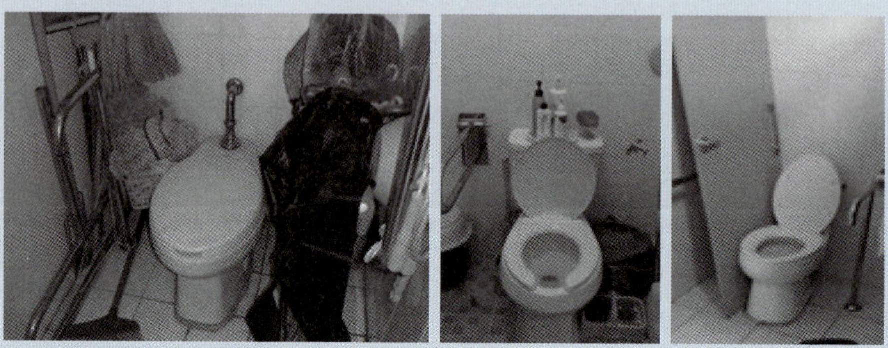

그림 3-3 관내 공공시설 장애인 화장실의 예

2 문제 파악 - 대중의 목소리를 모으다

다음으로 장애인 화장실의 인식에 대한 관심과 상황을 파악하기 위하여 경기도 내 장애인, 비장애인, 시설주와 편의시설 종사자 등 612명을 대상으로 장애인 화장실에 대한 설문조사를 실시하여 장애인 화장실에 대한 인식조사를 실시하였다.

- 기간 : 2015. 11. 23. ~ 12. 11.
- 설문자 수 : 612명
- 대상 : 경기도내 장애인, 비장애인, 시설주, 편의시설 종사자 등
- 주관 : 용인시 장애인편의시설기술센터

조사결과

그 결과 다음과 같은 내용이 명확해졌다.

① 장애인 화장실을 이용 가능한 사람을 체크하라는 물음에 32.8%가 '장애인'이라고 응답한 것으로 나타났으며, 장애인 화장실이 장애인만 사용할 수있다는 인식으로 인해 노인과 임산부 등을 배려하기 위한 본래 의미가 사라졌음을 볼 수 있었다.

② 장애인 등의 이용 가능한 화장실 관리가 되지 않는 이유는 시설주의 무관심(41%)과 사용빈도가 적어서(80.4%)로 나타났다.

③ '유니버설 화장실로 개선/홍보가 된다면 유니버설 화장실을 이용할 의향이있다' 는 의견이(91.8%) 로 나타났다.

" 유니버설 화장실의 개선과 홍보가 필요하다. "

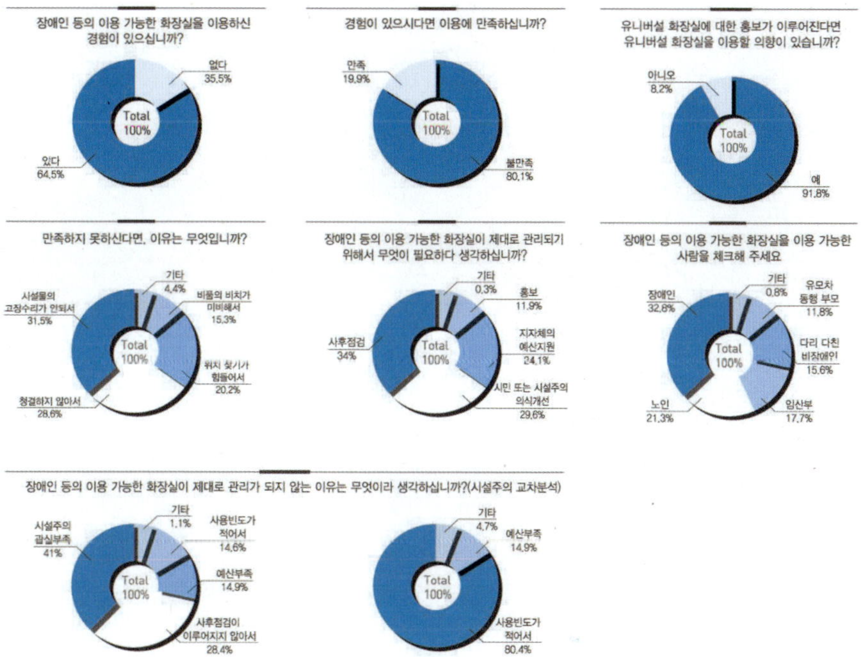

그림 3-4 설문조사

공공을 위한 공간이 효율적으로 적용되려면, 개발의 모든 단계에서 실사용자·시민·전문가 등의 목소리가 필수적이며, 공공 부분의 지원 없이는 실현되기 어렵다.

디자인 개발

3 방안 도출 - 아이디어를 모으다

이상과 같은 현황조사와 의식조사결과를 바탕으로 실사용자를 고려한 다양한 관계자의 아이디어를 도출하였다. 우선 실시 설계 완료 전에 공공청사 장애인 화장실에 유니버설 디자인을 도입하기 위해 관련 부서장들의 간담회와 관내 장애인단체 단체장들의 의견을 청취하였으며, 장애인들의 이해를 돕기 위한 토론회 등을 3회에 걸쳐 실시하여 다양한 의견을 모았다.

• 일 시 : 2016. 1. ~ 3.
• 장 소 : 용인시의회
• 참석자 : 시의원, 장애인 단체장 및 관계자, 용인시 공무원, 장애인편의시설기술지원센터 관계자 등

그림 3-5 토론회 및 의견수렴

주요내용

그 결과는 다음과 같다.

① 장애인 등의 화장실을 중증장애인 전용 화장실로 오해해 사용 빈도가 낮아 시설주의 무관심 속에 청소도구함으로 전락하고 있는 실정이 지적되었다.

② 장애인 화장실이 장애인만 사용할 수 있다는 인식으로 인해 노인과 임신부 등을 배려하기 위한 본래 의미가 퇴색되고 있었다. 이러한 인식으로 인해 이용자가 적고 관리가 제대로 이뤄지지 않는 것에 대한 대책 논의가 진행되었다.

③ 장애인들을 위한 특별한 배려를 바라는 것이 아닌, 제대로 이용이 가능한 환경 조성의 필요성이 강조되었다.

④ 문제를 개선하기 위해서 장애인 화장실의 명칭을 변경하고, 장애인뿐만 아니라 노인·임산부 등이 함께 이용할 수 있다는 안내표시판으로 변경할 필요성이 제기되었다.

“ 문제를 개선하기 위한 장애인 화장실이 아닌 유니버설 안내 명칭 변경의 필요성 도출 ”

전문가 자문, 의견수렴

④ 문제 해결 - 현장에서 답을 찾다

다음 단계로 시민들이 가장 많이 이용하는 공공청사 중에 한 곳인 주민센터에 유니버설 화장실 적용을 위한 현장소통 간담회를 실시하였다. 간담회를 통해 설계 단계부터 폭넓은 주민의 의견이 수렴되었으며 이 결과를 리모델링 시 설계에 반영하였다.

• 일시/장소 : 2016. 3. / 구성동주민센터, 이동면사무소

• 참석자 : 시의원, 공공디자인팀, 주민센터장 및 관계자, 주민자치위원장, 주관부서, 설계자 등

그림 3-6 실시설계(안) 설명회 및 간담회

의견수렴

설명회 및 간담회를 통한 소통은 설계 단계부터 유니버설 화장실 적용과 관련된 미비점을 주민 및 관계자와 의논하고 의견을 수렴하는 최적의 과정이다. 이속에서 지역적 특성과 이용자 편리성을 고려한 디자인에 대한 의견을 나눌 수 있으며, 전문가와 실사용자들의 보충 설명과 유니버설화장실 적용에 대하여 구체적인 의견을 반영한 공간 도출이 가능하였다.

“ 공간 도출 ”

디자인 보완 및 홍보

5 대안 제시 - 사인디자인 및 내부 편의시설물 개선지침 개발

동시에 [장애인·노인·임산부 등의 편의증진 보장에 관한 법률]에 따른 장애인 화장실 지침에 부합한 「편의시설물 환경개선방안」 마련 및 유니버설 화장실 사인 디자인 가이드라인을 개발하였다.

최초 장애인 화장실 명칭에 대해서도 장애인을 최우선으로 배려하되 노인·임산부·영유아 동반 등 이동과 편의시설이 필요한 약자들이 함께 사용할 수 있도록 한 법 규정에 근거하여 이용 가능한 대상자를 확대하였으며, 편견과 거부감이 드는 장애인 화장실의 명칭을 「유니버설 화장실」로 변경 하여 적용하였다. 유니버설 화장실의 디자인과 관련된 전문 기술의 보완을 위해 관련 전문기관에 자문도 진행하였다.

전문기술지원센터의 자문 - 경기도장애인편의시설 기술지원센터

- 유니버설 디자인 적용의 장애인 화장실 개선방안 마련을 위한 자문
- 장애인 화장실 인식에 대한 설문조사

장애인 단체의 지원 – 지체장애인협회 등 4개 장애인 단체

- 장애인 화장실의 문제점 및 개선 방안에 대한 자문이상의 과정을 거쳐 다음과 같은 디자인이 완성되었으며, 유니버설 화장실 내부 환경개선을 위한 가이드라인도 마련되었다.

① 유니버설 화장실 사인 디자인 개발(2016)

〈개선 전〉 〈개선 후〉

② 유니버설 화장실 내부 환경개선 권장 안(2016)

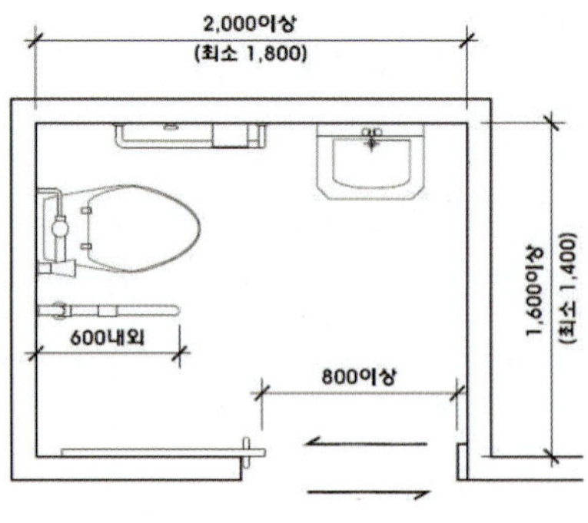

〈장애인 화장실 지침〉

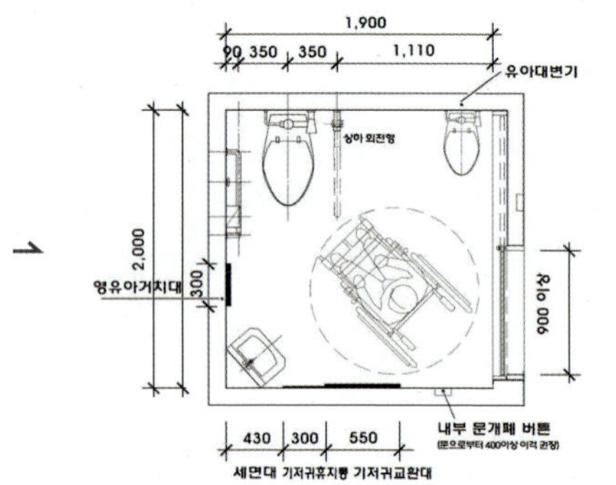

〈유니버설 화장실 권장 도면〉

③ 유니버설 화장실 내부 환경개선 가이드라인 개발(2016)

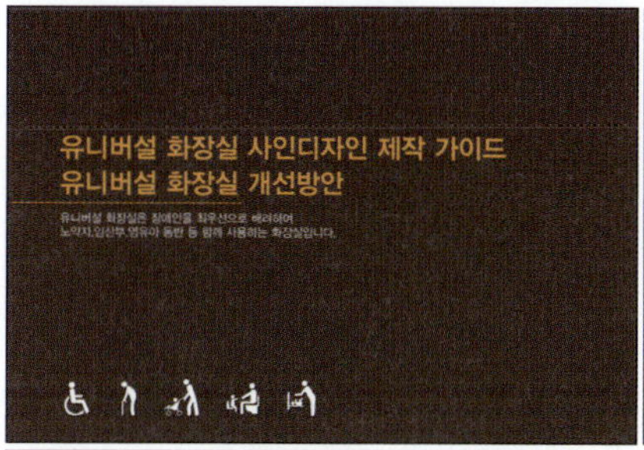

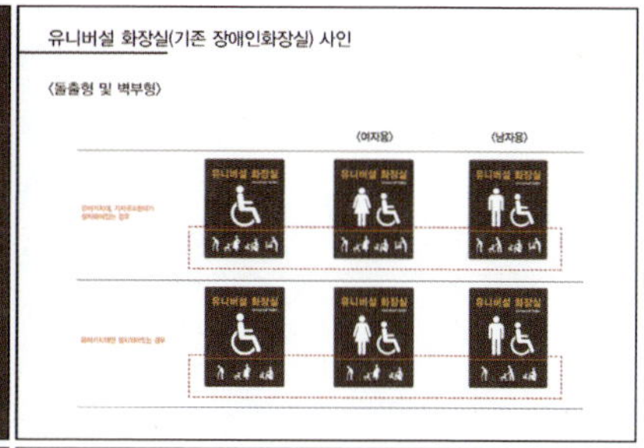

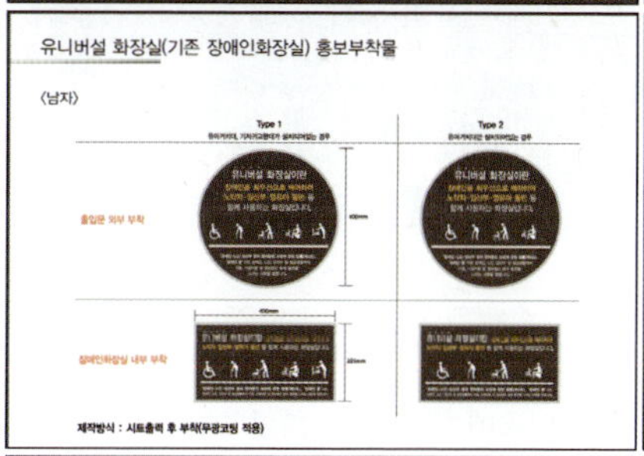

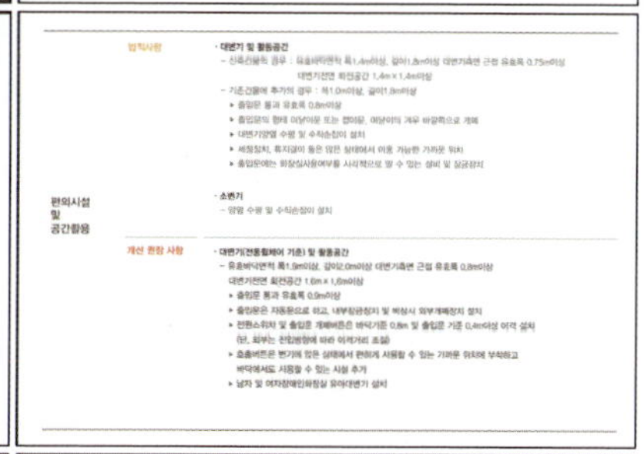

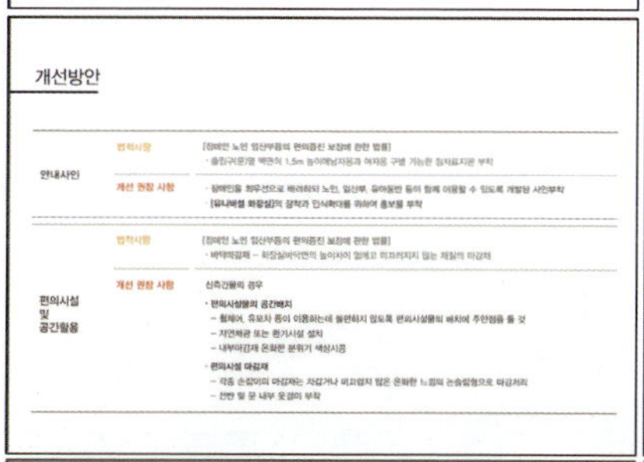

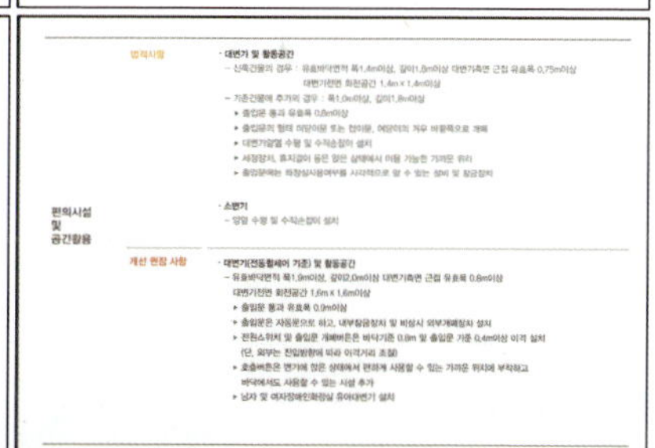

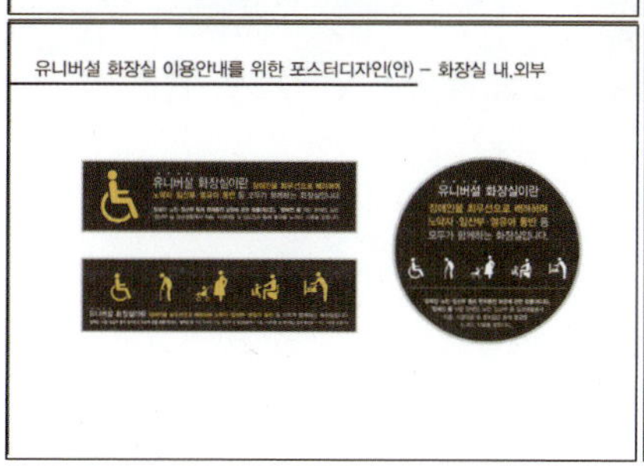

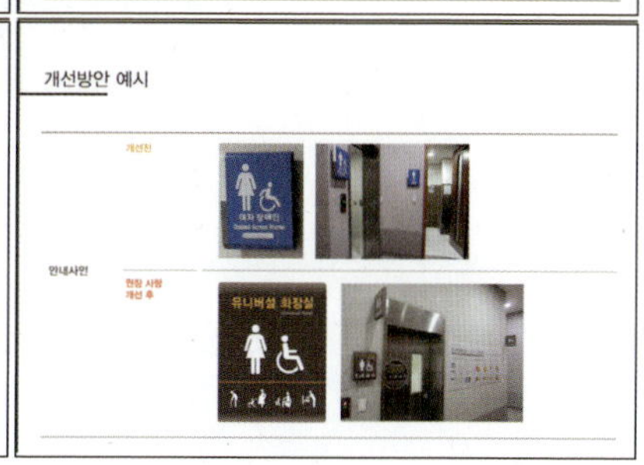

실행 및 홍보 · 교육

⑥ 시민 공유 - 인식 개선을 위한 홍보

① 유니버설 화장실 현판식 및 홍보 캠페인

우선 장애인 화장실에 대한 인식개선 및 유니버설 화장실에 대한 정보공유를 위하여 주요 공공시설물(용인시청, 시의회, 처인구보건소, 노인복지관, 문화예술원 등 방문자가 많은 1층 화장실)에 유니버설 화장실 사인을 샘플로 설치하고 방문자들의 의견을 수렴하여 디자인을 보완하였다. 또한 시설물 이용에 대한 정보공유와 안내를 위하여 시의회 차원에서 홍보 캠페인을 실시하였다.

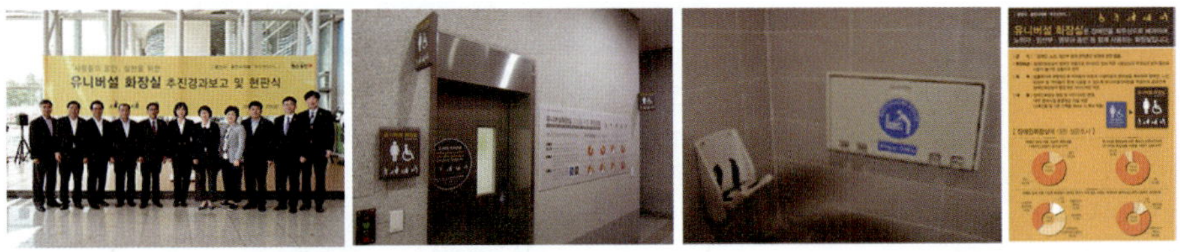

그림 3-7 샘플시공 및 현판식, 홍보지

② 유니버설 화장실 이용에 대한 시민 홍보

3개 구의 노인복지관·장애인복지관·보건소 등에 찾아가는 홍보를 실시하였으며, 노인 프로그램 이용자·장애인·자원봉사자 등 2,000여 명을 대상으로 유니버설 화장실의 개념·법적 근거·추진 배경·목적과 내용 등을 시의회 차원에서 홍보하였다.

그림 3-8 시민 공유 및 홍보

⑦ 전면 확대 적용 - 공공청사 및 공공시설물에 적용

① 공공청사 및 공공시설 확대 적용

용인시청, 3개 구청 및 보건소, 31개 읍·면·동 주민센터, 도서관, 야외 화장실 등 관내 전 공공 시설물의 장애인 화장실에 대해서도 유니버설 화장실 사인 부착 및 내부 편의시설물을 추가 설치 하였다. 이러한 성과는 지금도 이어져 공공건축물 신축이나 리모델링의 경우에는 설계 단계에서 유니버설 화장실 내부 환경개선 가이드라인을 적용하고 있다.

그림 3-9 사인 디자인 적용

그림 3-10 남·여 화장실 기저귀교환대 적용

그림 3-11 야외화장실 적용

3.3 주요 개선 사례

수지도서관 어린이 열람실 내 화장실 리모델링

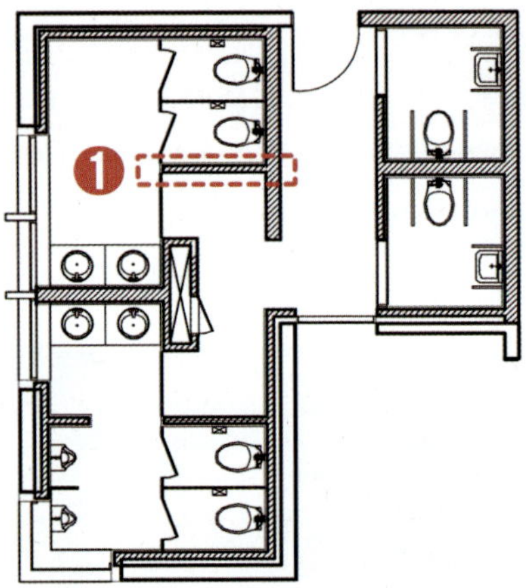

〈개선 전〉

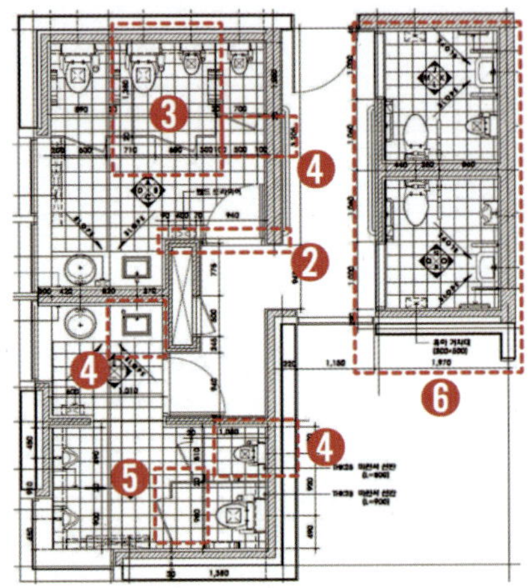

〈개선 후〉

① 여자 화장실 벽체 해체 : 진입로의 동선 고려, 효율적인 공간 활용을 위하여 구조 및 배치 변경

② 출입문 갤러리 문 설치 : 프라이버시와 개방감 확보 및 아동 안전 고려

③ 여자 화장실 한 칸에 유아동반 대변기실 설치 : 엄마와 떨어지기 싫어하는 아이 특성 고려 및 공간 절약

④ 유아 키에 맞는 낮은 큐비틀, 변기, 세면대, 거울 사용

⑤ 남자 화장실 여닫이 문을 밖으로 개폐하여 노인 및 유아의 위급 사항에 대한 불편함 예방

⑥ 유니버설 화장실 : 손잡이 설치기준 준수 및 수도꼭지 냉·온수 구분 점자 표시

⑦ 기타 : 기존 출입구 바닥의 단차 2cm를 무단차로 적용

〈개선 전〉

〈개선 후〉

구성동 주민센터 화장실 리모델링

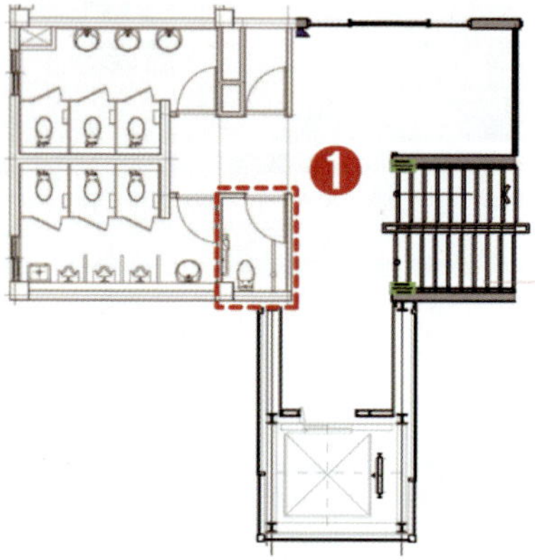

〈개선 전〉

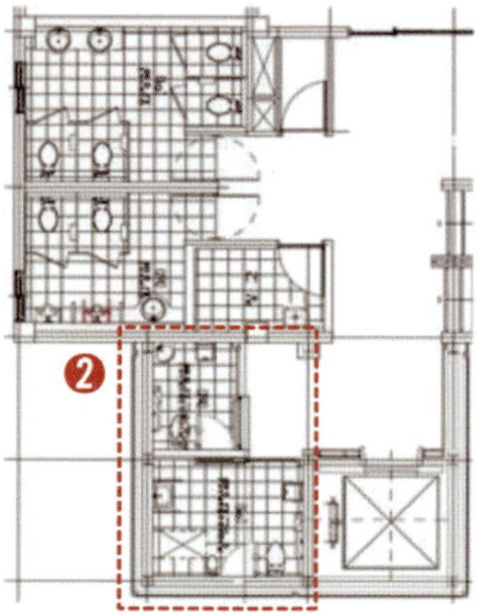

〈개선 후〉

① 기존 장애인 화장실 : 여자 장애인 화장실(1개)만 설치되어 있었음

② 유니버설 화장실 설치 : 엘리베이터와 경사로 설치 등 건물 리모델링 시, 성별을 분리하여 남·여 유니버설 화장실 설치

〈개선 전〉

〈개선 후〉

양지 해밀도서관 화장실 리모델링

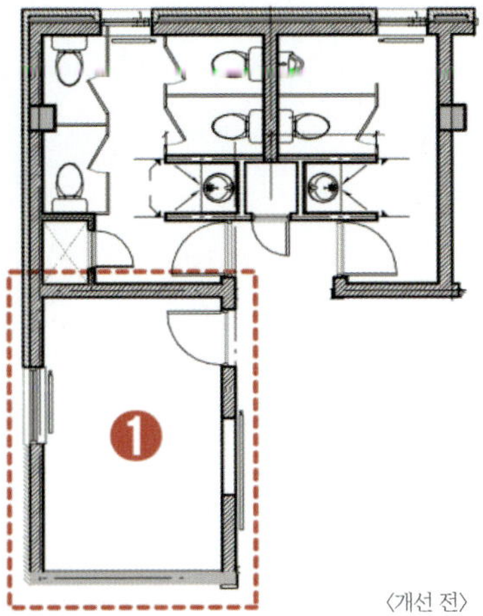

〈개선 전〉

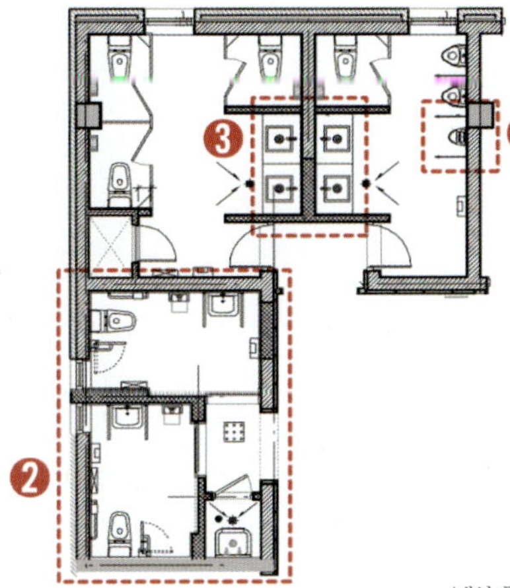

〈개선 후〉

① 기존 창고

② 유니버설 화장실 설치 : 기존 창고를 활용하여 유니버설 화장실로 신규 설치

③ 유아 키에 맞는 낮은 큐비클, 유아용 변기, 세면대, 거울 설치

〈개선 후〉

3.4
프로젝트의 의의와 기대 효과

프로젝트의 의의

그동안 우리 주변의 많은 공공공간이 잘못된 인식으로 인하여 방치 또는 사용할 수 없는 공간으로 버려지는 곳이 많았다. 그러한 공간을 발굴하여 시민 모두가 안전하고 편리하게 이용가능한 실효성 있는 곳으로 재활용하고자 이번 프로젝트는 진행되었고, 이는 시민 인식변화를 유도하여 일상의 공공화장실을 미래지향적·지속 가능한 「모두를 위한 보편적 공간」으로 조성해나간 실천의 결실이라고 할 수 있다.

이 결과를 통해 사회적 약자를 포함한 모두의 안전과 환경성, 실용성을 고려한 공공디자인의 올바른 기준을 제시하였다. 이는 우리 사회의 공공을 위한 사회적 인식을 높여 줄 것이며, 사회 구성원들의 삶에 배려의 문화를 자연스레 스며들게 할 것이다.

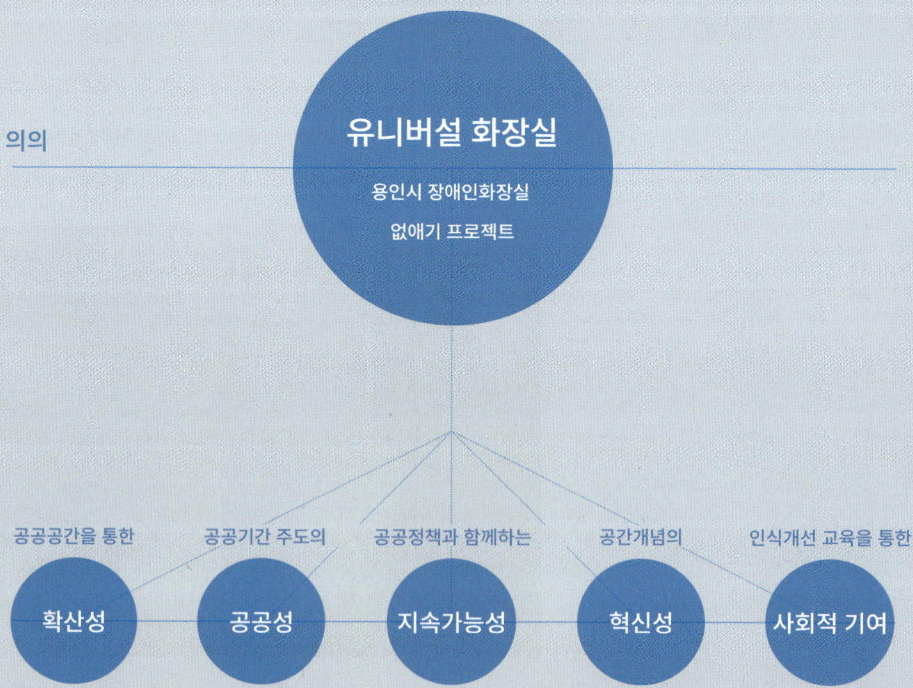

프로젝트의 기대효과

- 유니버설 디자인 도입은 '장애물 따로', '편의시설 따로'의 고비율 저효율 정책에서 자원의 효율성을 극대화하는 정책으로 전환하는 계기가 되었다.
- 장애인에 대한 비장애인의 인식을 개선하고, 신체적 불편함이 있는 장애인, 노약자, 임산부 등 사회적약자를 배려하며 함께 사용할 수 있는 공간으로 화장실에 대한 인식을 확산하는 계기가 되었다.
- 방관과 오류 및 이기적 발상으로 정착된 정책과 인식으로 조성된 장애인에 대한 차별적인 사회풍토 개선을 위한 시사점을 제시하였다.
- 낮은 활용빈도로 인해 창고로 방치되어 발생될 사회적·환경적 2차 문제를 예방하고, 함께 공공 공간을 만들어 나가는 성숙된 사회 풍토 조성을 기대한다.
- 「용인시 유니버설 디자인 조례」 제정 등 유니버설 디자인에 대한 제도적기반 및 확산의 계기를 마련하였다.
- 디자인 사전 협의제를 통하여 일관성 있고 지속 가능한 정책으로 이어질것이다.

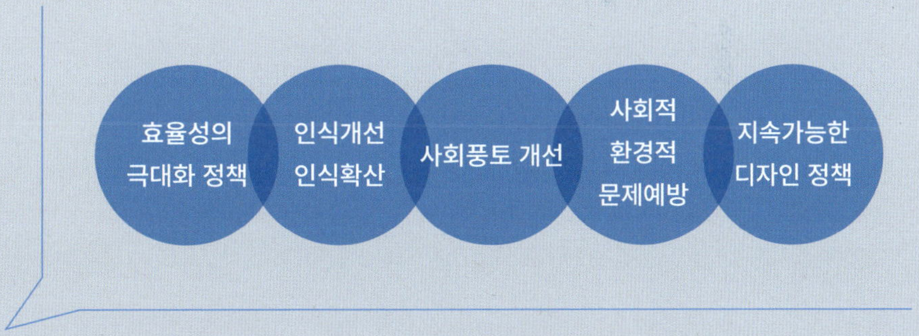

용인시 장애인화장실 없애기 프로젝트 기대효과

PART 2

생활안전을 더하는 공공디자인

4. 안전마을 조성을 위한 공공의 디자인
4.1 안전마을 전략의 필요성
4.2 안전디자인 선행사례 조사
4.3 수원시 안전마을 전략 및 세부 실행지침

5. 도시안전을 위한 환경색채
5.1 도시안전과 색채
5.2 도색중심의 초기 셉테드
5.3 최근 셉테드와 색채
5.4 도시안전에서의 색채역할

6. 고속도로의 안전디자인
6.1 고속도로 디자인의 기본방향
6.2 현황조사
6.3 졸음쉼터 문제점 분석
6.4 졸음쉼터 설계기준
6.5 더 나은 졸음쉼터 디자인을 위한 5가지 제언
6.6 맺음말

CPTED Design
Living Safety Design,
Adding Design,
Urban Safety Color,
Safety Village Design

PART 2 생활안전을 더하는 공공디자인

4. 안전마을 조성을 위한 공공의 디자인

4.1 안전마을 전략의 필요성

공공디자인의 개념

최근 여성을 상대로 한 강력 성범죄가 전국적으로 일어나면서 혼자 다니는 일에 대한 불안감이 더욱 커지고 있다. 또한, 최근 통계를 보면 수원시 내에서 발생한 흉악 범죄와 2년 동안 실종된 18세 이상 여성이 159명에 달하고 있어서 2013년 대비 50% 이상 증가한 것으로 집계되는 등 안전범죄로 말미암은 불안감이 날로 증대되고 있는 상황이다.
통계청의 조사결과에 따르면 우리나라 사람들의 40%가 평소 범죄 피해에 대한 두려움을 느끼고 있다고 응답하였으며, 특히 여성들은 남성에 비해 압도적으로 큰 범죄 불안감을 가지고 있는 것으로 나타나고 있다.

연령별 분석을 보면 특히 20대 여성들이 그 이상의 연령대에 비해 범죄에 대한 불안감을 많이 가지고 있음을 알 수 있다.
성희롱이나 성폭력에 대한 반응에서 남자의 19.5%가 두려움을 느끼는 데 비해 여자는 44.3%가 두려움을 느낀다고 응답하여 여성들이 범죄에 대한 두려움 중 특히 성희롱이나 성폭력에 대한 공포심이 크다는 것을 알 수 있다.

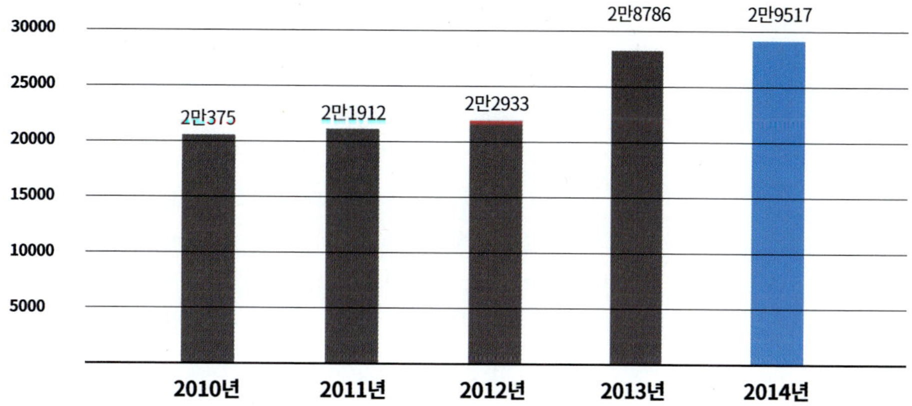

범죄건수 순위		2010년	2011년	2012년	2013년	2014년
	1	서울(5746)	서울(6280)	서울(6062)	서울(6062)	서울(8523)
	2	경기(4137)	경기(4819)	경기(5177)	경기(5982)	경기(6040)
	3	부산(1734)	부산(1583)	부산(1527)	부산(2484)	부산(2316)

그림 4-1 최근 5년간 성폭력 범죄 발생 현황

본 장에서는 수원시의 마을과 유사한 환경에서의 안전을 확보할 수 있도록 CPTED (범죄예방환경설계)를 비롯한 안전디자인에 대한 개념을 정리하고, 마을의 골목길 형태에 따른 디자인적 해결 방법에 관해 안전디자인 관련 문헌을 조사 및 고찰의 결과를 제시할 것이다.
또한 시각적인 효과를 얻을 수 있는 물리적인 골목 환경구성의 안전한 마을골목 디자인 기본 방향에 맞추어 유형에 맞는 구체적인 실행전략을 세움으로써 남녀노소 다양한 사람들이 쉽게 이해하고 실제로 적용할 수 있도록 10원칙의 내용을 간결하게 정리하여 이상지향적이 아닌 구체적으로 실행이 가능한 사항을 바탕으로 가이드를 제시하였다.

4.2 안전디자인 선행사례 조사

최근 전국적으로 강력 범죄들이 증가하면서 이에 대한 각 지자체의 대응책과 안전에 대한 디자인 기본 방향 등의 수립이 진행되고 있는데, 우선 이에 대하여 몇 가지 사례를 살펴보고자 한다.

1. 행운동 행운길 (서울시 관악구) - 여성들이 안심하며 살 수 있는 곳

관악구 행운동은 가파르고 좁은 골목과 건물 사이사이 후미진 곳이 많은 원룸 밀집 지역으로 서울에서 여성 거주 비율이 두 번째로 높은 지역이고 많은 사람들이 우범지역이라고 지적하고 있어서 '여성안심구역'으로 집중 관리를 하는 대상 지역이다.
이 지역은 이런 환경에 대해 범죄예방 디자인 방안을 접목시켜 보안 시설물들은 색채를 통해 시인성을 높였으며 미러시트(mirror sheet) 등을 활용하여 주변골목을 파악할 수 있게 만들어 여성 보행자들의 불안감을 덜어 주는 골목으로 탈바꿈하는 데 성공하였다.

① 후방경계에 효과적인 미러시트
미러시트가 부착된 건물 입구에 서면 뒤에서 누가 쫓아오는지, 아닌지를 한눈에 파악할 수 있도록 하여 범죄자들의 접근을 방지할 수 있게 조치함으로써 안전을 확보하고 있다.

② 어두운 사각지대를 인지할 수 있는 반사띠 부착
필로티(pilotis) 구조의 주차장이 존재하는 골목에서 반사띠를 이용하여 공간에 대한 인지를 시켜 주고 범죄자들의 은폐공간을 제거하여 불안감을 해소시켰다.

③ 동네 상황을 24시간 기록하는 CCTV와 LED 방범등이나 반사경 등 4단계 통합 모듈
고채도의 노란색을 CCTV가 있는 지주에 적용하고 그 아래에 위급상황 시 사용할 수 있는 비상 벨을 설치하여 실시간으로 구조를 요청할 수 있도록 함으로써 보행자들의 안전을 확보하였다.

그림 4-2 행운동 행운길 사례

2. 면목동 미담길 (서울시 중랑구) - 자랑하고 싶은 우리 동네 미담길

중랑구 면목동은 사회적 약자들이 많이 거주하는 동네로, 이곳의 디자인 콘셉트는 '미담'으로 애정 어린 인식을 북돋아서 주민들이 자연스레 동네의 안전을 살필 수 있도록 마을 스토리텔링 작업을 진행하였다. 시인성이 높은 노란색 보드와 캐노피(canopy)를 이용해 주민들의 쉼터를 조성하였다. 또한 야간 통행이 잦은 면목시장 내에도 안전을 위한 시설들을 설치하여 주·야간 보행자의 안전을 확보해 나가고 있다.

① 동네 어르신 미담을 적어 놓은 캐노피 보드를 곳곳에 설치
마을에 거주하고 있는 어르신들의 이야기를 비롯하여 동네에 관련된 역사 이야기나 미담 등을 담아내어 주민들에게 훈훈한 정서를 제공해 주며 캐노피를 이용해 비를 피할 수 있도록 하였다.

② 야간 통행 시 안심하고 걸을 수 있도록 고보조명(바닥에 빛으로 문자를 쏘아 정보를 전달하는 조명) 시스템 도입
유동인구가 많은 면목시장은 야간 귀갓길로 많이 이용되는 곳으로 야간의 안전을 확보하기 위해 빛을 이용한 안내 시스템을 도입하여 안전한 보행이 가능하도록 하였다.

③ 위급 상황 시 사이렌이 울리는 전화 부스 설치
긴급 상황 시 부스 안으로 들어가서 벨을 누르게 되면 사이렌이 울리고 자동으로 문이 닫혀 신변을 보호할 수 있는 안전 부스를 설치함으로써 보다 빠르게 신변 안전을 확보할 수 있게 하였다.

그림 4-3 면목동 미담길 사례

3. 염리동 소금길 (서울시 마포구) - 범죄 없는 골목 만들기

마포구 염리동은 좁은 골목길이 많아 무섭고 불안했던 지역으로 잘 알려진 곳인데, 범죄예방 디자인이 적용되면서 '소금길'이라는 명칭의 안전하고 걷고 싶은 산책로가 있는 동네로 변신했다.
디자인이 적용된 후에 주민 자신과 가족들이 느끼는 범죄에 대한 두려움은 각각 9.1% 및 13.6%가 감소하였고 동네에 대한 애착심은 13.8%가 증가하였다. 특히1.7Km에 달하는 '소금길'에 대한 범죄 예방 효과는 78.6% 증가, 만족도는83.3%로 상승하여 그 효과가 매우 높게 나타나고 있다.

① 염리동 길의 '핫 스팟'을 연결하여 걷고 싶은 길 조성
주민들이 범죄 불안감을 많이 느끼던 곳을 '핫 스팟(hot spot)'으로 지정하고 '소금길'이라는 이름을 붙여 사람들의 방문량을 늘리도록 하였으며 자연 감시력을 높여 범죄율을 낮추게 했다.

② 운동과 산책을 할 수 있도록 운동 시설물을 마을 곳곳에 설치하여 사람들의 이용을 증대시켜 공간 활성화
골목 곳곳 소금길과 연결되는 지점에 운동시설을 마련하여 주민들의 활동량을 늘려 주며 운동+커뮤니티 공간으로 탈바꿈시키는 효과를 가져왔다.

③ 긴급 상황 시 도움을 요청할 수 있도록 지킴이 집 지정
보행자가 긴급한 상황이 생겼을 경우, 빠른 시간 내에 도움을 받을 수 있도록 지킴이 집을 지정하였으며 이로 말미암아 보다 안전한 골목 환경이 조성되었다.

그림 4-4 염리동 소금길 사례

4.3 수원시 안전 마을 전략 및 세부 실행지침

안전마을 디자인 전략

수원시는 마을의 야간경관·불량경관·유해환경 및 마을에서의 위험요소 등 마을에서 나타나는 문제점과 골목의 주택가에서 발생되는 범죄·사고를 예방하고, 보행자가 안전하게 이용할 수 있도록 공간환경·정보환경·인적 환경을 안전하게 확보할 수 있는 디자인 통합계획을 마련하였다.

첫째, 공간환경은 거리 시설물을 정리하여 보행을 원활하게 계획하고 은폐공간이나 조도가 낮은 공간·차폐공간은 개방성을 확보하여 공간의 영역성 강화를 통해 공간 책임의식을 유발시킨다.

둘째, 정보환경은 위급상황 시 빠른 대처를 위해 안전정보를 제공하고 보행자의 공간에 대한 불안감을 제거하기 위하여 위치정보를 제공한다. 제공된 정보는 이해하기 쉽게 인지성을 부여한다.

셋째, 인적 환경에서는 노후공간 개선을 통해 거주민의 쾌적성을 확보하고 사람들의 사용을 증대시켜 공간의 지속적인 활용을 위해 꾸준한 유지관리를 확보한다.

안전마을 세부 실행지침

❶ 잘 보이게 하기 - 사각지대 없애고 시야 확보하기

삼거리 또는 교차로가 많은 골목 내 가각부에서 일어나는 안전사고 또는 범죄 발생 방지를 위한 반사 시설물을 설치하여 길 전체의 모습이 잘 보일 수 있도록 하고 사각지대를 제거해 주민의 안전한 환경을 조성하도록 한다.

1. 명시성 확보	2. 사각지대 해소	3. 가시성 확보

① 반사시설물 설치하기

마을의 삼거리나 꺾인 구간으로 보행자의 시야가 막혀 있는 구간에는 반사시설을 설치하여 교차로의 반대편이 잘 보이도록 하고, 반사거울을 설치할 경우에 크기는 골목길의 너비에 알맞은 크기를 선정하여 설치하도록 한다. 또한, 반사시설 설치 구간에는 상부에 조명등을 설치하도록 한다.

[반사거울 지름에 따른 가시거리]

크기	1000∅	800∅	600∅
가시거리	60m 이상	40m이상 60m 이하	40m 이하

[골목별 설치 위치]

꺾인 구조의 골목 코너 부분에 설치하며, 가로등 또는 전신주가 있을 경우에 전신주 및 통신주용 브라켓(bracket)을 사용하여 설치하도록 한다.

꺾인 골목

삼거리 골목일 경우 꺾여 들어가는 골목 가각부에 설치하며, 사각지대가 넓은 경우에는 양면 브라켓을 이용하여 두 개의 반사경을 설치한다.

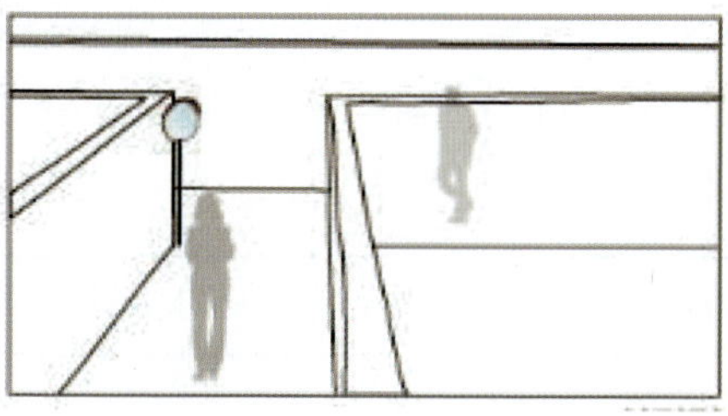

삼거리

② 필로티 주차장 반사 시트 부착하기

필로티 주차장과 같이 빛이 들지 않거나 어두운 부분은 반사 시트를 부착하여 주차장 이용자나 보행자에게 공간이 잘 보이도록 하고, 반사 시트는 사람들의 시야 높이를 고려하여 1.2m~1.5m 사이 구간에 설치하도록 한다. 부착 시트의 폭은 최소 100mm 이상으로 한다.

[반사 시트 부착위치]

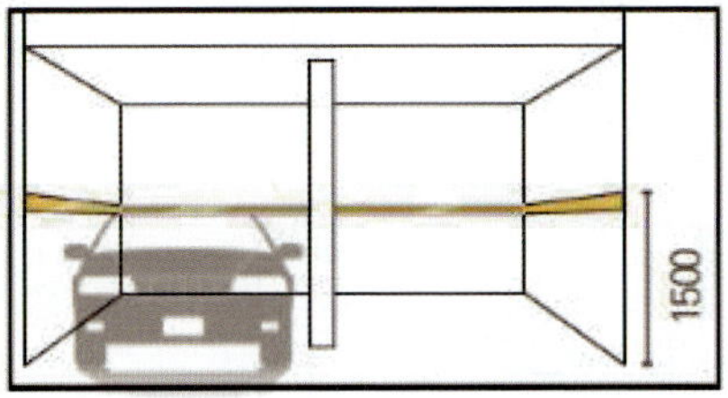

필로티 주차장의 공간 구조를 인지하는 데 도움이 될 수 있도록 안쪽의 벽면을 따라 부착하거나 기둥에 부착하도록 한다.

❷ 정보 제공하기 - 마을의 위치 및 공간구조 인지

마을에서 발생할 수 있는 범죄발생의 위급상황 및 보행자의 안전한 동선 확보를 위해서 마을에서의 막다른 길 안내, 안전공간 안내, 보행자의 현재위치 안내, 마을의 공간구조 등을 알 수 있는 정보를 제공하도록 한다.

1. 공간정보 제공	2. 동선 확보	3. 안전성 확보

① 마을 네이밍(naming)하기

담장이나 벽의 연속으로 말미암아 지번이나 위치를 확인할 수 없는 구간에는 마을 네이밍을 통해서 위급상황 시, 자신의 위치를 명확하게 전달할 수 있도록 한다. 마을 네이밍은 지번을 활용하거나 주민들의 협의를 통해 이해하기 쉬운 이름을 선정하도록 하고, 선정된 마을 네이밍은 골목의 진출입부에 필수로 설치하고, 골목길의 길이가 10m가 넘거나 꺾인 구조인 경우에는 중간부에 추가로 설치하도록 한다.

[마을 네이밍 적용 예시]

네이밍이 된 마을임을 인지할 수 있는 시설물을 골목 진입로에 설치하고 야간인지를 위한 조명 등의 부가시설을 설치한다.

② 마을 안내 정보 사인

마을의 주요 진입구간에는 마을 골목구조를 알 수 있는 안내지도를 설치하고, 안내지도에는 위급상황 시 이용할 수 있는 안전시설의 위치를 표기한다. 마을의 삼거리 또는 교차로에는 막다른 길이나 지킴이집 등 각 방향에 대한 정보가 담긴 바닥 안내표시를 하도록 한다. 바닥 안내표시는 형광 스프레이·고휘도 반사 페인트 또는 고보조명을 이용하여 야간에도 보행자가 잘 볼 수 있도록 한다.

[바닥 사인 시공재료]

[바닥 사인 시공방법]

③ 막다른 길 영역표기

막다른 길의 진입로에는 바닥 안내 사인이 아니더라도 보행자가 쉽게 막다른 길임을 인지할 수 있도록 별도의 표기를 하도록 한다. 막다른 길 표기는 고채도의 색상(노랑색 권장)을 통해서 골목 진입 바닥이나 바닥과 면한 벽면 모서리에 라인의 형태로 채색 또는 도색철판을 부착하여 영역을 인지시킨다. 라인의 두께는 15cm ~ 30cm 의 폭을 갖도록 한다.

[막다른 길 진입로 도색 위치]

막다른 골목의 진입로에 대한 정보를 인지할 수 있도록 입구의 가각부와 바닥에 고채도의 색상으로 표시하여 정보를 제공한다.

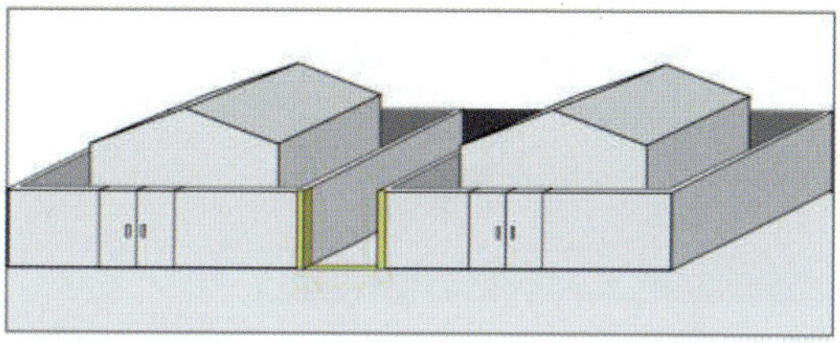

④ 방범 벨 설치

마을의 주요 지점에는 방범 벨을 설치하여 범죄발생 등 위급상황 시에 위험을 알리고 도움을 요청할 수 있도록 하고, 방범 벨이 설치되어 있음을 보행자에게 인지시킬 수 있도록 안내판 설치 및 고채도 색상을 이용해 위치를 명확히 한다.

❸ 공간 활성화하기 -사람들의 통행을 유도하여 자연감시

1. 공간공간 조성	2. 커뮤니티 활성	3. 자연감시 강화

낙후되고 인적이 드문 거리에 방치되어 있는 유휴공간을 활용하여 사람들이 쉴 수 있는 공간을 조성하고, 지역 주민의 커뮤니티 공간을 마련하여 사람들이 거리를 활발하게 사용할 수 있도록 통행을 유도함으로써 자연적인 감시가 이뤄질 수 있도록 한다.

① 담장 벤치 만들기

도로의 너비가 4m 이상인 경우, 벤치 등과 같은 편의시설을 설치하여 주민들이 휴식할 수 있는 공간을 조성한다. 사람들의 활동을 유도하여 공간을 활성화하고 불법주차로 말미암아 은폐되는 공간을 제거하도록 한다.

벤치 설치 시, 플랜터(planter)와의 기능을 접목하여 생기 있는 골목길이 될 수 있도록 한다. 벤치에 고채도의 색상을 적용하거나, 조명·비상 벨과 같은 방범이 가능한 시설을 통해 보행자의 안전확보 시설로 쓰일 수 있게 한다.

[담장 벤치 설치 예시]

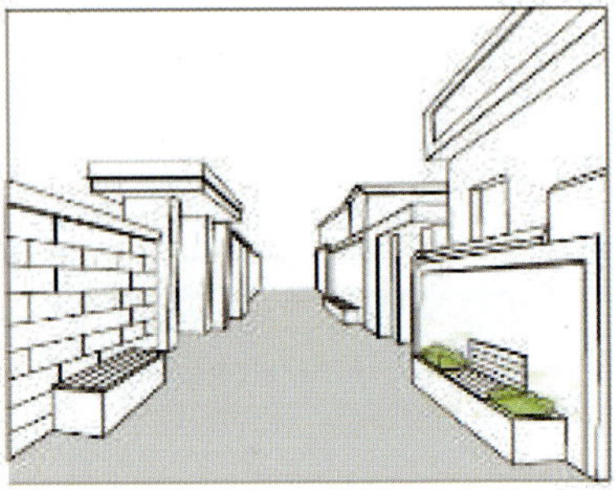

주민들의 왕래가 잦은 골목에 담장을 따라 벤치를 설치하여 주민들을 위한 휴식 공간 및 커뮤니티 공간을 마련하도록 한다.

② 건물 사이 틈새 정원 조성

다세대 건축물의 사이 공간을 활용하여 삭막한 주거환경을 개선하여 걷고 싶은 거리를 만들도록 하고, 사람들이 통행하는 주출입구로 이어지는 사이 공간은 화단 및 조경시설을 통해 입구환경을 개선하도록 한다.

사람들이 통행하지 않는 사이 공간은 쉼터를 조성하여 사람들의 커뮤니티가 이뤄지는 공간으로 계획한다.

[틈새 정원 조성 예시]

삭막한 골목 환경에 정원을 조성하여 분위기를 개선하고 주민들의 통행을 유도하여 자연감시 효과를 높이며, 더불어 커뮤니티 공간으로 활용이 가능하도록 한다.

④ 거리 밝히기 - 균일한 조도를 통해 가시성 확보

어두운 거리에 균일한 조도의 가로등을 일정 간격으로 배치하여 어두운 공간이 생기지 않도록 하고, 막다른 길 또는 가각부 등 사각지대에 조명을 설치하여 보행자에게 지속적인 안정감을 부여할 수 있도록 밝은 공간을 조성한다.

1. 조도 균일화	2. 연속성 확보	3. 야간시야 확보

① 가로등 균등한 조도 유지

마을의 가로등은 시각지대가 생기지 않도록 고르게 조명이 설치되도록 계획하며, 너무 높은 조도로 인해 인근 거주민에게 피해가 가지 않도록 한다.

15m 이상의 거리에서 상대방을 인식할 수 있는 밝기(바닥면 기준 20lux 이상)를 유지하되, 가능한 음영이 생기지 않도록 하고, 백색 LED를 사용하여 연색성을 유지하고 식재 등으로 조명이 가려지지 않도록 한다.

[골목 조명 개선 예시]

균일한 조도의 가로등을 연속적으로 설치하고 보행자의 통행이 많은 곳에는 보행가로등을 설치하여 보다 안전한 마을 환경을 조성한다.

② 사각지대 조명 설치

불가피하게 가로등 조명으로 일정한 조도를 유지하기 어려운 골목 계단의 하부 공간이나 타 시설물로 인해 생기는 음영지대에는 보조조명을 설치하도록 한다.

보조조명 설치 시에는 눈높이의 조명은 시야를 방해하므로 설치를 자제하고 볼라드형 조명 또는 매립형 간접등을 설치하도록 한다.

[사각지대 조명 개선 예시]

가로등 설치가 어려운 계단 공간은 계단의 손잡이 하부에 조명등을 설치하여 가시성을 높이고 안전한 계단이용이 가능하도록 한다.

5 예쁘게 꾸미기 - 마을 환경개선으로 이미지 향상

관리가 되지 않는 담장이나 노후 건물의 벽면은 밝은 채도의 색채로 변화시켜 환경을 개선한다. 이를 통해 거리의 정돈된 분위기를 조성하여 보행자로 하여금 안전한 거리라는 인식을 제공하고 친근감 및 공간의 쾌적성을 부여한다.

1. 은폐공간 방지	2. 보행안전 확보	3. 쾌적성 확보

① 노후담장 환경개선

담장이나 건물이 노후되어 안전의 문제가 있는 구간은 보수하도록 한다. 관리가 되지 않아 불량한 경관을 발생시키는 담장은 밝은 색채를 활용하여 골목길의 밝은 분위기를 조성함으로써 보행자에게 안전하고 쾌적한 골목길 이미지를 인지할 수 있도록 한다. 담장환경 개선을 위해서는 채색뿐만 아니라 담장을 활용한 화단을 조성하는 등 다양한 방법을 활용할 수 있다.

[권장 색채]

R254 G254 B254 C0 M0 Y0 K0 PANTONE WHITE	R255 G245 B211 C0 M4 Y22 K0 PANTONE 7499 M	R244 G209 B117 C0 M20 Y62 K0 PANTONE 134 C	R253 G209 B0 C0 M20 Y100 K0 PANTONE 116 C	R214 G231 B223 C19 M3 Y15 K0 PANTONE 566 C	R85 G163 B176 C66 M20 Y29 K0 PANTONE 325 C

② 불량공간 화단조성

관리가 되지 않고 방치되어진 쓰레기 등 적치물이 쌓여 불량경관을 이루는 유휴공간은 화단으로 조성하여 환경을 개선함으로써 사람들이 쓰레기를 버릴 수 없는 공간으로 계획한다. 노후도가 심각한 담장은 허물고 화단으로 조성하여 식재 등을 통해 외부시선을 차단하는 방법으로 공간을 개선한다.

6 거리 비우기 - 은폐공간 없애고 안전한 보행로 확보하기

보차 혼용도로가 많은 도로에서는 안전한 보행로를 확보하기 위해 주차공간을 확보하고 보행로의 영역성을 명확히 한다. 헌옷 수거함과 같은 대형 공공시설물은 건물의 이격공간에 넣어 안전하고 쾌적한 보행로가 확보될 수 있도록 한다.

1. 이미지 개선	2. 친근감 부여	3. 쾌적성 확보

① 불법주차 방지하기

도로의 너비가 6m 이상인 경우, 일렬 주차장을 마련하여 불법 주차를 방지하고 안전한 보행로를 확보한다. 불법 주정차 방지 적치물을 제거하고 마을의 특성을 나타낼 수 있는 조형물 또는 화분형을 이용하여 쾌적한 마을 환경을 조성한다. 벤치형 볼라드를 사용해 불법주차를 방지하고 주민들의 편의를 위한 공간이 될 수 있도록 한다.

[담장 허물기]

담장 허물기 사업을 통해 집앞 주차공간을 확보하고 안전하고 넓은 보행로 환경을 조성한다.

② 이격공간 활용하기

은폐공간이 될 수 있는 시설물은 위협공간인 이격공간에 넣음으로써 보다 안전한 골목환경을 조성한다. 이격공간의 폭에 따라 분리수거함 등 부피가 큰 공용 시설물을 설치하여 혐오시설은 감추고 깨끗한 거리를 유지할 수 있도록 한다.

[이격공간 수거함으로 숨기기]

폭이 좁은 이격공간에 헌옷수거함과 같은 대형 시설물을 넣어 은폐공간을 없애고 쓰레기가 적치될 수 있는 환경을 제거하고 쾌적한 골목길을 형성한다.

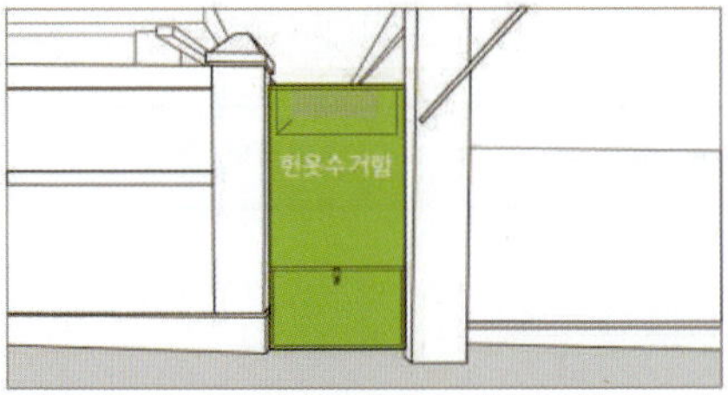

⑦ 부드럽게 표현하기 - 불안감 조성하는 위협적 표시 자제하기

마을의 부정적 이미지를 생성하는 범죄 관련 위협적인 문구 및 슬로건 게시를 자제한다. 가급적 부드럽고 친근한 표현을 통해서 주민들과 외부인들에게 마을의 안정된 이미지를 부여하도록 한다.

1. 위협표현 제거	2. 친근한 표현	3. 이미지 개선

① 친근한 담장살 만들기

마을의 부정적 이미지 생성 방지를 위해서 위협적인 형태의 쇠창살이나 유리조각 담장방범의 설치물은 제거하다. 담장살의 기능은 살리되, 간단한 조형·캐릭터·골목상징 조형물 등의 형태를 활용하여 친근한 디자인을 계획하여 마을의 이미지를 개선하고 보안을 향상시키도록 한다.

[캐릭터를 활용한 담장살]

② 위협적인 표현 없애기

주민들의 불안감을 상승시킬 수 있는 범죄 관련 문구 및 슬로건 게시를 자제하고, 친근하고 부드러운 문구를 활용하여 전달하도록 한다.

[위협적 문구 현수막]

[부드러운 표현의 시설물]

⑧ 막힌공간 개방하기 - 담장 낮추고 시야 개방하기

오래된 주택지역의 노후되고 높은 담장은 담장의 높이를 낮춤으로써 외부 상황에 대한 자연감시를 높이고 개방성을 높여 시야가 낮은 아이들에게도 보다 안전한 환경이 조성될 수 있도록 한다.

1. 차폐공간 제거	2. 안정감 확보	3. 시야 확보

① 담장 개방하기
낡고 폐쇄적인 담장을 없애고 개방된 시야를 확보할 수 있는 구조의 투시형 담장을 사용하고 인공적인 담장 대신 관목을 이용하여 개방된 분위기와 생기 있는 마을 환경을 조성한다. 투시형 담장을 사용할 때는 개방된 환경을 유지할 수 있도록 조경의 식재를 자제한다.

[개방형 담장]

투시형 담장을 통해 개방된 시야를 확보하고 자연 감시를 높여 안전한 골목길 환경을 조성한다.
② 담장 낮추기
보안성보다 영역성 확보에 의미를 두며 마을과 담장 안으로의 자연감시가 이루어지도록 한다. 어린이 보행 시 자연감시가 가능하도록 담장은 120cm 이하가 되도록 설치한다. 부드러운 이미지를 위해 자연소재(돌, 데크, 개비온 등)를 활용한 담장을 권장한다.

[낮은 담장]

담장을 120cm 이하로 하여 키가 작은 어린이들을 대상으로 자연 감시가 가능하도록 한다.

⑨ 유지관리하기 - 자발적으로 쾌적한 마을 유지하기

깨진 유리창' 효과가 나타나지 않도록 마을 주민들이 자발적으로 힘을 모아 관리가 가능하도록 한다. 또한 협동 라인을 구축하여 서로 배려하고 주인의식을 갖고 행동하도록 마을 공동수칙을 만들고 실행한다.

1. 지속적인 관리	2. 자발적 참여	3. 청결 유지

① 정기적으로 시설 관리하기
꾸준한 관리가 될 수 있도록 '마을봉사단'을 모집하여 마을 내 환경정비 활동을 진행한다. 마을 환경미화 부분으로는 벽의 낙서 제거, 전단지 제거, 미관 저해요소를 제거하고 안전관리 부분으로는 방범시설(CCTV, 가로등)의 고장 여부를 파악하여 관할기관에 내용을 전달하도록 한다.

봉사단은 10명 내외로 선발하여 활동하며 분기별로 단원을 교대하여 주민들이 돌아가며 함께 활동하도록 한다.

[불량, 고장 신고 전화번호 및 신고방법]

- 마을지도를 배포한 후 집 주변 문제사항을 표기한 뒤에 통장 또는 주민자치위원회에 제출
  재난관리(주민안전), 주민불편해소·현장민원, 통합민원
  031-228-0000
- 골목 방범시설의 경우 시설물에 관할 기관의 연락처와 쉬운 전달을 위해 시설물별 번호를 부착
  도시안전통합센터, 영상정보팀 CCTV통합관제센터 관리 및 운영
  031-228-0000

② 마을 공동수칙 지키기

주민자치위원회를 통해 마을주민 모두가 참여할 수 있도록 쓰레기 처리, 공동공간, 주변 편의공간을 안내한 자료를 작성하여 각 집에 전달한다. 2분기마다 통별로 평가하고 평가 내용을 공개하여 마을의 관리 정도를 인식할 수 있게 한다.

[불량, 고장 신고 전화번호 및 신고방법]

① 쓰레기 배출 시간 정하기
- 배출 장소를 정하고 지정된 요일, 오후 6시 이후 배출

② 연락망 만들기
- 집 주변 문제가 생겼을 시 연락이 가능하도록 마을 연락망 조성

③ 주차공간 지키기
- 좁은 골목이 아닌 주차공간을 이용해서 안전한 골목 만들기

⑩ 함께 가꾸기 - 민·관이 같이 협력하기

1. 협력 유도	2. 자발적 감시	3. 안전 유지

언제나 안전한 마을 보행이 가능하도록 마을 주민들끼리 자율방범대를 조성하고 매일 지속적으로 방범활동을 진행한다. 또한, 주민들만이 아닌 관할기관과 함께 진행하는 안심귀가 서비스 등을 통해 지속적으로 협력관계를 구축하고 안전한 마을을 가꿀 수 있도록 한다.

① 마을 자율방범대

주민들이 주체적으로 자율방범대를 결성해 매일 저녁 8시부터 12시까지 4명씩 한 팀을 이루어 구역을 나눈 뒤에 순찰을 진행한다.

안심귀가팀을 별도로 조성하여 매일 밤 10시부터 새벽 1시까지 2인 1조로 팀을 꾸려 운영한다. 야간에 발생한 사건 또는 방범 취약지역들을 체크한 뒤에 주민자치회 또는 관할부서에 전달하도록 한다.

[자율방범 활동 모습]

골목 자율방범대의 활동 모습

여성 안심 귀가 서비스

② 민관협력 안전마을 만들기

마을 방범 관할 관계자를 통해 마을 주민들에게 '여성 안심 귀가 서비스'를 적극적으로 활용할 수 있도록 홍보하고 교육활동을 진행한다. 주민자치회와 정기적인 만남을 통해 안전과 관련된 주민들의 의견을 수렴하고 문제 해결방안을 모색할 수 있도록 한다.

PART 2 생활안전을 더하는 공공디자인

5. 도시안전을 위한 환경색채

5.1 도시안전과 색채

1970년대 미국·영국·호주 등의 주요 도시에서 범죄율 감소를 위해 도입한 범죄예방 환경디자인(CPTED, Crime Prevention Through Environmental Design)은 현재, 각국의 실정에 맞추어 다양하게 발전되고 있다. 국내에서는 IMF 이후, 각종 경제·사회 문제와 함께 범죄율 증가로 셉테드에 대한 관심이 높아지기 시작하였다. 경기도 부천시(2005)가 일반 주택지역을 셉테드 시범지역으로 지정한 것을 시작으로, 판교·광교 신도시와 은평 뉴타운에 셉테드가 도입되는 등 도시재생 차원에서도 적극적으로 셉테드 기법을 적용하고 있다.

일반주택 지역은 아파트 지역에 비해 범죄 위험성이 높음에도 불구하고, 셉테드 기법 적용의 한계로 말미암아 비용대비 효과성이 떨어지며, 중앙정부·자치단체의 지원이 필요하거나 개인의 비용 부담을 유도해야 하는 어려움이 있다. 이러한 구도심의 안전문제를 해결하기 위해 색채를 활용한 셉테드 기법은 적은 예산으로 실행 가능한 방법의 하나로 전개되기 시작하였다.

도시공간의 설계 단계부터 범죄를 예방하거나 범죄에 대한 공포심을 차단할 수 있도록 다양한 시설 및 수단을 적용한 셉테드는 자연적 감시(natural surveillance)·자연적 접근통제(natural across control)·영역성(territoriality)·활동의 지원(activity support)·유지 및 관리(maintenance and management)를 기본 원리로 한다. 이러한 셉테드 기본 원리에 색채의 기능을 연결하면 다음과 같은 관계를 도출할 수 있다.〈표 5-1〉

셉테드 원리	내용	색채의 기능
자연적 감시	지역주민들에 의한 가시권을 최대화하여 자연적 감시 유도	**주목성**
자연적 접근통제	보행자 및 차량을 정해진 공간으로 유도하여 범죄자의 접근 차단	**명시성**
영역성	울타리·담장·정원 가꾸기 등 지역주민들의 물리적인 영역 표시	**주목성, 명시성**
활동의 지원	공공장소에서 지역주민들의 활발한 활동 유도	**밝고 친숙한 색채**
유지 및 관리	시설물의 지속적인 관리로 일탈 행동 방지	**색채 사후관리**

표 5-1 셉테드 원리와 색채의 기능

- 자연적 감시 : 지역주민들에 의해 가시권을 최대화할 수 있도록 주목성 있는 색채를 적용하여 다중의 시선이 모이게 하며 자연적 감시를 유도한다.
- 자연적 접근통제 : 보행자 및 차량을 정해진 공간으로 유도하여 범죄자의 접근을 차단할 수 있도록 명시성이 높은 색채를 적용한다.
- 영역성 : 울타리·담장·정원 가꾸기 등 지역주민들의 물리적인 영역표시를 위한 시설과 사인물에는 주목성이 높은 배경색과 명시성이 높은 활자로 배색한다.
- 활동의 지원 : 공공장소에서 지역주민들의 활발한 활동으로 범죄 기회를 차단하기 위해 밝고 친숙한 색채를 적용한다.
- 유지 및 관리 : 시설물의 지속적인 관리는 이용자에게 관리가 되고 있다는 신뢰감을 주어 일탈 행동을 방지하게 된다. 특히 도색의 경우에는 지속적인 관리가 필요하다.

〈표 5-1〉과 같이 셉테드의 기본 원리에 적용될 수 있는 색채의 기능은 주로 명시성과 주목성으로 정리된다. 노랑은 안전 색채에서 「주의」를 뜻하며, 난색의 고명도/고채도 색채로 주목성이 높고, 검정과 배색하면 명시성 또한 높아진다.

색채 이미지로는 밝고 경쾌하며, 친근한 색채이기도 하다. 이와 같은 효과로 인해 도시안전을 위한 색채로 노랑이 주로 사용되고 있다.〈그림 5-1〉

그림 5-1 도시안전과 노랑

5.2 도색 중심의 초기 셉테드

1. 소금길 프로젝트(2012)와 노랑

좁고 어두운 골목길이 많은 마포구 염리동은 노인 및 여성 거주자들의 불안감이 증가하고 있는 대표적인 지역이다.〈그림 5-2〉

가파른 계단과,
좁은 통행공간으로 말미암은
범죄 불안심리 자극

좁은 보행공간,
전신줄과 전선이 얽힌
어두운 통행 : 인적이 드문 공간

그림 5-2 염리동 소금길

서울시는 염리동을 범죄예방 디자인 프로젝트의 시범 사업지역으로 선정하고 셉테드를 적용하였다. 인적이 드물어 주민들이 불안을 느끼는 구간을 연결하여 「소금길」 이라는 마을 브랜드를 정립하고, 소금길을 중심으로 운동과 산책을 하면서 공간을 활성화할 수 있도록 기획하였다.〈그림 5-3〉

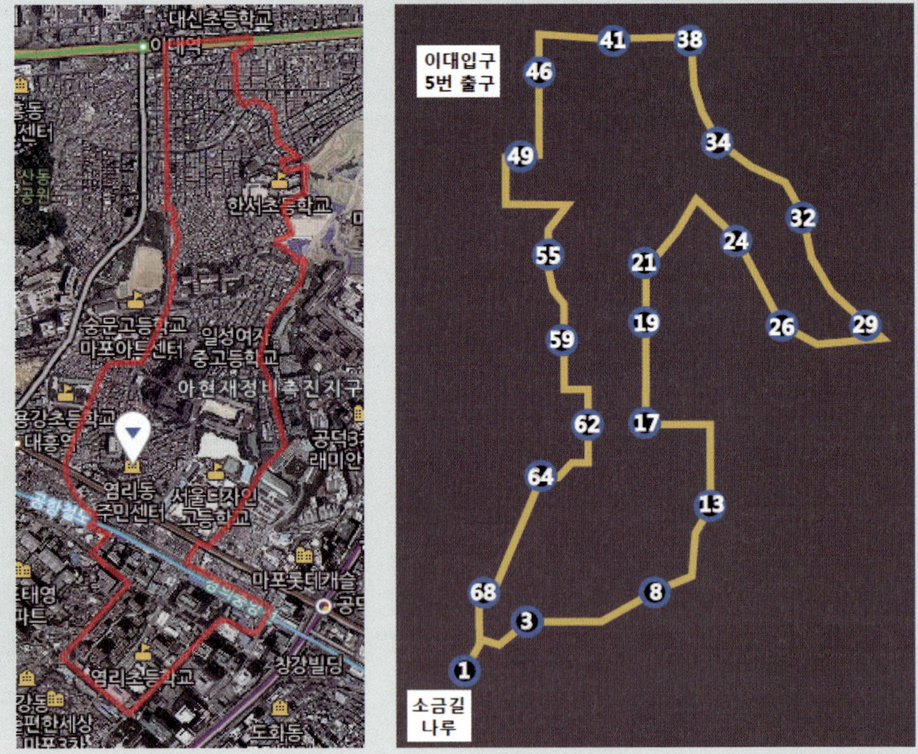

그림 5-3 소금길 산책로

소금길 구간의 68개 가로등에는 어두움과 대비되는 노란 CCTV 표지판·안전지도·비상 벨을 설치하여 위험에 노출되었을 때 신속하게 위치를 확인하고 구조를 요청할 수 있도록 하였다.〈그림 5-4〉

어두움과 대비되는
노란 색채를 활용한 소금길
안전 마을 디자인

위급상황,
위험에 노출되었을 때
신속하게 구조 요청

그림 5-4 소금길과 노랑

긴급 상황 시 도움을 요청할 수 있는 6개의 지킴이 집을 운영하고, 물물교환의 공간을 마련하여 주민들의 참여를 유도하고 있으며, 지역 주민의 물리적인 영역표시를 하고 있다.〈그림 5-5〉

그림 5-5 주민참여 유도

어둡고 좁은 골목길은 벽화를 그리거나 밝은 색조로 도색하여 보행자에게는 밝은 이미지와 범죄자에게는 범죄유발 요소를 저하시키는 역할을 하고 있다.〈그림 5-6〉

도색중심의 범죄유발 요소 저하

그림 5-6 밝은 색조의 도색

셉테드의 기본 원리인 자연적 접근통제·영역성·활동의 지원을 위해서도 노랑을 사용하고 있다. 예를 들어 보행자를 일정한 방향으로 유도하기 위해 명도가 낮은 아스팔트에 명도가 높은 노랑을 사용하여 명시성을 높여 주고 있다.〈그림 5-7〉

명도 높은 노랑

낮은 명도의 아스팔트

그림 5-7 명시성이 높은 노랑 유도선

울타리·담장·안내사인 등 지역주민들의 물리적 영역표시를 위해 노랑의 바탕에 검정의 활자를 사용하여 명시성과 주목성을 높여 주고 있다.〈그림 5-8〉

그림 5-8 명시성과 주목성이 높은 사인물

공공공간에서 주민들의 활동을 유도하여 자연스런 감시를 강화하기 위해 운동공간과 놀이공간에 노랑을 사용하여 친근한 이미지를 주고 있다.〈그림 5-9〉

그림 5-9 친근한 이미지의 노랑

도색 중심 셉테드의 한계

소금길의 색채는 어둡고 좁은 주거지역 담장에 벽화를 그리거나 밝은 색조로 도색하여 보행자에게는 밝은 이미지와 범죄자에게는 범죄유발 요소를 저하시키는 역할을 하고 있다. 이를 위해 고명도로 밝고 활기찬 이미지와 주목성 있는 고채도로 자연적 감시가 이루어지는 공간을 형성하고 있다.

그러나 고채도 색채를 주거공간의 주조색으로 사용하는 것은 가끔 방문하는 외부인들에게 놀이공원처럼 새롭고 활기찬 이미지를 주지만, 거주민들에게는 시각적·심리적으로 피로감을 주게 될 것이다.

무엇보다도 주변 경관과의 조화 차원에서도 바람직하지 않다. 〈그림 5-10〉

그림 5-10 고채도로 도색된 주거공간

공공공간에서 주민들의 활동을 유도하여 자연스런 감시를 강화하기 위한 운동기구는 개인적인 용도로 사용하거나, 보행자 유도선은 도색의 유지관리 미비로 본래의 기능을 발휘하지 못하는 문제점도 나타나고 있다.〈그림 5-11〉

그림 5-11 본래의 기능을 상실한 사례

시설물의 지속적인 관리는 '이용자에게 관리가 되고 있다.'라는 신뢰감을 주어 범죄 예방에 효과적이다. 소금길의 사례에서도 도색된 색채가 지속적으로 유지될 때 관리가 되고 있다는 인상을 주게 될 것이다. 그러나 불법 광고물이 셉테드 시설물을 가리거나 전단지 부착으로 인해 시설물이 심하게 손상된 사례가 다수이다. 또한, 도색된 담장이 벗겨져서 색채가 지속적으로 관리되지 않고 있다.

이는 '이용자에게 관리가 되고 있지 않다'라는 인상을 주어 범죄 예방에 역효과를 주게 된다.〈그림 5-12〉

불법 광고물 부착,
밝은 색채로 말미암은
시인성 향상으로
미관 저해

불법 전단지,
청테이프의 흔적 등
유지관리가 되지 않음

그림 5-12 손상된 시설물과 벗겨진 도색

5.3 최근 셉테드와 색채

천호 지하보도(2018)의 노랑·주황·초록·파랑

기존의 천호 지하보도는 천호 로데오거리와 성내동을 잇고 있어 많은 보행자들이 통행을 필요로 하지만, 어둡고 노후된 시설로 노약자 및 여성들이 통행하기에 두려움이 있는 길이었다.

서울시 강동구는 도시경관 개선사업의 일환으로 어둡고 노후된 천호 지하보도를 색채로 개선하였다. 지하보도 외부에는 노랑·주황·초록·파랑의 색채가 흘러내리고 있으며, 보도입구 사인은 번호가 아닌 「하하·호호·깔깔·낄낄」의 웃음소리로 나타내 재미의 요소를 가미하고 있다. 이와 함께 출구별 색상을 달리하여 색채가 출구번호를 상징하고 있다.〈그림 5-13〉

그림 5-13 천호 지하보도 입구

지하보도 입구와 내부벽면에도 동일한 노랑·주황·초록·파랑으로 도색하고 있다. 도심 번화가인 상업공간 지하에 고채도 색채를 사용하여 보행자들에게 밝고 활력 있는 긍정적 에너지를 주고 있다. 〈그림 5-14〉

그림 5-14 천호 지하보도 내부벽면

지하보도 중간에는 피아노를 설치하고 자유롭게 연주할 수 있도록 하여 공공장소에서 지역 주민들의 활발한 활동을 유도하고 있다. 또한, 시민 누구나 대관 신청이 가능한 갤러리를 운영함으로써 범죄자에게 범죄유발 요소를 저하시키는 역할을 하고 있다. 〈그림 5-15〉

이로 말미암아 어둡고 노후되어 통행에 두려움을 주던 지하보도가 색채와 문화예술 공간의 설치로 밝고 활동적인 공간으로 탈바꿈하였다.

그림 5-15 연주공간과 갤러리

거여 2동 범죄예방 디자인 사업(2017) <출처 : (주) 이음파트너스 '송파구 거여2동 범죄예방' 최종보고서>

거여 2동은 노후된 다가구주택 밀집 지역으로 대문이 24시간 개방되어 있는 경우가 흔하며, 이로 말미암아 공적 영역과 사적 영역의 경계가 모호하다.

좁고 어두운 골목길은 조명시설이 부족하여 야간 범죄의 두려움을 가중시키고 있으며, 위례택지 개발사업 경계부의 가림막으로 단절되는 공간 구조는 청소년의 범죄발생 우려도 크다. 이에 송파구는 이러한 대상지의 문제점을 개선하기 위한 거여 2동 범죄예방 디자인을 실시하였다.
〈그림 5-16〉

그림 5-16 거여 2동 범죄예방 디자인 마스터플랜

24시간 개방되어 있는 대문과 건물 틈새 공간의 심리적 두려움을 없애기 위해서는 관리 및 차단의 방법으로 주민의 안전 및 영역성 확보가 필요하다. 이를 위해 주민 참여방식으로 대문에 고채도 색채를 적용하여 밝고 활기찬 이미지로 개선하였다.〈그림 5-17〉

고채도 색채를 외벽이 아닌 좁은 면적의 대문에 적용하여 색채의 기능은 살리되, 시각적 공해를 최소화한 것이다.

또한, 출입통제가 필요한 곳은 게이트를 설치하고, 명시성 높은 사인을 적용하여 사적 영역을 표시하고 있나.〈그림 5-18〉

그림 5-17 대문 도색으로 사적 영역 표시

그림 5-18 명시성 높은 사인 색채

갈 곳 없는 노약자들은 차도와 보행로가 구분되지 않는 골목 모퉁이에 앉아 시간을 보내고 있어 항상 차량으로부터 위험에 노출되어 있다. 이를 예방하기 위해 골목 교차지점을 거점 공간화하여 가변형 휴게 및 소통 공간으로 조성하고, 이를 통해 자연감시 및 활동성을 강화하고 있다.〈그림 5-19〉

그림 5-19 골목 교차지점 거점 공간화

무료하게 시간을 보내는 노인들을 위해 주로 앉아 계시는 골목 모퉁이에 휴게용 의자를 설치하여 차량으로부터 보호함과 동시에 자연감시를 유도하고 있다.〈그림 5-20〉

그림 5-20 휴게공간 조성으로 자연감시 유도

그림 5-20 휴게공간 조성으로 자연감시 유도

또한 소통공간을 확보하여, 건강 시설물을 설치하고 이용률을 높이는 방법으로 노인들의 활동성을 강화하고 있다.〈그림 5-21〉

그림 5-21 소통공간 조성으로 활동성 강화 유도

그림 5-21 소통공간 조성으로 활동성 강화 유도

5.4 도시안전에서의 색채 역할

2005년 경찰청의 문제제기 및 상황인식으로 셉테드에 대한 연구와 정책적인 측면의 고려가 시작된 이후, 셉테드의 중요성이 대두되었고, 많은 지방자체단체에서 이를 제도화하여 실행하고 있다. 또한 2012년 소금길 프로젝트가 다양한 매체를 통해 성공사례로 기사화되면서, 일반인들에게 셉테드의 효과가 알려지는 계기가 되었다.
소금길 사례의 경우, 색채를 적극적으로 사용하여 색채가 셉테드 원리의 실행에 중심이 되었고, 이로 말미암아 색채는 범죄예방 디자인에 가장 중요한 요소로 부각되었다.

이와 함께 2008년 서울시 강남구에서는 스코틀랜드 글래스고시의 뷰캐넌(Buchanan)과 일본의 나라현에서 푸른 빛 가로등 도입으로 범죄율이 감소한 사례를 벤치마킹하여 관내 보안등 일부를 푸른빛으로 교체하였다. 푸른빛은 심리적으로 안정을 주지만, 범죄예방에 효과적이라는 객관적 검증은 부재하였고, 야간에는 춥고 어둡게 느껴질 수 있으므로 단순히 푸른빛이 범죄를 예방한다는 판단은 보다 객관적인 검증이 필요하다.

이와 같이 초기 셉테드에서는 색채 적용만으로 범죄가 줄어든다는 과장된 보도나 판단으로 타 지역에서 무분별하게 색채를 도입하는 원인을 제공하였다. 수많은 셉테드의 사례 중 일부이지만, 소금길·천호 지하보도·거여 2동의 사례를 비교·정리하여 시사점을 도출하고 범죄예방 디자인에서의 색채 역할을 살펴보았다.〈표 5-2〉

년도	대상지	공간	색채 활용	적용 색채	색채 역할
2012	염리동 소금길	주거	적극적	고채도	범죄예방 디자인 주요소
2018	천호 지하보도	상업	적극적	고채도	범죄예방 디자인 주요소
2017	거여 2동	주거	소극적	저채도	시각적 공해 최소화

표 5-2 색채를 통한 범죄예방 디자인의 사례 비교

소금길, 천호 지하보도, 거여 2동 리뷰

소금길은 주거공간에 고채도 색채를 적극적으로 사용하여 색채가 범죄예방 디자인의 주요소로 사용된 사례이다. 대표적인 색채로 사용된 노랑은 난색의 고명도/고채도 색채로 주목성이 높고, 검정과 배색하면 명시성 또한 높아진다. 색채 이미지로는 밝고 경쾌하며 친근한 색채이다. 이러한 색채기능을 활용한 노란 가로등과 노랑과 검정으로 배색된 통일된 사인물이나 밝은 색조로 도색한 개인주택 담장은 사업초기에 효과적이었다.

사업초기에 효과적

하지만

유지관리 소홀, 방치되는 인상

하지만, 현재의 소금길은 유지관리가 소홀하여 방치되고 있다는 인식을 주고 있어 오히려 범죄를 유발하는 요인이 되고 있다. 따라서 시간이 경과하여도 성능이 오래 유지될 수 있는 우수한 재료를 사용하고, 주기적인 보수로 양호한 경관을 유지하는 것이 중요하다는 시사점을 주고 있다.

천호 지하보도는 상업공간 지하에 고채도 색채를 적극적으로 사용하여 색채가 범죄예방 디자인의 주요소로 사용된 사례이다. 야간에 통행하기 두려운 공간에는 원색의 밝고 경쾌한 색채가 적용되어 시민들의 통행이 활발하게 이루어지고 있다. 다만, 앞서 살펴본 소금길의 사례와 같이 양호한 도색 상태를 유지하지 못한다면, 오히려 범죄를 유발할 수 있음을 잊지 말아야 한다.

소금길의 사례와 같이 주거공간에 고채도의 색채는 거주민들에게 시각적·심리적 피로감을 주지만, 도시중심가 이동경로의 일부분인 지하공간에 고채도 색채는 새롭고 활기찬 이미지를 전달할 것이다. 따라서 고채도 색채가 도시환경에서 무조건 나쁜 것만은 아니며 최소의 면적에 사용하여 색채의 기능은 살리되, 주변 환경과의 조화를 고려한 색채 계획이 된다면 매력적으로 사용될 것이다.

주변 환경과의 조화를 고려한 색채계획

거여 2동은 주거공간에 저채도 색채를 소극적으로 사용하여 색채가 보조 요소로 사용된 사례이다. 주거공간에 고채도 색채를 직접적으로 적용하여 자연감시와 활동성을 강화하는 소금길의 사례와는 달리, 차분한 색채를 적용하여 주변 환경과 조화롭게 하였다. 고채도 색채는 좁은 면적의 대문에 사용하여 색채의 기능은 살리되, 주변 환경을 저해하지 않는 범위 내에서 개성적으로 사용되고 있다. 또한, 본인 소유의 대문을 스스로 도색하고 관리하여 도색의 양호한 상태가 지속될 수 있도록 유도하고 있다.

색채연구가 필요하다.

지속가능한 범죄예방 색채 디자인

색채는 심리적으로 인간의 행동에 영향을 미칠 수 있어 범죄예방 디자인에서도 연구될 필요가 있다. 또한, 도시환경 개선에서는 형태보다는 색채를 검토하는 것이 빠른 시각적 효과와 경제적 효율성을 높일 수 있는 장점이 있다. 이로 말미암아 초기의 범죄예방 디자인에 색채가 주요소로 사용됨으로써 그 효과가 과장되거나 과도한 그래픽 위주의 벽화로 나타나기도 하였다.

이는 색채를 1차원적으로 해석하여 감성적으로 접근한 결과로 볼 수 있다. 따라서 범죄행동과 색채심리에 대한 실증적인 연구가 선행되어야 하며, 범죄예방 디자인에서 색채는 주요소가 아닌 보조요소로서 활용하는 것이 바람직하다.

범죄예방 디자인에서
색채는 주요소가
아닌
보조요소로서 활용해야 한다.

PART 2 생활안전을 더하는 공공디자인

6. 고속도로의 안전디자인

고속도로 계획, 설계, 건설, 유지관리를 주로 하는 토목 엔지니어가 디자인을 접한 지 11년이라는 시간이 흘렀다.

결코 길지도 않지만 그렇다고 짧지도 않은 이 시간 동안 '왜 디자인을 고속도로에 적용해야 하는가? 어떻게 디자인을 적용할 것인가?' 등에 대한 많은 논의가 진행되었으며, 지나친 디자인이나 불필요한 디자인이 도로에 적용된 사례는 디자인 개선에 대한 필요성이 절실하게 된 계기가 되었다.

고속도로를 이용하는 사람들의 디자인에 대한 니즈(Needs)는 무엇인가?

1970년 고속도로가 처음 개통된 이후, 현재 운영 중인 고속도로는 28개 노선 3,989km로 국토의 대동맥을 연결하는 중추적인 역할을 담당하고 있다. 하지만 이 많은 고속도로들이 얼마나 적절하게 이용자들의 니즈(Needs)에 부응하고 있을까?

우리가 일 또는 여행의 목적지를 가기 위한 교통수단으로 대부분 자동차 또는 기차, 버스 등 대중교통을 선택하고 있다. 도로를 이용하여 움직이는 자동차는 1997년 1,000만 대를 넘어선 이후 2005년 1,500만 대, 2014년 2,000만 대, 2018년 7월 기준 2,288만여 대, 그리고 2019년에는 2300만 대 시대가 도래할 것으로 예측하고 있다.

자동차는 소비자의 구매 패턴에 맞추어 변화를 거듭하고 있으며, 자동차 운전자에 대한 안전성 제고를 위하여 노력을 계속하고 있다. 하지만 운전자의 운전습관이나 도로의 특성 등에 따라 교통사고 위험은 항상 노출되어 있다. 특히 고속도로는 일반도로보다 주행속도가 20~50km/hr 더 높아 교통사고가 발생하면 대형 사고로 직결되는 것이 현실이다.

고속도로에서 발생하는 교통사고는 졸음·전방주시태만·과속·안전거리 미확보 등 운전자 과실과 타이어 파손이나 제동장치 결함 등 차량 결함이 주원인이다. 그 중에서 전방주시태만(38%)과 졸음운전(35%)이 교통사고 사망자의 73%를 차지하는 것으로 조사되었다.

그래프

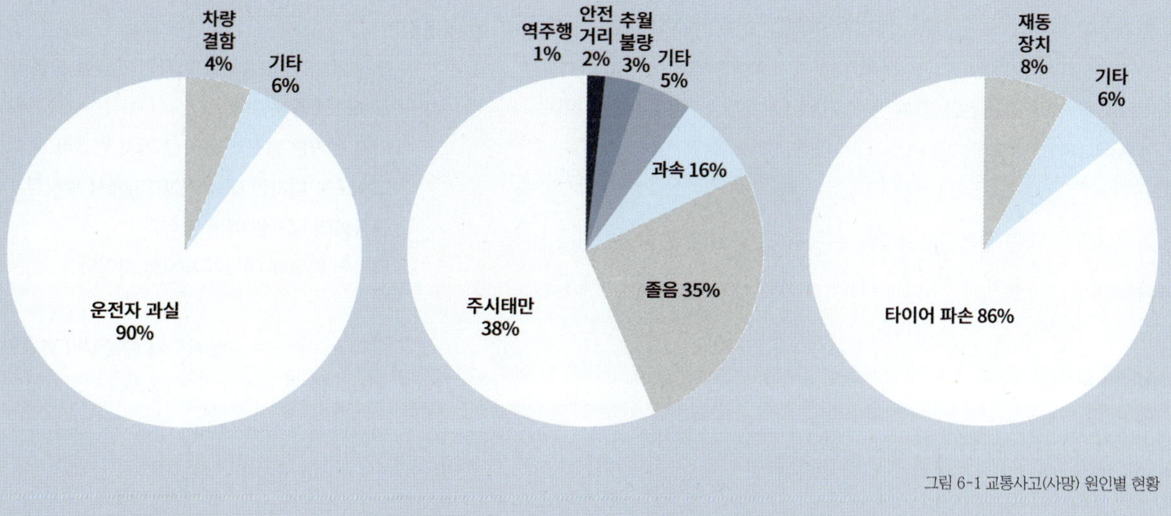

그림 6-1 교통사고(사망) 원인별 현황

기온과 습도가 적당하고 주변이 잘 정돈되어 있으며 갖가지 꽃들이 세상을 단장시켜 운전하기 좋은 에코 드라이브의 계절에는 도로에서 수많은 자동차를 볼 수 있다.

그러나 햇빛에 의해 자동차의 실내 온도가 올라가고 식사 후 식곤증 등 피곤이 가중되면 졸음이 몰려오기 마련이다. 이런 졸음운전을 예방하기 위해 잠을 깨게 하는 핸들 또는 졸음운전 경보 시스템 등을 접할 수 있으며, "졸음운전 목숨을 건 도박이다." 또는 "졸음운전! 자살이자 살인!" 등 경고에서 읍소에 이르기까지 직설적인 문구를 담은 현수막과 대형 플래카드가 전국 고속도로 요금소 입구나 방음벽 및 터널 입구 등에 설치되어 운전자들에게 큰 호응을 얻고 있다. 하지만 사실 졸음 예방을 위하여 가장 중요한 것은 잠깐의 여유를 가지고 쉬는 것이다.

특히, 그 중에서도 졸음을 쫓는 가장 좋은 방법은 수면을 취하는 것이다. 그래서 한국도로공사에서는 교통사고 사망자 중 35%를 차지하는 운전자의 졸음운전 예방을 위해 휴게소 배치간격을 최소 15km에서 최대 25km로 조정하여 전체 3,989km에 189개소(평균 20km 간격)의 휴게소와 함께 2011년부터 210개소(2017년 기준)의 졸음쉼터를 설치 운영하고 있다.

그러나 운영 중인 졸음쉼터의 대부분은 고속도로 갓길을 확장하거나 사용 횟수가 적은 버스 정류장 부지를 활용하여 차도부와 가드레일로 분리된 협소한 공간에 설치되다 보니 교통안전 및 편의성이 다소 떨어지는 면이 있다.

또한, 졸음쉼터의 편의시설은 안전시설에 비하여 설치 비율이 낮고 설치된 편의시설은 전문가 의견 없이 설치되어 디자인 측면에서 주변 환경 및 시설과 이질적이며 조화롭지 못한 경관을 형성하고 있다. 특히, 차양시설은 다른 시설에 비해 설치 비율이 가장 낮고 차양 효과가 미미한 곳도 있다.

이에 본 장에서는 졸음쉼터에 대한 이용목적·이용시간·이용 시간대 등의 이용 패턴과 졸음쉼터의 안전시설과 편의시설의 문제점을 분석하여, 졸음쉼터 관련 국내외 설계기준 및 사례조사를 통해 운전자 니즈(Needs)에 부합하고 현지 여건과 조화로운 졸음쉼터의 디자인이 추구해야 할 방향을 제시하고자 한다.

"

우선 2008년 고속도로 디자인 개념을 도입하여 작성한
고속도로 졸음쉼터
디자인 기본 방향과 원칙을 먼저 언급하고,
고속도로 디자인 매뉴얼(2015)에서 제시한
졸음쉼터 디자인 기본 방향과
디자인 범위에 대하여 제시할 것이다.

그리고 고속도로 교통사고와 졸음쉼터 설치현황 등
조사내용, 국내외 사례, 졸음 쉼터 편의시설의 디자인이
나가야 할 방향에 대하여 논하고자 한다.

"

6.1 고속도로 디자인의 기본 방향

고속도로 디자인의 기본 방향

❶ 디자인의 기본 방향

> "Near Nature Highway"
> 자연 속의 고속도로

❷ 졸음쉼터 디자인 매뉴얼

디자인 키워드

디자인 기본 방향

이용객의 편의를 고려한 쾌적한 공간 디자인

- 보행동선과 차량동선을 분리하여 이용자의 안전을 확보한다.
- 이용객 편의 및 주변과 조화를 고려한 시설물을 배치한다.
- 주변 녹지공간과 연계한 쾌적한 공간으로 연출한다.

졸음쉼터 디자인 매뉴얼

디자인 대상 및 범위

디자인 원칙

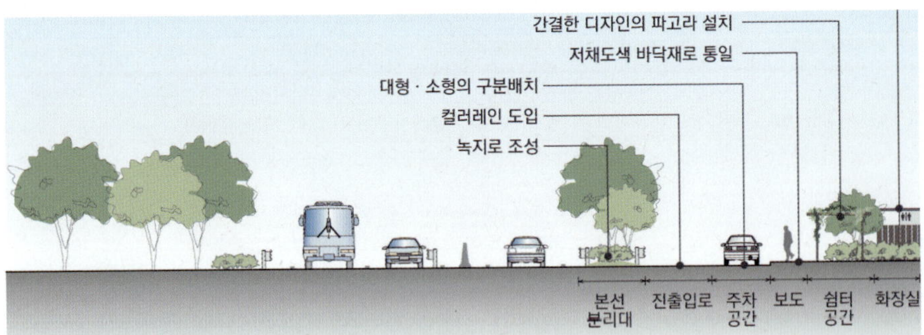

그림 6-2 졸음쉼터 디자인 키워드 및 기본 방향

6.2 현황조사

고속도로 교통사고

고속도로 교통사고는 운전자 과실로 90%가 사망하며 그 중 전방주시태만 38%, 졸음 35%, 과속 16% 순이다. 교통사고 운전자 과실 중 전방 주시 태만과 과속은 운전자와 관련성이 많지만 졸음으로 인한 교통사고는 졸음쉼터 추가설치 등에 따라 교통사고를 감소시킬 수 있는 것으로 조사되었다. 차종별로는 승용차가 65%로 가장 많았고, 계절로는 여름철에 최다 발생(26%)하며, 새벽(00~06시,31%) 및 주간(12~15시, 13%)에 가장 많이 발생하였다.

고속도로 졸음쉼터

① 졸음쉼터 설치현황

고속도로 졸음쉼터는 2011년부터 설치를 시작하여 2016년까지 운영 중인 노선에 대부분 설치하였으며 2017년부터 준공되는 노선은 고속도로 개통 전 졸음쉼터를 설치하고 있다. 또한, 2017년 기준으로 운영 중인 졸음쉼터는 경부고속도로 24개소를 비롯해 전국에 210개소가 있다.

② 졸음쉼터 설치형태

고속도로 졸음쉼터 설치형태는 대상지의 설치 여건에 따라 차도부와 가드레일로 구분 설치하는 경우(186개소)와 차도부와 이격(별도설치 포함) 설치하는 경우(24개소)의 2가지로 구분된다.
전자는 대부분 고속도로 갓길이나 사용 횟수가 적은 버스정류장에 설치하여 시공성 및 사업비 측면에서 유리하나, 차도 옆에 있어 후자에 비하여 교통안전이나 쾌적성(교통소음 등)은 불리하다. 후자는 대부분 유휴 부지에 설치하여 사업비는 다소 전자에 비해 많이 소요되나, 교통안전 및 쾌적성은 유리하다.

③ 졸음쉼터 이용시간대

졸음쉼터 이용시간대는 00시~06시 24%, 06시~12시 28%, 12시~18시 30%, 18시~24시 18%로 야간(42%)보다는 주간 이용률(58%)이 높았다. 차종별로는 승용차 65%, 화물차 33%, 버스 2% 순으로 조사되었다.

④ 졸음쉼터 시설물 현황

졸음쉼터 시설물은 가드레일·안내 표지판·CCTV· 진입 사인 등의 안전시설과 벤치·파고라·운동시설·녹지 공간·자판기·산책로·차양시설 등의 편의시설로 구분할 수 있다.

6.3 졸음쉼터의 문제점 분석

현재 운영 중인 210개 졸음쉼터 안전시설은 교통안전과 직결되어 대부분 설치하였으나 편의시설은 안전시설에 비하여 설치비율이 매우 낮은 실정이다.

졸음쉼터의 안전시설

졸음쉼터 안전시설인 가드레일·가로등·안내 표지판은 100% 설치되었으나, 컬러 레인은 69개소(32.8%), 진입 사인은 4개소(1.9%)가 설치되어 있어 지속적인 확충이 필요한 것으로 분석되었다. 현재 녹색 유도선 도색을 통해 졸음쉼터 진입 차로 인지성을 향상할 수 있는 컬러 레인에 대한 설계기준이 마련되어 있다.

졸음쉼터의 편의시설

졸음쉼터 편의시설은 벤치, 파고라, 화장실, 운동시설, 녹지 공간, 자판기, 푸드 트럭, 산책로, 차양시설 등이 있다. 벤치 193개소(92%), 파고라 179개소(85%), 화장실 138개소(66%)가 설치되어 있다. 그러나 자판기, 산책로, 차양시설은 설치 비율이 3~10%대로 다른 시설에 비하여 낮은 실정이다.

특히, 졸음쉼터 이용목적 중 가장 많은 비중을 차지한 수면을 위한 시설인 차양시설은 편의시설 중 설치비율이 가장 낮으며 운영 중 나타난 차양시설의 문제점을 요약하면 다음과 같다.

1 차양시설 설치수량 부족

졸음쉼터의 최대 이용 시간은 햇빛이 가장 강한 14시~16시 사이이며, 이 시간대의 승용차 이용률이 최대 73%에서 최소 60%의 점유율(박제진외 3인. 2017년)을 보이고 있다.

한편, 졸음쉼터 편의시설과 관련된 민원의 약 30%가 쾌적한 수면 환경을 위한 차양시설 설치를 요구하고 있으나 수면 공간을 제공하는 차양시설은 전체 졸음쉼터 중 8개소(3.7%)만 설치되어 낮 시간대에 졸음쉼터를 이용하는 운전자는 교목의 그늘 밑을 찾거나 차 안의 간단한 가림막을 이용하여 수면을 취하고 있는 실정이어서 차양시설의 지속적인 확충이 필요한 것으로 분석되었다.

2 운전자 수면환경 불리

대부분 졸음쉼터는 고속도로 갓길을 확장하거나 사용 횟수가 적은 버스정류장을 활용하여 협소한 공간에 설치하다 보니 도로에 근접하여 차량 소음이 많고 쾌적성도 떨어진다.

설치된 차양시설은 도로의 주행 방향에 따른 시간대별 햇빛 노출분석 없이 설치됨에 따라 차양효과가 미미한 곳도 있다.

3 차양시설 디자인 개선 필요

고속도로 졸음쉼터는 전문가의 의견 없이 현지 여건에 맞추어 설치하다 보니 주변환경 및 시설과 이질적이며 조화롭지 못한 경관을 형성하고 있다. 따라서 실무자가 활용할 수 있는 차양시설의 디자인 프로세스나 디자인 방안 등을 제시해 줄 필요가 있다.

그림 6-3 졸음쉼터 차양시설 사례

6.4 졸음쉼터의 설계기준

국내 설계기준

국내 설계기준은 고속도로 졸음쉼터 설치 관리지침(국토교통부, 2017)으로 대부분 교통안전과 관련된 설계기준이며, 일부 편의시설과 관련된 내용도 언급되어 있다. 졸음쉼터에 설치하는 시설은 졸음쉼터 규모(주차면 기준)에 따라 기본 시설과 권장 시설로 구분하고 있다.

구분	졸음쉼터 규모			비고
	소형(100대/일 이하)	중형(100-499대/일 이하)	대형(500대/일 이상)	
화장실	기본 시설	기본 시설	기본 시설	
CCTV	기본 시설	기본 시설	기본 시설	
조명시설	기본 시설	기본 시설	기본 시설	
파고라	권장 시설	기본 시설	기본 시설	
차양시설	권장 시설	권장 시설	권장 시설	
운동시설	-	권상 시설	권장 시설	
자판기	-	권장 시설	권장 시설	

표 6-1 졸음쉼터 시설물 설계기준

국외 설계기준

미국의 AASHTO 휴게시설 설계기준에서 제시하는 휴게소는 Rest Area, Rest Stop, Service Area의 3종류가 있고 영국은 우리나라 졸음쉼터 개념과 유사한 Lay-bys을 포함한 4종류가 있다.

종류	Rest Area(Safety rest area), Rest Stop, Service Area	비고
설치 간격	Rest Area의 설치간격 : 50km(30mi) ~ 100km(60mi)	
편의시설	이용자의 다양한 욕구를 만족시키기 위해 편의시설을 설치·운영 권장 • 기본 시설 : 식수, 화장실, 테이블, 벤치, 주차가능 그늘 제공등 • 선택적 시설 : 조경시설, 운동기구 등	

표 5-3 미국의 AASHTO 휴게시설 설계기준

종류	Motorway Service Areas(MSA), Motorway Rest Areas(MRA) Trunk Road Servic Area(TRSA), Truckstops, Lay-bys	비고
설치 간격	• Motorway Service Areas(MSA)의 설치 간격은 45km(28mi)로 규정 • 운전자가 일반적인 교통속도에서 30분 동안 주행한 거리에 근거하여 산출 • 동일노선 상 MSA의 최소허용 가능한 간격은 19.3km(12mi)임	
편의시설	이용자의 다양한 욕구를 만족시키기 위해 다양한 편의시설을 설치·운영하도록 권장 • Motorway Service Areas(MSA) : 주차장, 화장실, 아동시설, 수유실 등 설치 • Motorway Rest Areas(MRA) : 주차장, 화장실, 아동시설,수유실, 피크닉 지역, 전화기 등 설치	

표 5-4 영국의 휴게시설 설계기준

그림 6-4 영국의 Parking Lay-By 설치 예시

졸음쉼터 디자인 해외사례

그림 6-5

본선과 완전히 분리된 졸음쉼터 조성 환경

그림 6-6

본선과 녹지대로 분리된 졸음쉼터

6.5 더 나은 졸음쉼터 디자인을 위한 5가지 제언

졸음쉼터의 친환경적인 경관 구현방안

졸음쉼터의 본선 분리대는 가드레일 등의 인공적인 분리보다는 녹지 도입을 통한 친환경적인 조성을 권장한다.

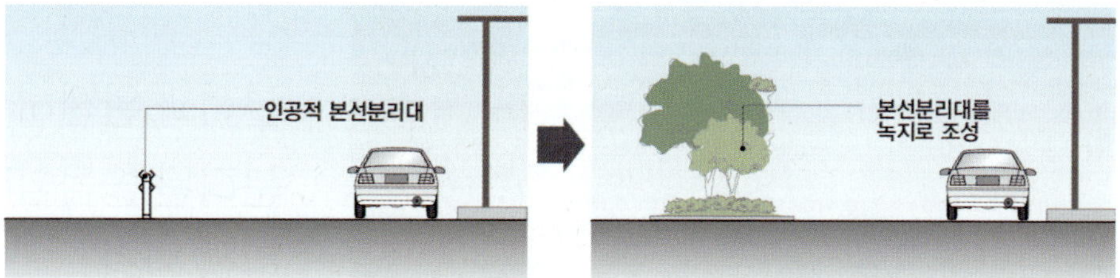

그림 6-7 친환경적인 경관과 구현 방안(전/후)

졸음쉼터 이용객을 배려한 배치계획

고속도로 졸음쉼터 공간은 휴게 공간·운동 공간·편의 공간 및 테마 공간으로 구분하여 조성하되, 휴식이나 조망 등을 취할 수 있는 휴게 공간, 간단한 스트레칭을 위한 운동 공간을 마련하는 것이 좋다. 또한 타 공간과 분리되어 프라이버시와 쾌적성이 확보되는 편의 공간을 마련하고 산책로·수자원·농경지 등의 경관자원과 연계하여 지역의 경관 테마를 반영할 수 있는 테마 공간으로 조성하는 것이 바람직하다.

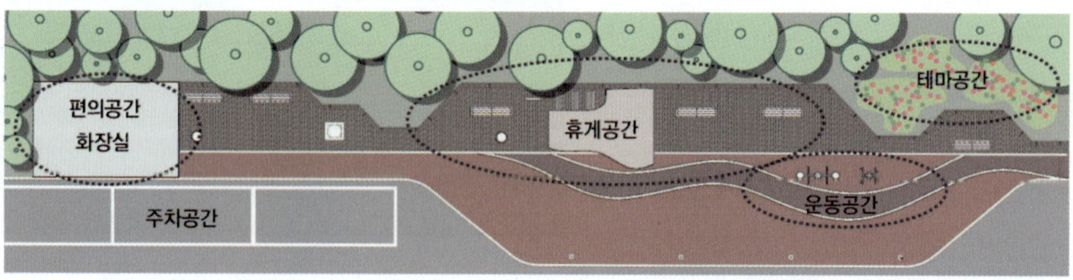

그림 6-8 이용 고객을 배려한 배치계획

졸음쉼터 차양시설 개선방안

졸음쉼터 차양시설은 대상지의 현지 여건 등을 감안하여 다음의 프로세스(process)로 디자인한다.

대상지 선정
↓
대상지 문제점 분석
↓
대상지 일사각 시뮬레이션
↓
대상지 일조량 높은 시간대별 그림자 변화
↓
일조량 높은 시간대별 그림자 시뮬레이션
↓
차양시설 디자인 결정

표 6-2 차양시설 디자인 프로세스

첫째, 대상지를 선정한 후 문제점을 분석한다.

둘째, 대상지의 낮 시간대의 천문우주지식정보 등에서 제공하는 지역별 태양고도와 방위각을 이용하여 태양 일사각 정보를 수집한다.

셋째, 수집된 태양 일사각 정보는 컴퓨터를 통해 대상지 태양 일사각 시뮬레이션(simulation, 모의실험)을 도출한다.

넷째, 대상지에 교목이 있는 경우, 교목 조성 길이와 높이 등을 고려하여 하지와 동지일 때 일조량이 높은 시간대별로 그림자 변화를 검토한다.

다섯째, 시간대별 그림자 변화를 감안하여 차양시설 디자인을 결정한다.

상기에서 제시된 디자인 프로세스에 의거 중부내륙고속도로 가남 졸음쉼터의 차양시설 디자인 과정 및 결과는 아래와 같다.

첫째, 중부내륙고속도로(충주 방향) 가남 졸음쉼터의 문제점은 파고라 형태의 졸음쉼터로 햇빛 차양 기능이 없어 운전자 수면 공간 확보를 위해 별도의 차양시설이 필요한 것으로 분석되었다.

그림 6-9 가남 졸음쉼터 현장사진

둘째, 천문우주지식정보에서 제공한 태양 고도와 방위에 관한 각 계산을 이용하여 하지와 동지의 태양 일사각 정보를 수집하였다. 그리고 대상지 태양 일사각 시뮬레이션을 도출한 결과, 하지와 동지에 태양고도 차이는 있으나 11시~14시 사이에 태양고도가 높은 것으로 분석되었다.

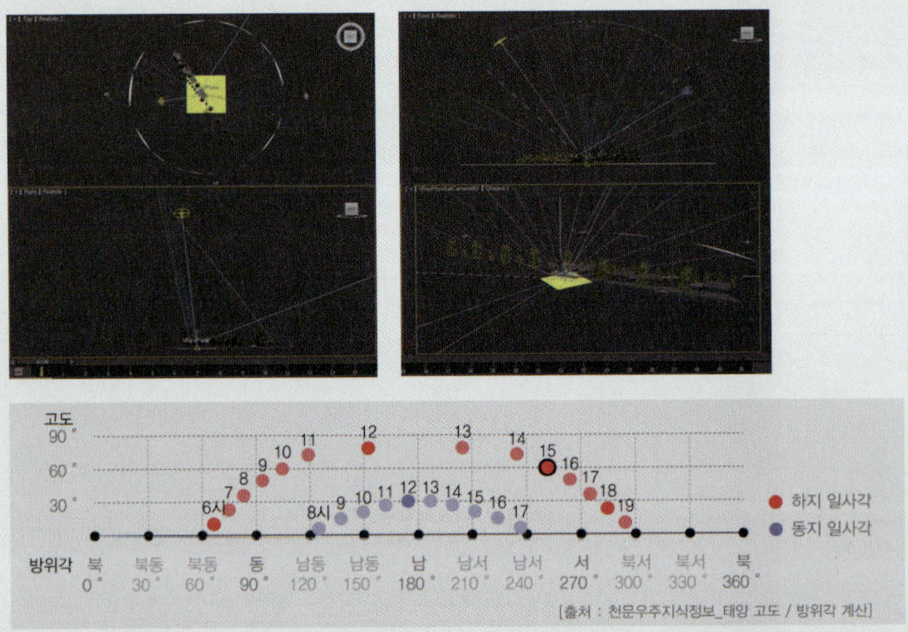

그림 6-10 태양 일사각 시뮬레이션 결과(예시)

셋째, 졸음쉼터 이용률이 높은 시간대를 위주로 하지와 동지로 구분하여 대상지에 대한 일조량 높은 시간대별로 그림자 변화를 분석하였다.

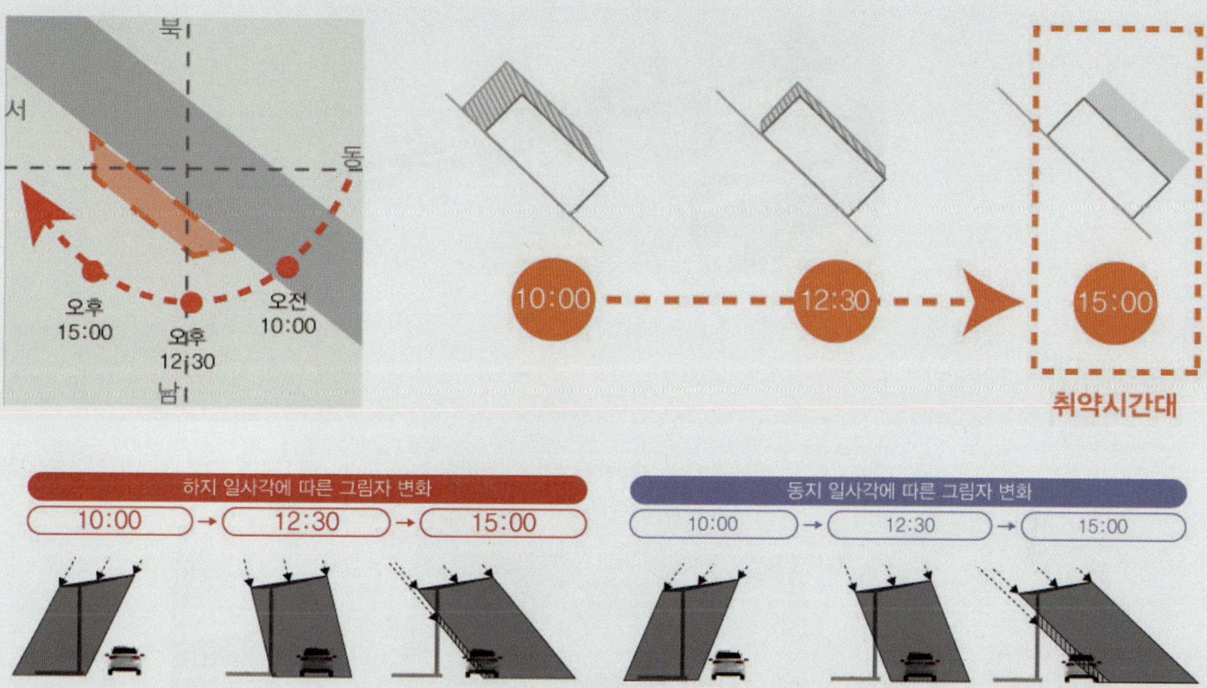

그림 6-11 대상지 시간대별 그림자 변화(예시)

넷째, 대상지의 교목의 조성길이와 높이 등을 감안한 일조량 높은 하지 10시,12시 30분, 15시의 그림자 변화를 분석하였다. 그림자 변화 시뮬레이션 결과는 아래와 같다.

그림 6-12 그림자 시뮬레이션 결과(예시)

마지막으로 대상지 태양 일사각과 대상지 일조량 높은 시간대별 그림자 변화 및 시뮬레이션 결과를 반영하여 여러 개의 디자인(안) 중에서 최종 디자인을 결정하도록 한다.

그림 6-13 차양시설 최종 디자인(1)

일조량 높은 시간대별 그림자 시뮬레이션 결과와 경제성 및 시공성 등을 감안하여 차양시설 폭원을 결정한다.

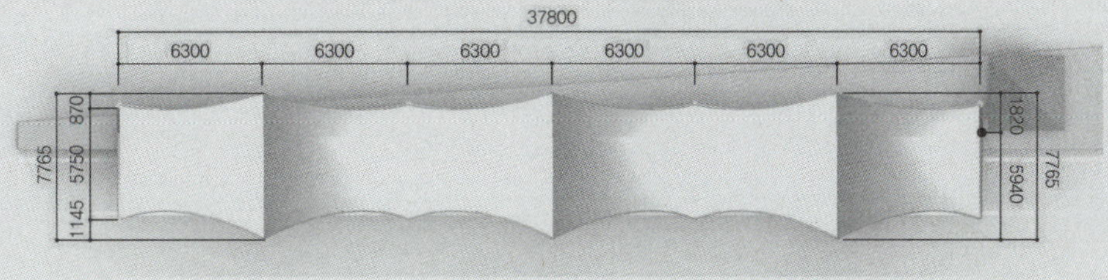

그림 6-14 차양시설 최종 디자인(1) (Top)

일조량 높은 시간대별 그림자 시뮬레이션 결과와 시설 한계 또는 경제성 및 시공성 등을 감안하여 차양시설 높이를 결정한다.

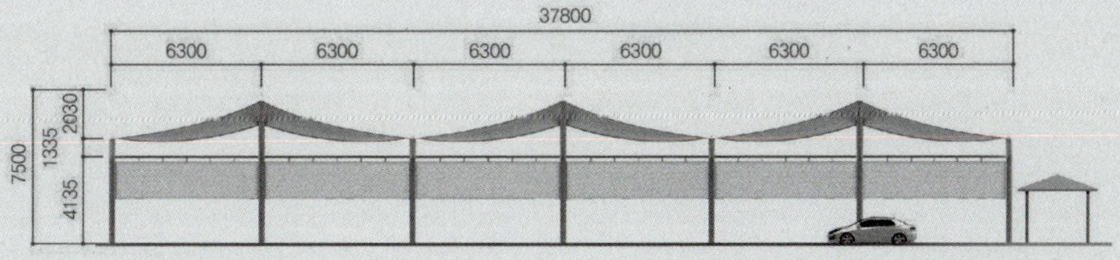

그림 6-15 차양시설 최종 디자인(1) (Front)

아래의 디자인은 졸음쉼터 내 설치하는 가로등에 필요한 소요 전력량을 차양시설 천장 상면에 태양 전지판을 설치하여 소요 전력량을 생산할 수 있는 구조로 디자인된 것이다.

태양 전지판 차양시설 디자인

그림 6-16 차양시설 최종 디자인(2)

졸음쉼터 주차방식 개선방안

졸음쉼터 주차방식은 현재의 평행방식에서 90°전진 주차방식으로 개선하면 낮 시간대에 차양시설로 햇빛을 차단하기 어렵거나 차양시설이 없는 경우에도 햇빛 노출을 완화할 수 있어 운전자의 수면환경을 개선할 수 있다.

6.6 맺음말

고속도로 졸음쉼터는 2011년부터 설치를 시작하여 운영 중인 노선에 대부분 설치(210개)를 완료하였으며

그 결과

고속도로 교통사고건수 7%에 사망자수30% 이상을 감소시켰다.

졸음쉼터를 가장 많이 이용하는 패턴은 승용차 운전자가 30분 정도 수면을 취할 목적으로 낮 시간대에 가장 많이 이용하는 것으로 분석되었다. 운영 중인 졸음쉼터는 대부분 고속도로 갓길을 확장하거나 유휴 부지를 활용하여 협소한 공간에 설치하다 보니 교통안전 및 편의성이 다소 떨어지는 상황이다.

졸음쉼터의 안전시설인 가드레일·가로등·안내 표지판은 100% 설치하였고, 편의시설인 벤치 193개소(92%), 파고라 179개소(85%), 화장실 138개소(66%)등도 적절히 설치되어 있으나 가장 중요한 수면 공간인 차양시설은 8개소(3.7%)로 설치 비율이 크게 낮아 보완이 요구되고 있다.

고속도로 졸음쉼터의 편의시설 디자인이 나가야 할 방향

〈사진 현대글로비스, 고속도로 졸음쉼터 환경 개선 사업〉

또한, 설치된 차양시설은 전문가 의견 없이 현지 여건에 맞추어서 설치하다 보니 주변 환경 및 시설과 이질적이며 조화롭지 못한 경관을 형성하고 있다. 졸음쉼터의 일부는 시간대별 햇빛 노출분석 없이 설치됨에 따라 차양효과가 미미한곳도 있다.

지금까지 고속도로 졸음쉼터의 국내외 설계기준 및 사례분석을 통하여 졸음쉼터의 편의시설 디자인이 나가야 할 방향을 정리하면 다음과 같다.

첫째, 졸음쉼터의 친환경적인 경관 구현방안, 차양시설의 위치, 높이, 길이 등을 결정하기 위한 디자인 프로세스 적용이 필요하다.

둘째, 차양시설로 햇빛을 차단하지 못하거나 차양시설 설치가 곤란한 경우, 전진 주차방식으로 개선하는 방안이 필요하다.

셋째, 향후 졸음쉼터 사전 인지성 제고를 위한 진입 사인과 전광표지의 설치위치 및 규격 등을 표준화함으로써 차량소음에 대한 근본적인 방지 대책이 필요하다.

넷째, 여성 운전자가 졸음쉼터를 지금보다 더 많이 편리하게 이용할 수 있도록 하는 배려방안을 비롯하여 안전시설과 편의시설을 통합하는 디자인 방안도 추가적인 검토와 연구가 필요하다.

교통사고는 국가적으로 커다란 인명 손실과 경제손실이며 가정사에 있어 씻지 못할 비극으로 기억되는 재난 상황이다. 교통사고 예방을 위한 국가적 노력도 계속되어야 하지만 개개인의 안전운전에 대한 인식 제고는 끊임없이 계속되어야 한다.

PART 3

재생 공공디자인

7. 도시재생과 연계된 공공디자인

7.1 프롤로그
7.2 도시재생이란?
7.3 도시재생 사업에서 공공디자인의 필요성
7.4 도시재생지역 내 가로의 공공디자인
7.5 공공디자인 적용 사례
7.6 에필로그

8. 가로재생 디자인

8.1 길이 뜨고 있다
8.2 재생의 시대, 더 중요해진 가로의 의미
8.3 재생을 위한 가로, 어떻게 만들 것인가

9. 원도심 도시재생과 공공디자인

9.1 원도심 도시재생사업과 공공디자인
9.2 경안동 도시재생 뉴딜 사업 소개
9.3 도시재생 사업과 도시디자인 관리체계

10. 도시재생 활성화를 위한 공공디자인

10.1 대도시 중심구의 변천
10.2 바람불 때 연 날리기
10.3 한국 관광의 별이 되다
10.4 돌아보며

Urban regeneration,
Recycling Design,
Design for Recycling,
Public Design For
Environment.

PART 3 재생 공공디자인

7. 도시재생과 연계된 공공디자인

7.1 프롤로그

도시 공간을 걷다 보면 어디로 가야 하나? 혹은 목적지를 향해 무엇을 타고 움직일까? 혹은 걸어서 갈까? 등을 고민하는 경우가 많다. 물론, 최근엔 핸드폰의 길 찾기 기능을 통해 출발지와 목적지를 입력하고 화면 속에서 제시된 길을 따라가면 되지만, 초행길이나 외국인, 특히 관광객에게는 이러한 도시 활동이 쉽지는 않을 것이다. 개인적으로 2017년 여름, 북유럽 여행 중 스톡홀름은 내가 어디에 있는 지?, 어디로 가야 하는지? 등을 쉽게 알려주는 <그림 7-1>과 같은 안내표지판과 잘 정리된 가로공간으로 인해 더 나은 도시 공간(the better urban space)이란 바로 이런 곳일 수도 있다는 체험을 할 수 있게 해주었다.

2004년 영국 런던 시장이던 켄 리빙스턴(Ken Livingstone)은 2015년까지 런던을 세계적 수준의 '보행 도시'(Walking City)로 만들겠다고 공언을 한 후, 2006년 'Legible London'이라는 아이디어를 발표했다. '읽기 쉬운 런던'(Legible London)이란 런던 시내 곳곳에 읽기 쉬운 안내표지판을 설치하여 걷는 것이 즐거움이 되는 런던을 만들어 지하철이나 버스를 이용하기보다는 걷기를 유도하기 위해 생겨난 정책이다.

런던을 걷기 편한 도시로 만들기 위해서 길 찾기가 용이하도록 길을 쉽게 알려주는 표지판 등을 설치하고자 하는 것이었고, 이러한 결과는 2012년 런던 올림픽대회 기간에 런던을 찾은 많은 관광객에게도 걷기 관련 편의를 제공하였으며 결국 성공적이었다는 평가를 받았다고 한다.

그림 7-1 스톡홀름의 안내표지판과 가로 공간

안내표지판 등과 같이 도시 공간을 구성하고 있는 공공시설의 품질을 향상시키고자 하는 노력은 국내에서도 꾸준히 이어져 왔고, 2016년 8월 4일 "공공디자인의 진흥에 관한 법률(이하 공공디자인법)"로 마침내 그 결실을 이루게 되었다.

관련법 제2조에 따르면 "공공디자인이란, 공공시설물 등에 대하여 공공성과 심미성 향상을 위하여 디자인하는 행위 및 결과물을 말한다."라고 정의되어 있다. 공공디자인 분야와 유사하지만 보다 폭넓은 분야인 도시설계 분야에 종사하는 저자로서는 도시 공간에 설치되는 공공시설물 등에 대하여 이제야 공공성을 인정하면서 미적 가치인 심미성을 부여하고 이를 좀 더 나은 시설물로 만들려는 노력이 이루어졌다는 점에서 매우 큰 의미가 있다고 본다.

공공디자인법에서 정의하는 공공시설물이란 일반 공공을 위해 공공에서 조성· 제작 · 설치 · 운영 또는 관리하는 것들로 규정하고 있어서 공공이 아닌 민간이 하는 것은 제외하고 있지만 도시설계 분야는 민간의 것들도 포함해서 다루고 있다는 점이 두 학문 분야의 차이점이 될 수도 있겠다.

최근 국내에서는 노후화된 기성 시가지를 재생하여 사용하고자, 2015년에 "도시재생 지원 및 활성화를 위한 특별법"을 제정하여 도시재생 사업이 곳곳에서 진행되고 있다.

또한 2017년부터는 문재인 정부에 의한 도시재생뉴딜 사업이 매년 10조 원이라는 공적자금을 투입하여 곳곳에서 재생사업이 집행되고 있다. 2015년부터 신촌동 도시재생사업과 2018년부터는 독산동 우시장 일대 도시재생 뉴딜 사업의 총괄 계획가로 참여하고 있는 필자는 도시재생 지역에 있는 공공 공간에 대한 개선 노력이 낙후된 지역을 재생하는 데 매우 중요한 역할을 한다는 생각을 (그림 7-2)처럼 하였고, 도시재생에서 공공공간의 품질 향상을 위한 공공디자인의 필요성을 더욱 강조하게 되었다.

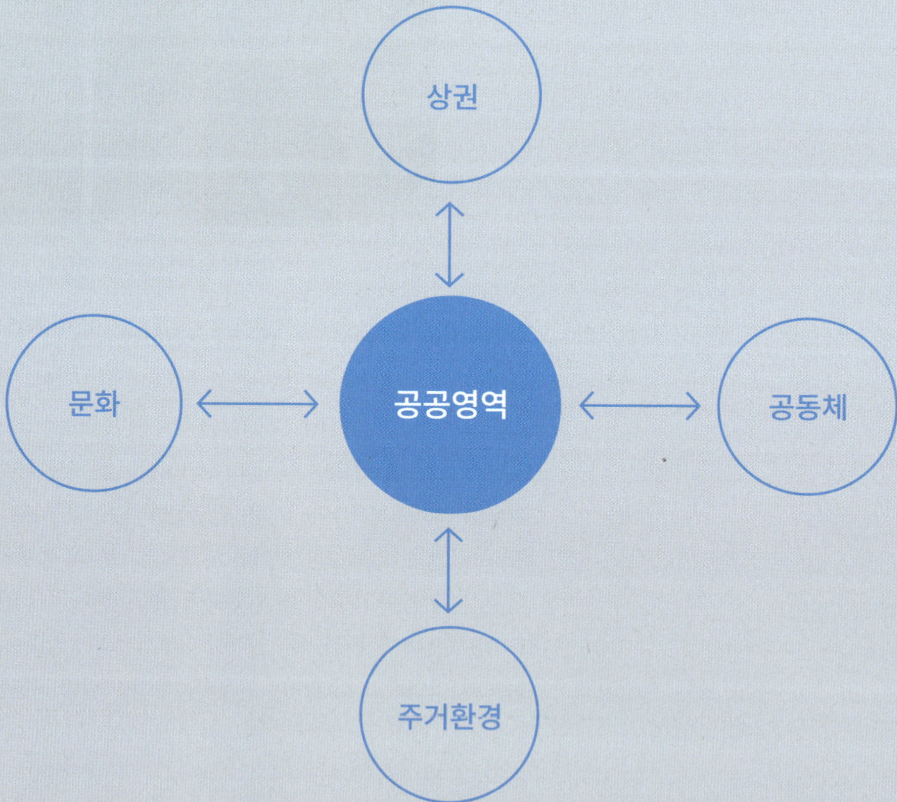

그림 7-2 신촌동 도시재생에서 공공 공간의 의미

도시재생사업은 마중물이라고 불리는 공적 자금이 투여되는 공공사업적 성격이 강하다 보니 도시 공간 중에서 기존 공공 공간에 대한 개선 및 관리, 그리고 공공공간의 품질 향상에 대한 내용들이 세부사업들로 나타나게 된다.

본 고에서는 도시재생사업 과정에서 공공공간의 품질을 높여 지역을 재생하고 활성화 시키려는 노력들에 대하여 살펴보고자 한다. 이를 위해 공공디자인 분야 전문가들에게는 다소 낯선 도시재생이란 무엇인지, 도시재생 중 중심시가지형 도시재생에서 다루게 되는 공공공간의 의미, 가로 공간에서 공공디자인이 다루게 되는 대상, 마지막으로 도시재생사업 지역 내 공공디자인이 사용된 신촌의 사례를 살펴보기로 하겠다.

7.2 도시재생이란?

제임스 밴스(James Vance, 1966)는 도시 성장에 관한 7가지 단계를 제시하면서, 도시가 성장하는 마지막 단계를 도시재생(urban redevelopment)이라고 하였다.

사람들이 한곳에 집중하여 살기 시작하면서 마을이 만들어지고, 이것이 도시가 되면서 인구 증가로 현재의 도시구조 및 시설로서는 감당할 수 없기 때문에 도시공간 구조를 재편하는 도시재생은 불가피하다는 것이다. 특히 기성도시는 시간이 지나갈수록 각종 도시기반 시설의 노후화 및 시설부족 등으로 새로운 대체 기능 및 시설 공급 또는 개선에 대한 필요성이 절실하게 나타나게 된다.

이러한 문제를 해결하고 기존 도시를 효율적으로 활용하기 위하여 국내에서는 (그림 7-3)처럼 1976년부터 도시재개발법을 제정하여 노후화된 지역에 대하여 재개발을 포함하는 재생사업이 추진되었다.

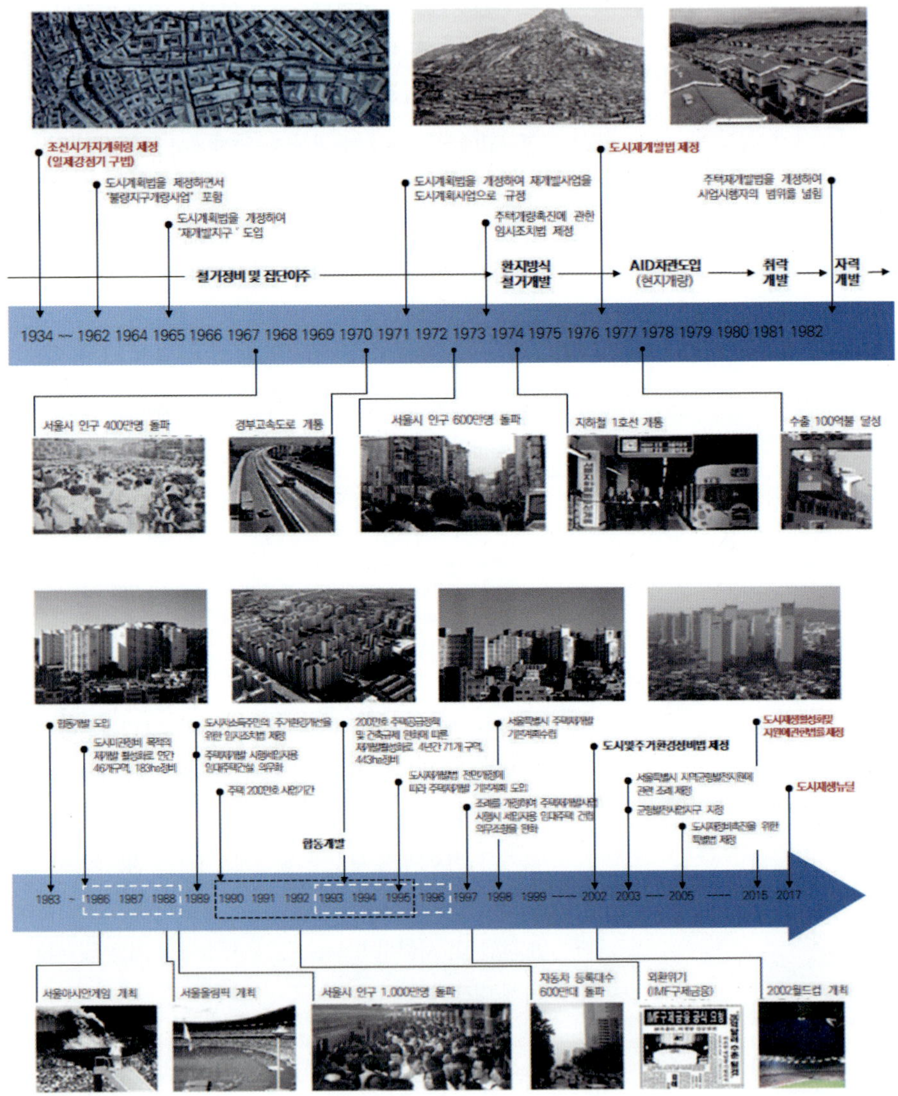

그림 7-3 도시재생 관련 도시정책 변화

이후 급격한 도시 기능의 변화 등으로 2003년에는 관련법들을 통합하여 "도시 및 주거환경 정비사업법"을, 그리고 2005년에는 (그림 7-4)와 같은 개념을 가진 "도시재정비사업 촉진을 위한 특별법"을 만들어서 시행하였다.

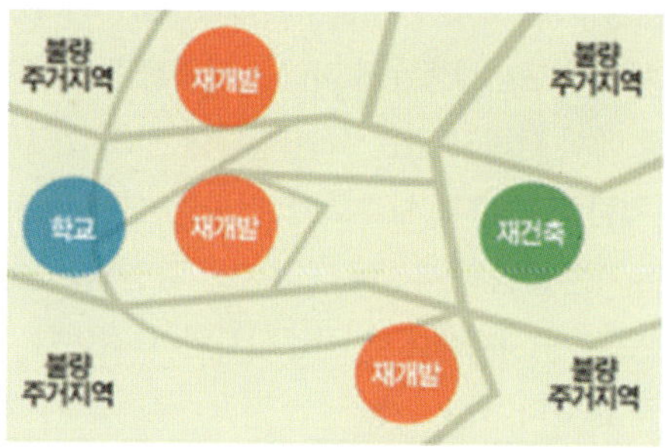

도시정비사업 개념도

도시재정비촉진사업 개념도

그림 7-4 도시정비사업과 도시재정비촉진사업

그러나 재개발 사업이나 도시정비사업은 지금도 그렇지만 점적으로 이루어지는 단일 부지 사업으로 도시 공간 내 공공 공간에 대한 고려는 사업과정에서 나타날 수 없는 사업이기 때문에 공공디자인과의 연계성을 만들기는 어려웠다.
그러나 도시 재정비 촉진 사업은 나름대로 규모적인 측면에서 대규모로 사업을 추진하는 것이라 공공디자인과의 연결 고리를 마련할 수도 있었으나, 제도가 가진 한계점으로 인하여 공공디자인을 사업에 활용할 수 있는 충분한 기회를 마련하지 못한 채로, 해제가 되는 출구전략을 찾게 되었다.
그러나 최근 저출산·고령화로 인구유입이 정체되고, 경제가 선진국형 저성장 기조로 들어서면서 도시의 양적 팽창정책이 한계에 도달하게 되었다. 또한 문화·여가, 경관·디자인 등 삶의 질에 대한 국민적 요구가 증대되고 있으나 국내 도시 환경은 이를 수용하지 못하는 실정이라 이에 부응하도록 기존 도시의 환경을 개선하고 삶의 질을 높이기 위한 새로운 도시정책이 요구되는 상황이었다.

2007년 국토교통부는 도시재생 R&D를 통해 산업구도의 변화 및 신도시와 신시가지 위주의 도시 확장으로 쇠퇴 또는 상대적으로 낙후하고 있는 기존 도시에 새로운 기능을 도입 또는 창출함으로써 경제적·사회적·물리적으로 부흥시키려 도시재생 개념을 도입하게 되었다.
이후 이러한 연구 결과를 바탕으로 2013년 "도시재생 활성화 및 지원에 관한 특별법" (이하 '도시재생법')이 2013년 6월 제정되고 2013년 12월 시행되었다. 이후 2017년 문재인 정부가 들어서면서 도시재생뉴딜 이라는 공약을 통해 도시재생뉴딜 사업도 추진하게 되었다.
도시재생뉴딜 에서 정하고 있는 사업의 유형은 (표 7-1)처럼 5가지로 재개발, 도시정비, 도시재정비 촉진처럼 단순하게 노후화된 건물을 전부 철거하는 전면 철거형 사업보다는 현지 개량중심으로 기존 공간과 시설에 대한 개선 및 향상과 같은 사업이 가능하게 되고 있다는 것이 커다란 특징으로 도시재생에서 공공디자인이 참여할 수 있는 공간적 대상이 만들어지는 계기를 마련하고 있다.

기존의 일반 근린형, 중심 시가지형, 경제 기반형에서 우리동네 살리기, 주거지 지원형 유형 추가

도시재생뉴딜 유형인 주거재생사업(우리동네 살리기, 주거지 지원형)은 작은 면적규모(5~10만㎡)*, 중심 시가지형은 20만㎡, 경제기반형은 50만㎡의 규모

* 도시재생 선도지역 13곳('14년 선정)의 평균 면적은 약 180만㎡
→ 근린재생형 평균 175만㎡ (최소 20만㎡, 최대 1,040만㎡)

* 도시재생 근린재생형 지역 39곳(선도11곳, 일반 28곳)
→ 평균 93만㎡ (최소 18만㎡, 최대 210만㎡), 중심 시가지형 평균 83만 ㎡, 일반 근린형 평균 57만㎡

		법정 유형	기존 사업 유형	사업추진, 지원 근거	평가 주체	선정규모	사업규모	국비지원	대상지역
주거 재생형 (신설)	우리 동네 살리기	–	(신규)	국가균형발전 특별법	광역지자체	45곳(시·도별 최대 3곳) * 지자체 규모 등 고려 (세종1, 제주2)	소규모 주거 (5만㎡ 이하)	80억원 (2년)	소규모 저층 주거밀집지역
	주거지 지원형	근린 재생형	일반 근린형	도시재생 활성화 및 지원에 관한 특별법			주거 (5~10만㎡)	130억원 (4년)	저층 주거밀집지역
	일반 근린형						준주거, 골목상권 (10~15만㎡)	130억원 (4년)	골목상권과 주거지
	중심 시가지형		중심 시가지형		중앙 정부 (국토교통부)	15곳 (경쟁방식) * 경제기반형 2곳 내외	상업, 지역상권 (20만㎡)	180억원 (4년)	상업, 창업, 역사, 관광, 문화예술 등
	경제 기반형	도시경제 기반형	도시경제 기반형				산업, 지역경제 (50만㎡)	250억원 (6년)	역세권, 산단, 항만 등

표 7-1 도시재생뉴딜 사업 유형(2019)

예를 들어 (그림 7-5)처럼 각각의 도시재생뉴딜 사업 유형별 개념도를 보면 다양한 사업들이 있고 이러한 사업에 공공디자인과 연계할 수 있는 분야는 매우 다양하다고 볼 수 있다. 특히 도시재생뉴딜 사업 유형 중에서 공공디자인과 매우 관련 있는 사업 유형은 원도심의 공공서비스 저하와 상권 쇠퇴가 심각한 지역을 대상으로 공공기능·상권의 회복과 활력을 증진시키는 것에 목적을 두고 있는 중심시가지형 도시재생이 되겠다.

주요 사업은 원도심 기능 회복이나 재래시장 등 상권 경쟁력 강화, 역사·문화·관광산업 연계, 지자체의 도시 계획에 따른 특화거리 조성, 빈 점포 신탁을 통한 예술·창작 공간조성, 주차장 등 인프라 확충, 지역축제 등 활성화 사업 등으로 구성되어 있다.

그림 7-5 도시재생뉴딜 사업유형별 개념도

1 주거재생형 도시재생뉴딜 사업

2 일반근린형 도시재생뉴딜 사업

3 중심시가지형 도시재생뉴딜 사업

4 경제기반형 도시재생뉴딜 사업

도시재생은 공공자금을 투여하여 진행되는 사업으로써 저자가 총괄 계획가로 진행하였던 신촌동 도시재생사업(그림 7-6)과 (그림 7-7) 및 진행 중인 독산동 우시장 일대 도시재생사업(그림 7-8)과 같은 사업의 내용을 보면 공공공간 중 특히 가로 주변에 대한 다양한 사업을 통해 상권, 산업, 문화 및 지역을 활성화하려는 노력이 대다수를 차지하고 있다는 것을 알 수 있다.

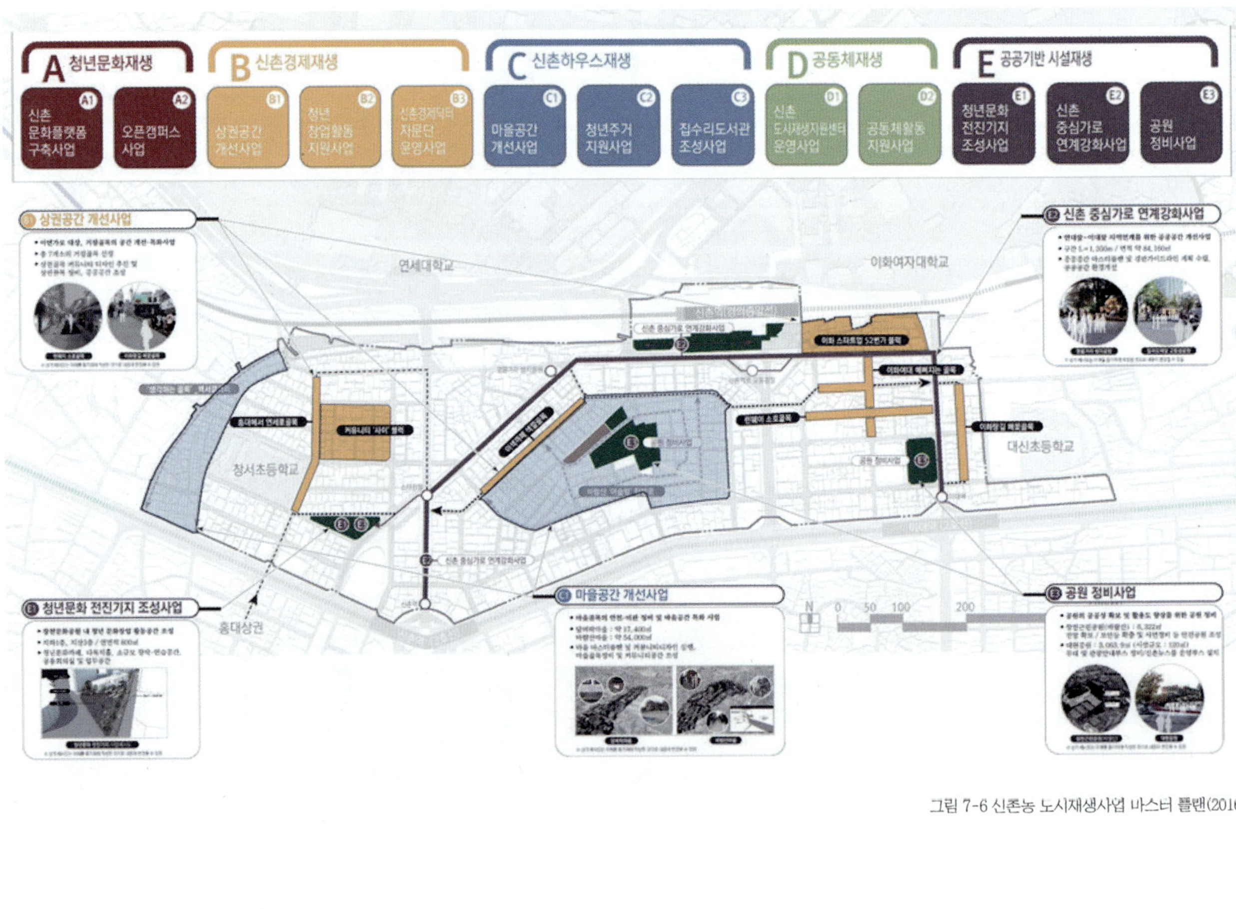

그림 7-6 신촌동 도시재생사업 마스터 플랜(2016)

그림 7-7 신촌동 도시재생 사업 연계사업 구상도

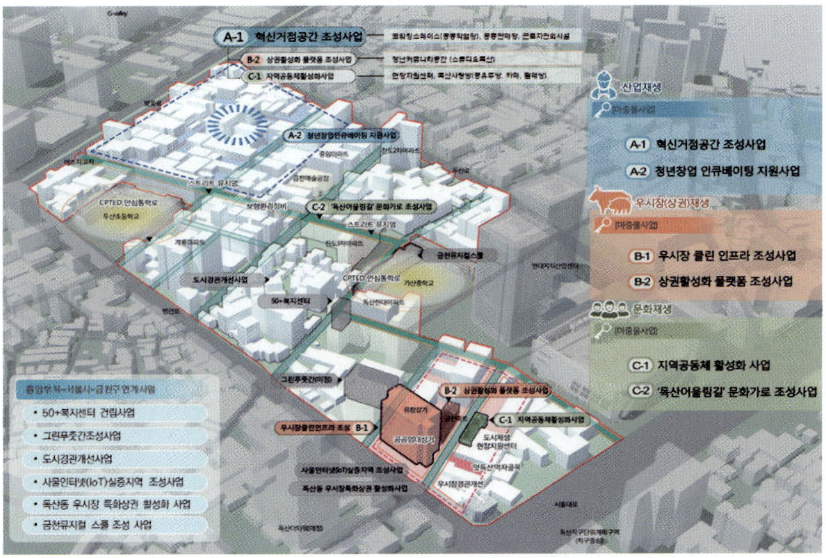

그림 7-8 독산동 우시장 일대 도시재생사업 마스터 플랜

7.3 도시재생 사업에서 공공디자인의 필요성

도시재생사업에서 관심을 두고 고려해야 할 대상인 공공공간은 어떤 의미를 지니고 있는지를 살펴보도록 하겠다.

전통적 개념에서 도시 내 공공공간이란 도시의 가장 중요한 장소, 대중에게 열린 공간, 개인 및 그룹이 활동을 위해 자유롭게 접근할 수 있는 공간, 사람들의 다양한 활동과 상호작용이 발생하는 공간 등으로 정의되고 있다. 공공공간과 관련하여 케빈 린치(Kevin Lynch, 1972)는 도시의 많은 사람들이 자유롭게 선택하고 자발적으로 활동하거나 이동하여 즐길 수 있는 개방된 공간으로 정의하고, 마이클 왈저(Michael Walzer, 1986)는 낯선 사람들과의 공유 공간으로 정치·종교·상업 등을 위한 공간, 평화적 공존, 특정 개인적인 것이 개입되지 않는 만남의 공간으로 정의하고 있다. 또한 프란시스 티볼즈(Francis Tibbalds, 1992)는 도시에서 가장 중요한 부분으로 사람들의 접촉과 상호작용이 일어나는 공간으로 개념을 정하고 있으며 최근에 마다니프(Madanipour, 1996)는 개인이나 조직에 의해 통제되지 않은 공간으로 일반대중에게 열려 있는 공간으로 정의하고 있습니다. 바이커스 미타(Vikas Mehta, 2014)는 일반 대중의 다양한 이용이 가능하고 능동 또는 수동적인 사회적 행동을 할 수 있는 열려있는 공간으로서 사람들이 일반적인 규칙 하에 이용할 수 있는 공간으로 정의하고 있다.

국내에서는 건축기본법 제3조제3항에서 정의하고 있는 가로·공원·광장 등의 공간과 그 안에 부속되어 공중(公衆)이 이용하는 시설물로 공공공간을 정의하고 있다.

또한 공공 공간의 개념과 관련하여 과거에는 소유권에 의해 공공공간의 범위가 정의되었으나 현대는 소유 주체에 국한하지 않는 경향이 있다고 한다. 잭슨(Jackson, 1987)은 공공기관에 의해 조성 및 유지되는 공간으로 모든 시민이 이용할 수 있도록 접근 가능한 공간으로, 박철희 외(2010)는 모든 시민들이 이용할 수 있는 개방공간인 공개 공지와 같은 사적 공공공간 모두를 포함하는 모든 시민들의 이익을 위해 개방된 외부공간으로 그 범위를 정의하기도 한다.

최근에는 공공공간의 사회성을 강조하는 개념이 나타나고 있는데, 공공공간에서의 다양한 활동을 강조하며 사회적 교류가 일어나는 공간이라는 관점으로 정의하고 있다. 이러한 사례로 국가건축정책위원회(2012)는 공공공간이란 공공이 자유롭게 이용할 수 있으며, 이동·만남·다양한 활동 등으로 도시 생활에서 가장 많이 이용되는 공간으로 도시민의 삶의 질 향상과 커뮤니티 재생에 중요한 이슈로 부각되는 공간으로 정의하며, 카와 그외(Carr et al., 1992)는 개인 또는 그룹 활동을 위해 자유롭게 접근할 수 있고, 민주적이며 의미있는 공간으로 정의하고 있다. 결국 공공공간이란 공간의 소유 주체에 국한하지 않고 모든 사람에게 개방된 공간으로서 다양한 활동과 공익을 추구하는 공간이라고 볼 수 있다.

도시재생에서 공공공간에 대한 재생에 대하여 역점을 두는 이유는 공공공간이 경제적 가치, 사회적 가치 및 문화적·환경적 가치를 가지고 있기 때문이다. 그러한 이유로 이러한 공간의 가치를 높일 수 있는 디자인적 방법론은 매우 큰 의미가 있다고 판단되고 이것이 공공디자인의 역할이라 사료된다. 이와 관련하여 CABE(2004)는 공공공간이란 (표 7-2)처럼 7가지 가치를 가지고 있음을 발표하였다.

가치	내용
경제적 가치	도시의 비즈니스 및 마케팅 도구로 이용되어 도시 경쟁력 향상에 기여
시민들의 육체적·정신적 건강 도모	시민들의 다양한 활동 기회 제공
교육적 가치	어린이들에게 놀이·운동·학습의 기회를 제공함으로써 사회성, 도덕성 향상, 정서 발달에 도움
범죄 예방 및 감소	자연스러운 감시를 통해 범죄 및 범죄에 대한 두려움 감소
사회적 가치	지역사회 소통의 장, 지역의 문화적 정체성 형성과 커뮤니티 장소 제공
환경적 가치	이동수단 조정 및 안전한 환경 조성(보행과 자전거 이용 권장, 차량 속도와 이용 감소)
생태적 가치	생물의 서식처, 도시 열섬효과 문제 완화

표 7-2 공공 공간의 7가지 가치

7.4 도시재생지역 내 가로와 공공디자인

도시재생 지역 내 공공디자인과 밀접한 관계를 가질 수 있는 공간은 주로 상업가로 및 근린가로처럼 가로와 연계된 물리적 요소들이 주요한 대상이 될 수 있다.

이중 중심시가지형 도시재생지역 내 공공공간 중 중요한 요소인 상업가로는 공공디자인과의 연계성이 매우 강한 공간으로 Active Design Shaping the Sidewalk Experience(2013)에 따르면 보행공간은 (표 7-3)과 같이 구분되고, 4개의 면인 창공면(Canopy), 보행로면(Ground Plane), 차로면(Roadside), 건축물 입면(Building Wall)이 그 대상이라고 기술하고 있습니다.

	구분	내용
	창공면 (Canopy)	• 보행자에게 하늘을 보여줌으로써 전반적인 시야를 제공 • 날씨와 빛의 양에 영향을 많이 받으므로 건축물 입면 부에 돌출된 설치물이 큰 영향을 줌
	보행로면 (Ground Plane)	• 보행 공간에서 가장 기본적인 공간 • 적절하게 확보된 보행 폭과 기울기가 매우 중요 • 건축물 입면과 차로에 접하여 보행자로 하여금 보행의 즐거움을 줌
	차로면 (Roadside)	• 보행자에게 차로의 공간은 3단계로 나뉜 수직적으로 인지되는 면 • 1단계 : 보행로와 가로등 / 2단계 : 주·정차된 차량 / 3단계: 맞은 편 건물 입면 부
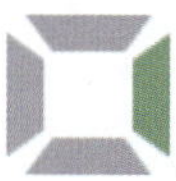	건축물 입면 (Building Wall)	• 공공영역과 사적 재산 영역의 경계를 만드는 면 • 건축물 경계선의 위치, 출입구, 창의 밀도(transparency)에 따라 보행자에게 공간 리듬감에 영향을 줌

표 7-3 보행공간의 구분

4개의 면으로 분리되는 3차원 가로 공간은 각각의 면들과 (표 7-4)와 같은 공간요소들로 구성되어 있다. 이러한 요소들이 공공디자인법 제2조 3항에서 정하고 있는 대중교통 정류소, 자전거 보관대 등 대중교통시설물, 차량 진입 방지용 말뚝, 펜스 등 보행안전시설물, 벤치, 가로 판매대, 파고라 등 편의시설물, 맨홀, 소화전, 신호등 제어함 등 공급시설물, 가로수 보호대, 가로 화분대, 분수대 등 녹지시설물, 안내표지판, 현수막 게시대, 지정벽보판 등 안내시설물, 그 밖에 위의 시설물에 준하는 시설물과 같은 공공시설물 등을 대부분 포함하고 있다.

창공면 (Canopy)	보행로면 (Ground Plane)
1. 발코니와 차양	1. 보행로 폭
2. 화재대피로	2. 보행로 위의 시재
3. 그늘 막	3. 가로수(가로수보호대)
4. 가로수	4. 보행로에서 차로로의 접근을 위해 임의적으로 깎인 부분
5. 옥외광고물(간판 등)	5. 보행로의 기울기
6. 건축물 전체 높이	6. 지하철 입구의 수
7. 건축물 위의 공간	7. 조명(가로등)
8. 건축물 상층부의 건축선 후퇴	8. 보도의 재질과 패턴
9. 조명	9. 공공시설물
10. 가로등	10. 쓰레기통
11. 랜드마크	11. 가판대
	12. 소화전

차로면 (Roadside)	건축물 입면 (Building Wall)
1. 식재	1. 토지이용
2. 가로수	2. 건축물 1층의 건축선 후퇴
3. 가로등	3. 건축물 전체 높이
4. 도로표지판	4. 건축물 상층부의 건축선 후퇴
5. 노점상	5. 건물물 앞 식재
6. 주·정차된 차량	6. 주·정차된 차량(대지 내부)
7. 자전거 도로	7. 입구의 수
8. 자전거 거치대	8. 건물 입면 유리로 인한 투명도
9. 공공시설물	9. 보안문
10. 쓰레기통	10. 건축적 표현
11. 가판대	11. 간판
12. 소화전	12. 차양 및 발코니
	13. 화재대피로
	14. 그늘막
	15. 건물 앞 공간 사용
	16. 조명

<자료: 김규리, 이제선(2016). 보행 공간 요소에 대한 보행자의 인지 및 보행만족도에 관한 연구>

표 7-4 보행 공간을 구성하는 4개의 면(plane)과 공간 요소

7.5 공공디자인 적용 사례

도시재생 지역 내 공공디자인이 적용된 사례는 다양하지만, 필자가 2011년부터 참여한 연세로 대중교통전용 조성사업이 대표적으로 보여주고 있다. 본 지구는 2013년 8월 1일 가로의 보행환경 개선 및 보행활동 증진을 통해 지역의 위축된 상권을 회복시키고자 서울시에서 첫 번째로 대중교통전요지구로 지정되었으며, 2013년 9월 28일 사업 착공 이후 2014년 1월 5일 완공되어 현재에 이르고 있다.

연세로 대중교통전용지구는 신촌 지하철역(신촌로터리)부터 연세대학교 정문까지 길이 550m 구간으로 제한 속도가 20km/h이며, 대중교통전용지구 조성사업 전과 후의 모습은 (그림 7 - 9)와 같다. 24시간 시내버스·자전거·16인승 승합차와 구급차를 제외하고, 일반 차량 진입은 금지된다. 택시는 심야시간대(자정~오전 4시)에만, 그리고 조입차량은 사전허가 차량에 대하여 지정 시간대에만 통행이 허용되고 있다. 또한 주말에는 '차 없는 거리'로 시내버스를 포함한 모든 교통이 통제되어 다양한 이벤트 행사들이 진행되고 있다.

그림 7-9 연세로 대중교통전용지구 사업 전(좌)과 후(우)

연세로 대중교통 전용지구 조성 사업

연세로 대중교통전용지구 조성사업 전과 후 적용된 공공디자인 성격의 물리적 변화는 김성은·이제선(2015)의 연구결과인 (표 7-5)처럼 다양한 사업이 진행되었음을 알 수 있다. 세부적인 내용을 살펴보면 먼저, 사업 후 보도 폭은 4m에서 4~11m로 확장, 볼라드 개수는 사업 전 46개에서 사업 후 110개로 대폭 증가, 연석은 사업 전 3,500m에서 사업 후 3,840m로 확장, 그리고 사업 후 65개의 화분대가 보도를 따라 설치되어 보차 분리가 강화되었다.

사업 전 노후하고 불량했던 보도 포장 상태는 사업 후 양호하게 변화하였으며, 보도 포장 재료와 맨홀 뚜껑은 사업 후 시각적인 측면과 보행 안전 및 편리성 측면에서 개선되었다. 그리고 사업 후 위생적인 측면에서 수로관 교체와 빗물 침투 시설이 설치되었고, 보행 안전 강화를 위하여 측구 뚜껑이 교체되었다. 교통 안내판은 사업 전 61개소에서 사업 후 83개소로 증가하였고, 32개의 경고문이 가로 곳곳에 설치되었다.

연세로는 사업 후 일반차량 진입이 통제되고 제한속도가 20km로 운영되고 있어 출입구가 사업 전보다 사업 후 안전해진 것으로 보이다. 가로등 간격은 사업 전 38m에서 사업 후 34m로 좁아짐으로써 기존보다 가로등이 더 많이 설치된 것으로 나타났으며, 조도는 15 Lux에서 22 Lux로 높아진 것으로 나타났다. 그리고 보행자 신호대기시간은 사업 전 1분 24초에서 사업 후 45초로 크게 감축되었다.

사업 전 하나도 없었던 벤치(앉음벽)가 사업 후 5개(65개) 설치되었고, BIT(버스도착안내단말기)가 설치된 2개의 버스정류장 시설이 설치되었다. 사업 후 보도에는 명물거리와 연계된 72주의 벚나무가 식재되었으며, 가로수 간격 조절이 있었다. 보행 흐름에 방해가 되는 보행 방해물들을 살펴보면 사업 전 365개소 옥외 광고물이 사업 후 169개소로 축소, 가판대는 사업 전 7개소에서 사업 후 1개소로 축소, 그리고 분전함과 오토바이는 사업 후 보도에서 사라졌다.

사업 전 좁은 보도를 점령하던 불법 노점상들은 이전하여 사업 후 보도에서 합법적인 규격화된 거리가게(스마트로드숍)이 오픈하였다. 또한 사업 후 연세대학교 앞 횡단보도가 추가로 신설되어 총 4개소가 되었으며, 기존 3개소 이벤트 공간에서 2개소의 이벤트 공간이 추가로 신설되는 등 기존 이벤트 공간들도 새롭게 개선되어 대중교통전용지구 조성 이후 콘서트·페스티벌·공개방송·거리 공연과 같은 다양한 공식·비공식 이벤트 프로그램들이 활발하게 진행되고 있다.

사업 후 연세로에 앉아서 쉴 수 있는 공간이 새롭게 신설되었으며, 기존 연세로를 대표하는 조형물인 빨간 잠망경 이외의 지역 아이덴티티를 상징하는 다양한 조형물들도 사업 후 추가로 설치되었다.

이러한 물리적 변화에 따른 보행자 만족도 변화와 관련하여 전반적 만족도는 통계적 유의수준 내에서 사업 전 '불만족'이었던 만족도 수준이 사업 후 '만족' 수준으로 크게 변화한 것을 보여주고 있다. 그 중에서도 사업 전 보행자들이 '불만족'했던 '보도폭'·'보도포장'·'버스정류장'과 '불법주정차'의 만족도가 사업 후 '만족'하는 수준으로 크게 상승하였는데, 비좁았던 보도 폭 확장과 불량했던 보도포장 상태 개선, 버스정류장 시설 개선 및 버스도착 안내서비스(BIT) 제공,

그리고 보행 흐름을 단절시켰던 불법주정차 문제 해결이 만족도 수준 향상에 크게 기여한 것으로 판단한다는 연구결과를 보여주고 있다. 그리고 22개 가로환경구성 요소별 만족도의 경우 '먹거리'와 '살거리'를 제외하고 모두 통계적 유의수준 내에서 사업 전보다 사업 후에 높아진 것으로 나타나고 있다.

이러한 결과를 바탕으로 할 때 연세로 대중교통전용지구 조성사업 전·후 가로 환경구성 요소의 변화 및 개선이 보행자 만족도 향상에 유의미하게 작용한 것으로 해석할 수 있다.

구분	조성 전	조성 후
가로등		
	조도: 15Lux 가로등 간격: 38m	조도: 22Lux 가로등 간격: 34m

표 7-5 연세로 대중교통 전용지구 조성 사업 전·후 물리적 변화

구분	조성 전	조성 후
횡단보도 위치	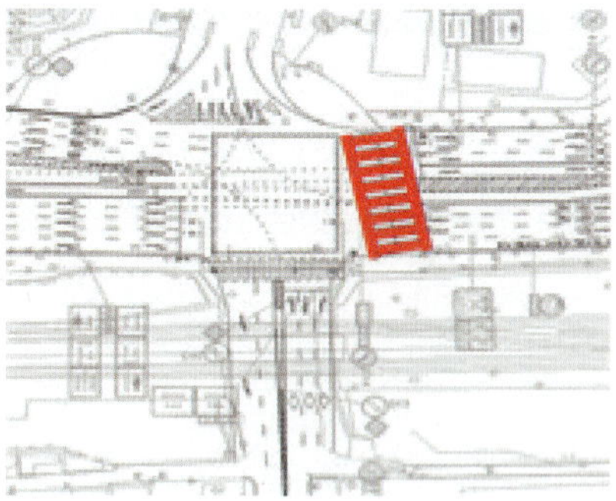	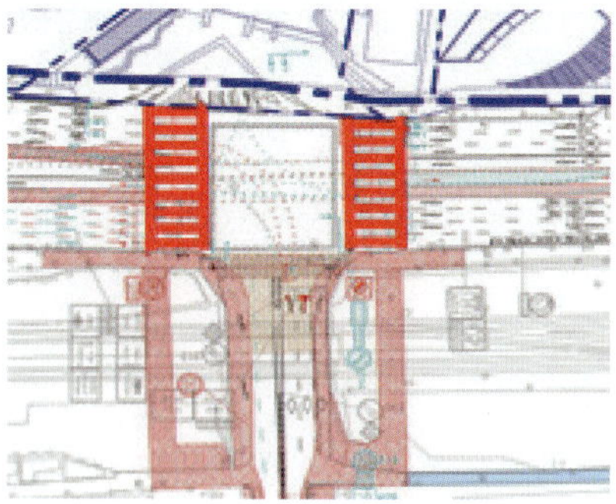
	3개소	4개소

구분	조성 전	조성 후
보행자신호 대기시간	 1분 24초	 45초
벤치 - 앉음벽 -	 0개 (0개)	 0개 (0개)
버스 정류장	 0개	 5개 (65개)
대중교통 접근성	 -	 향상

구분	조성 전	조성 후
주변상가 연결성		
	-	향상
가로수		
	-	-
노점상		
	불법 노점상	합법적인 규격화된 거리가게(스마트로드숍)
보행 방해물 / 옥외 광고물		
	365개소	169개소

구분		조성 전	조성 후
보행방해물	가판대	 7개소	 1개소
	오토바이	 유	 무
	분전함	 유	 무
	청소 및 유지관리	 불량	 양호

구분		조성 전	조성 후
보도폭			
		4m	4~11m
보차분리	볼라드		
		46개(일반형)	110개(서울시표준형)
	연석		
		3,500m	3,840m
	화분대		
		75주(은행나무)	72주(벚나무)

구분		조성 전	조성 후
위생시설	수로관	 측구 750m	 원형 수로관 399본(798m)
보도포장	보도포장상태	 노후 및 불량	 양호
	보도포장재료	 소형 고압, 점토 블록	 투수 블록(인조화강 블록)
	맨홀	 110개(철재 맨홀)	 180개(디자인 맨홀)

구분	조성 전	조성 후
불법주정차	 유	 무
즐길거리	 이벤트 장소: 3개소	 이벤트 장소: 5개소
교통안전 정보시설	 교통안내판: 61개소 교통경고문: 0개소	 교통안내판: 83개소 교통경고문: 32개소
출입구 안전	 위험	 안전

구분	조성 전	조성 후
쉴거리		
	무	무
볼거리 - 상징성 -		 
	1개소	다양

7.6 에필로그

도시 공간에서 공공공간은 바쁜 도시민들에게 쉼터를 제공해 주는 중요한 역할뿐만 아니라, 주변의 부동산 가치 향상·주변 지역의 상업 활성화·지역의 경제력 및 투자 수준 향상이라는 역할을 하는 매우 중요한 공간이다. 이러한 공간에 대한 디자인은 공공디자인 분야에서 담당할 수 있는 부문이라고 사료된다. 시릴 B(Cyril B., 2003)는 공공 공간의 물리적 환경 개선은 도시의 경제와 도시 재생 과정의 진척 상황을 가시적으로 보여주는 척도로서 도시에 대한 사람들의 인식과 태도에 크게 영향을 미치고 그 결과 도시에 새로운 거주자와 잠재적인 이용자를 이끌고 새로운 투자 기회를 창출한다고 했다. 이러한 맥락 하에서 도시재생이 진행되는 사업대상지에서 공공공간의 물리적 환경 및 품질을 개선하는 것은 지역 활성화를 위한 기폭제가 될 것이며 도시재생을 성공적으로 이끄는 중요한 방법이 되므로 도시재생에서 공공디자인과의 접목은 더욱 중요성을 가지게 될 것이라고 사료된다.

PART 3 재생 공공디자인

8 . 가로재생디자인

8.1 길이 뜨고있다

"거기 아니라도 여긴 언제라도 망할 수밖에 없는 곳이외다."

"아래 저잣거리가 생기기 전에는 여기 장사가 최고로 잘 되었습니다."

"그거야 여기밖에 없으니 울며 겨자 먹기로 사러 왔던 것이지. 정말 여기가 좋았던 것 같소?"

"지관 선생 참 말씀하시는 게... 지금 불난 집에 부채질 하는 거요?"

"물이 위에서 아래로 흐르듯 사람도 길을 따라 흐르는 법이요. 사람들이 이 길을 지나가고 싶게 만들어야 한다 이 말이오. 저렇게 움푹 파이고 갈라진 이 길부터 닦읍시다."

<박희곤감독(2018). 『명당』. 예고편>

그림 8-1 지나가고 싶게 만드는 게 성공의 비결

영화 '명당'을 보았다. 땅의 기운을 점치는 천재지관이 장사가 잘 되지 않는 저잣거리를 걸으며 상인과 대화를 나누는 장면이다. 땅이 움푹 파인 곳을 메운 후에는 비단가게와 대장간처럼 볼거리가 있고 소리가 나는 가게를 시장의 초입으로 옮긴다. 사람이 많이 다니는 곳에 떡집을 두어 고소한 냄새를 풍기게 하고, 시장 입구에는 꽃나무를 심는다. 마침내 시장은 재기에 성공한다.
다시 활기를 찾으려면 사람이 많이 다녀야 하고 그러려면 사람이 다니고 싶은 마음이 들게 만들어야 한다는 원칙은 비록 사극이지만 '그때도 맞고 지금도 맞다.'

걸으면 건강해진다

걷기 열풍의 시작이라고 할 만한 제주 올레는 2007년에 등장했다. 제주 올레길과 지리산 둘레길의 히트에 힘입어 전국의 걷기 코스는 현재 500여 개에 달한다. 환경부의 '국토생태문화탐방로', 문화체육관광부의 '이야기가 있는 문화생태탐방로', '해파랑길', 국토해양부의 '해안순례길', '누리길', '관농팔경 녹색경관길', 행정안전부의 '숲길', '문화생태탐방로', '명품녹색길', 산림청의 '삼림문화체험숲길', '국가숲길조성기본계획', 국립공원관리공단의 '국립공원 둘레길' 등의 이름으로 걷기 코스가 만들어졌다. 최근에는 동해안, 서해안, 남해안, DMZ까지 전 국토의 경계를 도보로 연결하는 프로젝트가 완성되고 있다.

<출처: 제주 올레. https://www.jejuolle.org/main.do>
그림 8-2 제주 올레길

[1] 스페인의 유명한 순례길 '카미노 데 산티아고 (Camino De Santiago)'에 역사적·종교적 배경도 다른 한국인이 지리적 한계를 극복하고 압도적 으로 많이 이곳을 걷고 있는 것도 걷기와 느림에 대한 가치부여의 방증이다.

도시에서도 '걷고 싶은 거리' 사업으로부터 시작된 도심의 거리관련 사업은 이후 '차 없는 거리', '문화의 거리', '역사문화 탐방로', '그린웨이 조성사업' 등의 이름으로 이어졌다. '종로 업그레이드', '서울거리 르네상스 사업', '디자인 서울거리' 등을 거쳐 이제 서울은 전면에 '보행 친화도시 서울'의 비전 아래 '서울특별시 보행권 확보와 보행환경 개선에 관한 기본 조례'를 통해 보행 네트워크를 완성해 나가고 있다.

전자인 올레길과 각종 숲길이 길의 레크레이션 기능에 주목한 것이라면, 후자는 도시에서의 필수 보행뿐만 아니라 가로에서의 옥외활동을 장려하기 위한 것이라고 볼 수 있다.

이와 같은 길의 열풍은 우선 건강에 대한 관심에서 기인한다. 걷기는 누구나, 언제, 어디서나, 편하고, 안전하고, 부담 없이 할 수 있다는 점에서 매우 좋은 운동법이다. 또한 똑같이 걷기에 집중하는 활동이지만 정상을 목표로 하는 등산에 비해 걷기는 둘레 지향이다. 이는 '빨리 빨리'의 속도에 집중하던 사회가 '천천히, 느리게'에도 가치를 두는 사고의 전환과도 관련이 있다. [1]

[2] 2003, The Relationship between Urban Sprawl and Physical Activity, Obesity, and Morbidity

바로 이 점이 도시에서 걷기를 더 장려해야 하는 이유이기도 하다. 걷지 않는 환경은 건강을 해친다. 걷는 것을 장려하는 환경이라면 기꺼이 걷겠다는 잠재적 인구는 꾸준히 늘고 있다. [2]

지금까지 도시에서의 삶은 속도 중심이었고, 이는 곧 자동차 중심을 의미하였다. '느리게'는 탈 자동차 중심, 인간 중심을 뜻하고 이는 보행권과 직결되어 있다. 또한 도시화 현상에 대한 극복 방안으로서의 도시재생이나, 교외로의 확산대신 전통 도심에서의 대안 찾기에 집중하는 뉴어바니즘(New Urbanism) [3] 에서도 친보행자 중심 환경은 가장 중요한 기본 원리로 채택하고 있다.

[3] 기존 도심을 다시 개발하는 것보다 더 편리하다는 생각으로 도시는 교외화가 확산되었다. 이로 인해 기존 도심지는 쇠퇴하였고 무분별한 개발로 인해 동식물의 서식지가 파괴되었다. 소득수준에 따라 거주지가 분리되고 공간은 수평적으로 확산되어 자동차에 의존하는 환경이 되었다. 이러한 도시문제들에 대한 대안을 모색하기 위해 1980년대 초반 뉴어바니즘이 대두되었고 1993년 10월 미국의 버지니아주 알렉산드리아에서 도시계획 전문가와 각 분야의 전문가가 모여 뉴어바니즘협회를 결성하였다.

가로(街路)가 재미있으면 도시도 재미있다

'가로'라는 단어의 어원을 살펴보면, 우선 서양의 개념에서의 가로(Street)는 Latin어의 '포장하다(-to pave)'라는 의미의 'Sternere'에서 유래했다. 한자 가(街)의 어원은 이 곳 저 곳을 기웃거리면서 느릿느릿 걸어가는 동작이나 건물이 즐비하게 서 있는 네거리를 형상하고 있다.

가로와 도로는 언뜻 비슷한 말처럼 보이지만 도시계획에서는 매우 다른 의미로 사용되어 왔다. 도로(道路)는 영어 'roads' 에 해당되는 '통로'의 개념으로 일반적으로 두 지점을 연결하고 이동하는 교통을 위하여 제공하는 시설을 의미한다. 철도나 고속도로, 자동차 전용도로 등이 여기에 해당한다. 출발지로부터 도착지까지 가장 빨리 이동하는 기능이 중시되므로 보행자보다 차가 중요하다.

가로와 거리는 영어 'streets' 에 해당하는 '장소'의 개념이다. 보행로(path), 트레일(trails), 보도(board walks), 산책로(promenades)이다. 또한 가로는 도시에만 존재하는 독특한 현상이다. 가로는 공적인 공간이지만 사적인 공간을 도시와 연결해 주는 지점이다. 문을 열면 만나는 곳이다. 여기에서는 신속한 이동보다는 과정이 더 중시된다. 길 위에서 천천히 걷거나, 두리번거리거나, 무언가를 구경하거나, 기다리는 활동을 담는 장소이다. 자동차를 위한 '찻길'이기보다는 사람을 위한 '사람길'이다.[4]

[4] 황기원, "책 같은 도시, 도시 같은 책", 열화당, 1995.

제인 제이콥스(Jane Jacobs)는 '어떤 도시를 생각할 때 최초로 마음에 떠오르는 것은 가로이다. 가로가 재미있으면 도시도 재미있고 가로가 지루하면 그 도시도 지루하다.' 라고 하였다. 그는 기존 기능주의적인 도시계획과 도시재건 방식을 비판하고 의미 있는 새로운 원칙을 제시한 미국과 캐나다의 저술가이자 도시학자이다.

<출처: WIKIPEDIA. 2019.02, https://en.wikipedia.org/wiki/Jane_Jacobs>

그림 8-4 제인제이콥스는 1961년에 발행한 '미국 대도시의 죽음과 삶' 이라는 저서에서 기존 도시계획 정책을 날카롭게 비평한 것으로 유명하다.

굳이 그녀의 말을 빌리지 않더라도 나의 경우도 어떤 도시를 떠올리면 가로가 떠오른다. 일을 하러 오든 놀러 오든 목적과 무관하게. 부유하든 가난하든 소득과 무관하게. 혼자 오든 여럿이 오든 동행자와 무관하게. 버스를 타든 지하철을 타든 이동 수단과 무관하게. 여러 날을 묵든 하루를 지나쳐 가든 체류 기간과 무관하게. 호텔에서 묵든 텐트를 치고 자든 숙박 유형과 무관하게 무조건 거리를 만나게 된다. 심지어 걷지 않고 차로 이동하는 경우에서 조차 거리를 만나게 된다. 반면 도시의 인상을 기억하지 못하는 경우는 공항에서 밖으로 나가지 않고 비행기만 갈아타는 경우가 유일하다.

특정 도시가 그 도시의 거리로 떠오르는 것은 단지 외형적인 모습 때문만은 아니다. 소득이나 체류기간 또는 동행과 무관하게 거리는 누구에게나 개방되어 있는 공간이다. 따라서 거리에는 그 곳을 채우는 사람들의 다양한 삶이 채워진다. 근처에 직장이 있을 것 같은 셔츠 차림의 사람들이 바쁘게 걸어가고, 근처에 집이 있을 것 같은 사람들이 유모차를 밀고, 사람들이 삼삼오오 가던 길을 멈추고 이야기를 나누기도 한다. 거리에 맞닿은 상점에서는 장사하는 사람들의 모습을 만나게 된다.

요즘 커피숍은 아예 거리와 카페 안의 사람이 유리 한 장을 사이에 두고 서로가 서로를 구경한다. 서로가 서로를 구경한다는 것은 서로가 서로를 지켜 주는 자연적 감시의 기본이 되고 이는 도시의 안전에 꼭 필요한 기능이다.

시민이 도심을 걸을수록 안전해진다

가로에서의 안전이란 발이 걸려 넘어지거나 미끄러져 넘어지지 않는 일차적인 물리적 안전 외에 심리적 안전감도 매우 중요하다. 심리적 안전감은 날씨로부터 교통으로부터 범죄로부터 안전하다고 느끼는 것이고 더 나아가서 길치에게조차 절대 길을 잃지 않을 것이라는 안전감[5] 까지도 포함된다. 실제의 위협보다 더 위협적인 것은 '도시가 위험하다'라는 인식이다. 이 모든 안전이 보장되지 않으면 우리는 주저하지 않고 차를 선택한다.
2011년 지진으로 큰 피해를 입었던 뉴질랜드 크라이스트처치(christchurch)는 안전에 관한 좋은 사례이다. 지금도 복구 중인 크라이스트처치가 도시 재건 예상 기간을 10년으로 잡고 있는 것도 지진을 막을 수는 없지만 안전한 도시를 재건하는 데에 목표가 있기 때문이다.

안전에 대한 크라이스트처치 시의 지난 노력을 살펴보자.
'많은 시민이 도심을 걸어 다닐수록 도심의 안전도가 높아진다.'는 판단에 따라 도심에 시민의 발걸음을 유인할 작은 상점이나 노점상들을 유치하기 위한 축제를 기획하였다. '90계획'에는 '90세 노인과 9세 어린이가 혼자서도 돌아다닐 수 있는 도시', 이러한 목표가 포함되어 있었다. 도심의 상점에는 '모두가 서로를 지켜 준다.'라는 스티커가 붙어 있고 조금이라도 한적한 도로에는 감시 카메라가 작동 중임을 알리는 표지판이 세워져 있다. 또한 안전에 관하여 모든 시민은 스스로 범죄를 예방하는 주체가 되어 담장을 높이 쌓는 것이 아니라 담장을 없애는 것이 범죄를 막는 방법이라고 생각하였다. 도시 구석구석 이웃의 시선으로부터 감춰질 수 있는 곳을 없애는 것, 바로 이것이 안전한 도시를 만드는 길이다.

[5] 알기 쉬운 도시 (legibility city)

가로(街路)가 재미있으면 도시도 재미있다

안전한 도시에 대한 노력은 의외의 경제적인 보상을 가져오기도 했는데, 바로 유학생이 급증한 것이다. 청소년을 혼자 유학 보내는 아시아 부모에게 인기있는 도시가 되었다.

가로에서 안전을 확보하는 방법은 제인 제이콥스에 따르면 공공 영역과 사적인 영역의 경계를 잘 활용하는 것이다. 대개 도시에서 가로는 목적과 의도를 가지로 접근하기보다는 문만 나서면 만나는 생활의 공간이기 때문에 가로 환경은 안전에 매우 중요한 역할을 담당한다.[6]

둘째로, 가로는 한계가 정해진 길의 양측에 건물이 늘어서 있고 위에는 보이지 않는 천정이 덮고 있다는 형태적·구조적인 개념을 그 특징으로 한다.[7] 즉, 건물의 유리, 발코니 등을 통하여 가로를 살필 수 있는 구조를 만드는 것은 서로 지속적으로 살피는 감시의 눈이 된다.

셋째로, 가로를 지속적으로 사용할 수 있게 하자는 것이다. 가로에 반드시 사람을 집중시키는 가게, 바, 빵집 등이 있어야 한다. 도심에서 1층 상점의 유리로 시야가 개방된 쇼 윈도는 그 자체로 훌륭한 상호 감시 기능을 가진다. 야간에도 점등해 놓은 쇼 윈도는 안전에 큰 도움이 된다.

[6] 범죄예방 환경설계 이론의 시초는 앞서 다룬 제인 제이콥스(Jane Jacobs)에서 유래한다. 1961년 저서 [The Death and Life of Great American Cities]에서 범죄 문제에 관한 해법을 도시 설계적인 방법으로 제시하였다. 이후 오스카 뉴먼(Oscar Newman)이 뉴욕의 비슷한 수준인 두 마을에서 세 배 정도의 범죄 발생률 차이를 공간적 설계의 차이로 설명하는 연구 [Crime Prevention Through Environmental Design] 를 1971년에 발표하면서 이 용어가 본격적으로 사용되기 시작하였다.

[7] William C. Ellis. The Spatial Structure : Street. S. Andersoned, The M.I.T express. 1976. p.115

8.2
재생의 시대,
더 중요해진 가로의 의미

도시 자체를 외출하고 싶고 걷기 좋은 도시로 만들어야한다

저출산·고령화가 심화되면서 우리나라는 2017년 노인이 전체 인구의 14%를 넘는 고령사회에 진입하였다. 2000년 '고령화사회'에 진입한 뒤 17년 만에 '고령사회'에 들어선 것이다. 전 세계에서 가장 빠른 속도로 고령하가 진행되었고, 초고령사회로 진입하는 속도 역시 가장 빨라 2026년에는 초고령사회에 들어설 것으로 예측된다.[8]

미국이나 영국 등이 고령화 사회에서 초고령사회로 진입하는 기간은 100년 안팎이 걸렸다. 세계에서 최초로 초고령사회에 돌입한 일본의 경우도 고령인구 비중이 늘어나는 데 1970년 7%에서 1994년 14%로 24년이 걸렸다. 즉, 우리나라의 변화는 세상 누구도 경험해 본 적이 없는 현상이다.

[8] 유엔 등 국제기구는 노인 비중이 7% 이상일 경우 '고령화 사회', 14% 이상이면 '고령사회', 20% 이상이면 '초고령사회'로 구분한다.

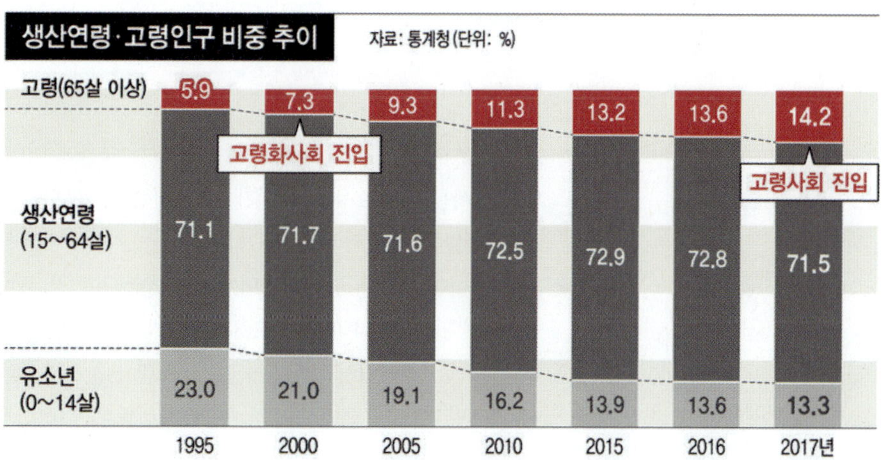

<출처: 한겨레신문(2018.08.27). '고령사회'로 진입한 한국…일본보다 7년 빨라.>

그림 8-5 생산연령·고령인구 비중 추이

수명은 계속 늘어나는데 건강이 못 받쳐주는 상황이 되었다. 불과 10년도 안되는 사이에 남녀 모두 수명이 3년 반쯤 늘어난 것으로 나타났다.[9] 하지만 병원에 안 다니고 건강하게 지내는 기간, 일명 '건강 수명'은 그 중에서 1년 반이 채 되지 않았다. 그 결과, 10년 전 한국인은 남녀 모두 3~4년씩 앓고 세상을 떠났는데, 지금은 5~6년씩 앓고 숨을 거둔다. 갑작스레 오래 살게 됐지만 건강은 미처 따라오지 않아 전 국민이 인생 마지막 10년 중 절반 이상을 앓으면서 보내게 된 것이다.

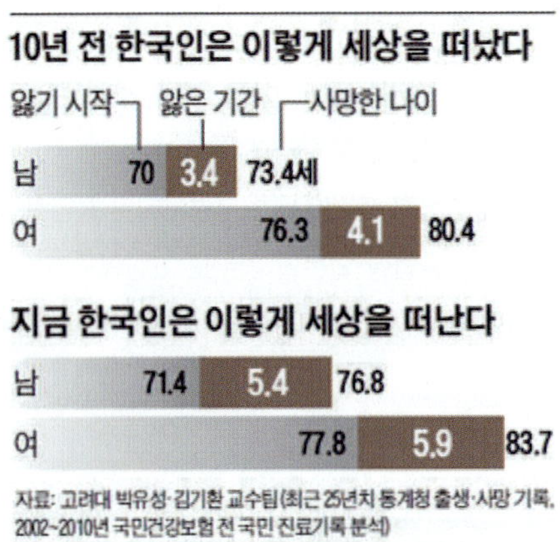

<출처: 프리미엄조선>

그림 8-6 수명은 늘었지만 앓다 죽는 기간이 길어졌다

대부분의 사람들은 쇠약해지는 기간을 거쳐 죽음에 이르게 된다. 그런데 심장, 뇌혈관질환 등이 있다면 빠른 속도로 앓는 상태가 된다. 가장 큰 원인은 바로 생활 습관이다. 이를 막기 위해서는 평상시 운동하는 것이 가장 중요하다.

나이가 들어 신체기능이 저하되는 것은 어쩔 수 없지만 신체는 사용하지 않으면 더 약해지고 움직이면 활성화된다. 따라서 고령자는 최대한 몸을 움직이고 잘 먹는것이 중요하다. 나이가 들어서 운동과 식사를 양립시키는 비결은 집에서만 생활하지 않는 것이다. 집에만 있으면 움직이지 않고 식사도 거르게 되기 쉽다. 따라서 초고령사회를 위한 예방대책의 요점은 '도시 자체를 외출하고 싶고 걷기 좋은 도시'로 만드는 것이다. 걷기 편한 인도, 이동하기 쉬운 교통수단, 참가하고 싶은 다양한 이벤트, 다른 누군가를 만날 수 있는 활기찬 거리, 이러한 도시가 필요하다.

[9] 고려대 연구팀, '2002~2010년 전 국민 진료기록' 빅데이터 분석

매력적인 도시는 가로, 공원, 광장, 수변과 같은 공공 공간의 질로 결정된다

가로에서는 필수적 활동(necessary activities), 선택적 활동(optional activities), 사회적 활동(social activities)이 일어난다. 선택의 여지가 없는 필수적 활동은 물리적 환경에 대한 영향이 적은 편이다. 하지만 선택적 활동은 사람들이 원하고 시간과 장소가 허락하는 조건에서만 발생한다. 대개 선택적 활동은 날씨와 장소가 사람을 유혹하는 매력적인 외부공간에서 발생한다. 사회적 활동은 공공장소에 사람들이 함께 있기만 해도 발생한다. 즉, 두 사람이 같은 공간에 있기만 해도 모든 순간에 일어난다. 우리가 원하는 활력 있는 도시는 사람들이 서로 상호 교류할 수 있는 곳에서 생긴다. 또 직접적으로 아는 사람들과의 교류가 아니더라도 암묵적인 지식이 생기게 된다. 암묵적 지식이란 명시적인 언어로는 표현하기 어렵지만 경험과 학습에 의해 몸에 쌓인 지식을 말한다. 이것은 의식적인 행동이 아니며 암묵적 지식이 전달되기 위해서는 광범위한 인적 접촉과 신뢰가 필요하다.

최근에는 교통과 통신의 발달로 꼭 도심에 사무실이 없더라도 어디서나 일할 수 있다. 첨단기술 분야에서 기술혁신, 벤처비즈니스의 대명사인 실리콘 밸리의 경우도 도심이 아니라 팔로알토라는 자연환경이 좋은 도시외곽에 있었다. 하지만 샌프란시스코 도심으로 다시 옮겨왔다. 혁신을 선도하는 젊은 인재들이 한적한 자연보다는 도심에서 살면서 일하고, 즐기기를 원하기 때문이다. 우리나라도 다음카카오가 한적한 제주도에서 다시 판교로 이동한 사례가 있다. 이 인재들이 비슷한 사람들과 암묵지를 형성하고 새로운 트렌드를 선도한다. 인재를 유지하려는 도시에 시사하는 바가 크다.

도시재생의 성공사례로 첫 손에 꼽히는 빌바오의 경우 랜드마크인 구겐하임 미술관이 모든 것을 견인했다고 생각하지만 그렇지 않다. 빌바오는 오랜 시간에 걸쳐 공공공간을 재편하였다. 가장 먼저 네르비온 강의 수질을 정화하였고[10] 다음으로 강 주변을 시민들이 도보로 접근할 수 있도록 정비하였다. 강변과 도심에 공원과 문화시설을 촘촘히 배치하고 넓은 보행로, 자전거도로, 트램과 같은 대중 교통으로 연결하였다. 그 결과 빌바오는 스페인에서 범죄율이 가장 낮은 도시가 되었고 해마다 시민보다 많은 수의 관광객이 찾아오며 인재가 모이는 산업을 유치할 수 있었다.

[10] 네르비온강의 환경 개선에 쓴 돈은 구겐하임 미술관의 6배에 달하는 8억유로 (약9800억) 이라고 한다. 앞으로도 네르비온 강물을 식수로 쓸 수 있을 때까지 수질을 높일 계획이다.
(경향신문, 2015.03.01., 「버려진 공업도시가 관광명소로...강을 살리니 사람이 몰렸다」)

Creating a Vibrant City Center

대학로 마로니에공원

<출처: CY Paumier, Creating a Vibrant City Center, Urban Land Institute, Washington DC, 2004, p3>

그림 8-7 종종 개별 건물이 그 도시의 중요한 랜드마크가 되기도 하지만 전체 도시 환경에서 보면 매력적인 요소 중 하나로 작용한다. 매력적인 도시는 가로, 공원, 광장, 수변과 같은 공공영역의 질에 의해 결정된다.

가로는 지역의 경제 활성화를 이끈다

지금은 익숙한 골목길 중심의 문화는 홍대 앞과 대학로가 그 시초라고 볼 수 있다. 하지만 지금은 이를 단순히 예쁜 골목길로만 볼 수 없다. 90년대 홍대 앞은 서교동과 상수동 일대만을 이르는 말이었지만 최근에는 합정동, 연희동, 연남동, 망원동, 심지어 문래동에 이르기까지 계속해서 영역이 확장되고 있다. 90년대만 해도 홍대 미대라 일컫는 확고한 이미지를 바탕으로 한 미술의 메카였고 클럽문화로 통칭되는 비주류 음악의 성지였다. 지금은 국내 뿐 아니라 외국에서 온 사람들에게 인기 있는, 특히 젊은이들에게 인기가 많은 관광지가 되었다. 그리고 이들을 대상으로 하는 음식점, 게스트하우스 등이 갖춰지면서 더욱 다양하고 자유로운 문화를 느낄 수 있는 곳이 되었다.

[11] 모종린, "골목길 자본론", 2017

홍대 미대라는 강력한 이미지는 미술학원, 갤러리에 그치지 않고 건축을 제외한 모든 디자인 산업의 중심지가 되게 하였다. 클럽에서 시작한 음악문화는 대형 연예기획사가 자리 잡으면서 대중음악까지 아우르는 거대한 산업이 되었을 뿐 아니라 영화, 방송 프로그램 제작과 배급업까지 자리 잡았다. 연극을 위한 작은 소극장이 있던 이곳에 음악 공연 공간이 늘었고 파주 출판단지에 본사가 있는 출판사들도 홍대 앞에서 북카페를 운영한다. 즉, 관광, 음악, 연예, 미술, 디자인, 출판, IT, 소프트웨어까지 골목길이라 부르기 어색한 규모의 복합 산업 단지로 발전한 것이다.[11] 그럼에도 불구하고 대규모 공장의 모습이 아니라 여전히 휴먼스케일의 크고 작은 골목길들이 더 촘촘히 연결되면서 전체 규모는 확장되고 있다.

이렇게 선의 형태인 가로로 시작해 면적으로 확장되는 사례는 신사동의 가로수길이 세로수길을 거쳐 블록으로 확장한 경우나, 이태원 상권이 꼼데가르송길과 경리단길, 해방촌으로 확장되는 경우에서도 쉽게 찾아볼 수 있다.

골목길은 지방자체단체가 주도적으로 조성하기도 한다. 대구의 근대문화거리, 군산의 근대문화거리, 전주 한옥마을 등이 대표적인 예이다. 전주는 90년대 중반까지도 원도심 가운데에 남아있던 한옥에서 사람들이 생활하는 조용한 마을이었다. 2000년대 후반부터 관광자원으로 개발하기 위해 시에서 대대적으로 정비하였지만 그 때도 지금처럼 유명한 곳은 아니었다.

2012년부터 조금씩 알려져 마침내 2016년에는 연간 천만 명 이상의 관광객이 찾는 도시가 되었다. CNN에서도 1년 안에 가봐야 할 아시아의 10대 명소 중 하나로 전주를 소개하기도 했다. 이에 따라 시 재정과 인지도 상승, 외부의 투자가 이어지고 있다. 성공 요인을 보면 생활공간인 한옥 자체의 역사적인 가치는 낮았으나 경기전, 향교, 전동성당 등 오래된 건물을 역사문화벨트로 묶었다. 각종 먹거리와 한복 대여 등 관광객 유인 요소도 풍부했다. 지속적으로 마당극, 옛날 놀이터 같은 콘텐츠를 개발하였다. 다른 곳에서는 절대 흉내 낼 수 없는 대체 불가능한 한옥 게스트하우스와 민박이 갖춰졌다. 때마침 일었던 복고 바람도 좋은 기회가 되었다.

그림 8-8 골목길을 컨셉으로 한 백화점, 쇼핑몰, 호텔 등이 가로를 흉내내기도 한다.

특히 골목길은 작은 가게들의 집합이기 때문에 소상공인이 주도적인 상권이 되고 그 지역만의 독특한 문화가 생긴다. 이를테면 작은 가게의 주인과 손님 사이의 느슨한 우정이 있는 문화는 골목길을 더욱 친근하게 만든다. 이러한 골목 문화는 대기업 프랜차이즈에서 도저히 따라 하기 어렵다고 여겨진다.[12]

젊은이들이 골목길을 선호하다보니 백화점, 쇼핑몰, 호텔까지도 골목길 컨셉을 차용하여 가로를 흉내내기도 한다. 신세계 백화점 동대구역점의 식당가 루앙 스트리트나 판교, 광교, 시흥의 아브뉴프랑, 판교의 라스트리트, 광교의 앨리웨이 등이 이름부터 확실하게 골목길 컨셉을 드러내는 예이다.

12 하지만 최근 일본의 스타벅스는 이것마저도 간파하여 동네까지 파고들 정도로 진화하고 있다.

8.3
재생을 위한 가로,
어떻게 만들 것인가

큰 틀에서 정책적으로 기획되어야 한다

앞서 가로는 고령화 시대에서 건강과 직접적으로 영향을 주는 관계일 뿐 아니라 모든 시민의 보행과 밀접한 관련이 있음을 설명하였다. 따라서 건강측면에서 가로를 고려하기 위해서는 보건 담당, 주민, 시설담당 전문가가 함께 참여하여 생활권마다 맞춤형으로 진행하는 것이 효과적이다.[13]

주변 다중이용시설, 근린공원 등 오픈스페이스의 특성을 고려한 걷기 루트가 만들어질 때 효과가 크다. 가로 사업 자체로 보면 일시에 정비 사업이 이루어질 때는 통합적인 계획을 통해 비교적 개선이 쉽게 이루어진다. 하지만 일상적인 사업이나 관리 시에는 전체에 대한 계획 없이 개별적으로 시행하기 때문에 통합이 어렵다. 가로에 포함된 시설물의 종류별로 설치부서와 관리부서가 많기 때문이다.

따라서, 가로 관련 가이드라인이 적용되도록 정책적인 프로세스를 확보하는 것은 최고의 가이드라인을 만들고 배포하는 것보다 중요하다. 또한 각각의 가로 현장에는 가이드라인을 그대로 적용하기 어려운 많은 변수들을 가지고 있다. 정책적인 프로세스를 통해 세심하고 정교하게 가이드라인을 현장별로 적용할 수 있어야 한다.

가로의 위계를 반영한 네트워크와 지역의 도로망은 교통 및 도로 관리 시스템에도 반영되어야 한다. 장기적인 관점에서 이 모든 것이 가로환경개선 프로젝트에 적극 활용되어야 한다.[14]

[13] 박소현 외, "동네 걷기, 동네 계획", 2015.

[14] WHO, 8th Global Conference on Health Promotion, "Health for All Policies", 2013.6.10~14.,Helsinki, Finland. Healthand UrbanPlanning Session, Park, Sohyun(2013), "Health Urban Planning in Seoul, Korea";http//www.healthpromotion2013.org

사용자 입장에서 만들어야 한다

일본의 츠타야 서점은 단순히 책을 파는 것이 아니라 라이프 스타일을 파는 것으로 잘 알려져 있다. 츠타야서점을 소개하는 몇 권의 책이 국내에도 소개되었으며 소비자 관점, 사용자 중심, 고객가치의 중요성을 잘 설명하고 있다.
이책에서는 세계 최초와 같은 시도야말로 공급자 중심의 마인드이며 고객 가치를 최대화하라고 요구한다.[15] 세계 최초는 회의실에서 탄생하며 고객은 관심이 전혀 없다. 고객 가치는 현장, 즉 고객이 실제로 존재하는 장소에서, 고객의 입장에서 정말로 가치있는 것이 무엇일까 생각하는 것에서 나온다.

[15] 마스다 무네아키, "지적자본론", 2015

도시재생에서는 주민참여가 필수적이다. 그러나 참여 방법에 대해서는 아직도 여러가지 착각이 있다. 주민들에게 가로의 형태, 시설물, 색채 등 물리적인 요소에 대한 의견을 구하게 되면 제각각의 의견이 나오게 된다. 결국 모든 것을 어정쩡하게 포함하는 이상한 결과물이 나온다. 주민에게 물어야 할 것은 가로를 자주 사용하는 커뮤니티 전문가로서의 행태이다. 가로를 언제, 왜, 어떻게 사용하는지, 무엇이 문제인지, 하고 싶은 것은 무엇인지 등이다. 설계자는 이것을 듣고 조형 능력을 발휘하여 공간을 디자인해야한다. 주민의 의견을 반영하였기 때문에 어쩔 수 없이 디자인이 평범해졌다라고 말하는 것은 반성할 일이다. 주민의 의견을 반영해서 디자인했다면 결과적으로 더 탁월해질 수밖에 없다. 탁월하려면 주민의 의견을 어떻게 물을 것인가도 디자인에 포함해야 한다.

가로를 이용하는 주민들을 모아 마을 이미지, 비전 등에 관한 폭넓은 질문을 하거나 자원을 찾는 것도 다시 생각해볼 필요가 있다. 그 가로에서 생활하는 사람들은 자신이 살고 있는 곳이 너무 일상적이어서 의외로 매력을 보지 못하는경우가 많기 때문이다.

보도 중간 중간 골목길이나 주차장 진입부처럼 차와 만나는 부분도 경사 없이 평탄하게 연결되어야 하며 자동차가 조심스럽게 그 언덕을 넘어가야 한다. 그래야 차보다 사람이 우선인 도시가 된다.

그림 8-9 험프형 횡단보도

환경에 대한 배려는 필수다

도시에서 녹지의 기능은 더욱 더 중요해지고 있다. 가로에서 녹지는 대부분 가로수와 띠녹지 형태로 제공된다. 가로수는 가로의 경관적 가치로만 중요한 것은 아니다. 가로수는 더운 여름에 보행자에게 시원한 그늘을 제공한다. 차도와 보도 사이에 일정간격으로 줄을 맞추어 심기 때문에 도로의 선형변화를 운전자가 파악하기 쉬워진다. 또 자동차에서 나오는 대기오염물질을 흡수하고 소음을 감소시킨다.

가로수의 미기후 조절 기능은 미세먼지, 열섬현상, 소음 때문에 갈수록 열악해지는 도시환경에서 더욱 중요하다. 가로수 그늘은 평균 2.3~2.7℃의 온도저감 효과가 있다. 나무의 증산작용이 활발해져 기온을 낮추고 직사광선을 직접 차단하기 때문이다.[16]
또 가로수는 자동차 소음의 75%를 차단하고 나무 47그루는 경유차 한 대가 배출하는 양의 미세먼지를 흡수한다.[17] 이 때문에 1열이 아니라 2열, 3열로 가로수를 심은 보도를 걷게 되면 확실하게 쾌적함의 차이가 느껴진다. 가로수 하부에도 띠녹지를 조성하고 관목을 촘촘하게 채우는 것이 좋다. 가로수는 보도 위에 식재되기 때문에 대부분 가로수 보호덮개를 씌워 토양의 유실을 방지한다. 하지만 뿌리가 성장하면 간혹 보호덮개는 물론 주변 보도까지 위로 들어올리기도 한다. 최근 많이 쓰는 가로수 보호덮개는 구멍이 작아 빗물이 흙으로 침투하지 못하고 대부분 쓸려 내려가 버리기도 한다. 띠녹지로 조성할 경우 뿌리가 생장할 수 있는 면적이 넓어지고 우수의 침투가좋아진다. 관목으로 자연스럽게 만들어진 경계는 펜스를 대체할 수 있다. 가로경관 상 좋은 것은 물론이고 환경에도 좋다. 무엇보다 가로수 보호덮개를 설치하는 비용이면 충분히 가능한 일이다. 도시에서 토양과 수목을 늘리는 것은 시각적인 경관을 위한 선택사항이 아니라 지하로 물이 스며들고 일시에 우수가 집중되어 배수되지 않는 도시 방재 차원에서 필수사항이다.

[16] 산림청, http://www.forest.go.kr/newkfsweb/cop/bbs/selectBoardArticle.do? bbsId=BBSMSTR_1036&mn=KFS_03_02_01&nttId=3109357

[17] 도심 가로수는 소음 막고 미세먼지 흡수 올해 도시숲 786ha 조성 '숲세권' 만들 것, 동아일보 2017.01.26., http://news.donga.com/3/all/20170125/82599972/1.

가로수 하부 관목식재
그림 8-10 가로수 하부에 가로수 보호덮개 대신 관목을 심는 것이 도시환경에 유리하다.

지금까지 공공디자인은 정책이 집행되는 단계에서 건축, 환경, 제품, 시각 등 구체적인 결과물로 구현되는 경우가 대부분이었다. 그러다보니 정책은 결과에 집중되고 그 결과 보여 지는 것에 치우쳤다. 디자인이란 폼만 내는 사업으로 시민의 호응을 받기 어려웠다. 시민의 호응을 받기 위해서는 정책을 결정하는 기획단계에서 수요자의 니즈를 파악하고 그에 맞는 정책을 실행해야 한다.

디자인은 예쁘게 꾸미는 것이 아니다. 디자인은 문제를 해결하는 방법이다. 그러나 기획과 과정이 좋아야지만 결과도 좋아진다. 기획과 과정이 좋았다고 해서 결과의 부족을 메울 수는 없다. 즉 간과하지 말아야 할 것은 누구나 본능적으로 아름다운 것을 좋아한다. 가로의 경우에도 작지만 특별한 분위기, 크고 작은 나무가 만드는 공간의 분위기가 필요하다. 풍성한 녹음과 가로변에 재미있는 상점들이 있어야 이동을 위한 필수활동 외에 기꺼이 선택활동인 산책을 즐기는 사람들이 더해져 사회활동이 일어나는 활기찬 가로가 된다.

PART 3 재생 공공디자인

9. 원도심 도시재생과 공공디자인

9.1 원도심 도시재생사업과 공공디자인

저출산과 고령화로 인구 유입이 정체되고, 저성장 위주의 경제 흐름은 양적 팽창 위주의 도시 확장 정책에 한계점을 드러내고 있다. 이러한 확장 위주의 도시정책은 도시 관리에 필요한 비용의 증가 등 사회적 비효율을 초래하고 있어, 이에 따른 새로운 도시정책을 요구하게 되었다.

도시재생 종합정보체계의 도시쇠퇴 현황자료('17.12월 기준)에 따르면, 전국 3,503개 읍·면·동 중 2,419개(69.1%)가 도시쇠퇴 징후를 보이고 있으며, 이러한 쇠퇴 비율은 매년 증가하고 있다.

또한 문화·여가·경관·디자인 등 삶의 질에 대한 국민적 요구가 증대되고 있으나, 국내 도시환경은 이를 수용하지 못하고 있는 실정이다. 따라서 높아진 국민적 기대에 부응하도록 기존에 형성된 도시의 환경을 개선하고 삶의 질을 높이기 위한 생활밀착형 도시정책으로서 도시재생 정책 도입의 필요성이 증대되고 있다.

도시재생사업의 추진현황

도시재생사업으로 추진되고 있는 사업은 2014, 2016년 선정사업 46개소, 2017년 뉴딜 사업 68개소, 2018년 뉴딜 사업 99개소로 총 213개소가 도시재생사업을 추진 중에 있다.

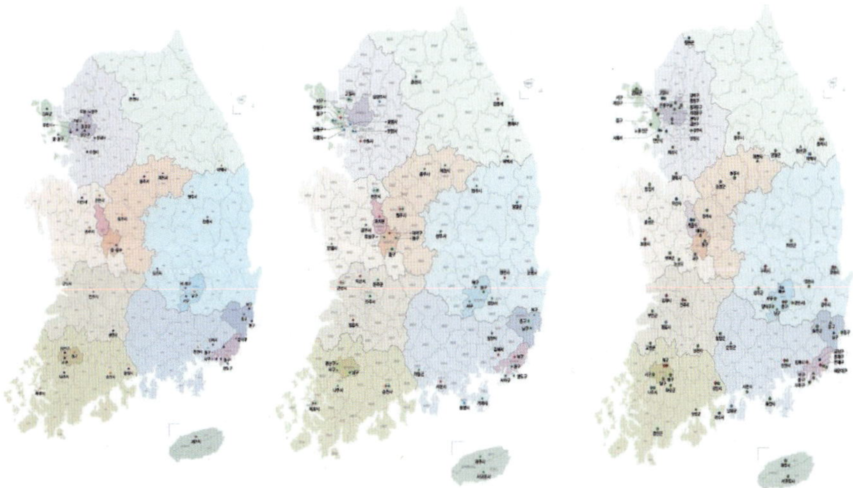

그림 9-1 전국 도시재생사업 현황

도시재생사업은 기존 대규모 전면 철거방식의 물리적 도시 정비 방식에서 탈피하여, 점진적·통합적 재생을 통해 지역사회를 통합하고, 주민들의 삶의 질 향상에 초점을 맞추어 정비해 나간다는 데 의의가 있는 반면, 이와 같이 점진적 재생을 통해 성공적인 모델이 되기까지 장기간의 시간이 소요됨으로써, 현재 국내에서는 뚜렷한 성공 모델로 평가할 수 있는 사례가 아직 나오지 않고 있으며 주민의 실질적인 체감도도 낮은 편이다.

정부는 국민의 도시재생사업의 체감도를 높이기 위해 2018년 8월 정부합동 지역밀착형 생활 SOC 확보 방안을 발표하고, 2019년 1월 국가도시재생 기본 방침(국토교통부 공고 제2019-113호)을 일부 개정하여, 도시재생사업에서 생활SOC 공급을 바탕으로 한 사람·이용 중심의 소규모 생활 인프라에 대한 투자비중을 확대하는 도시재생전략을 발표하였다. 이는 도시재생사업에서 시민이 체감할 수 있는 실질적인 사업에 주력한다는 의미이다.

도시재생에서 공공디자인의 필요성

국가 도시재생 기본 방침상 '기존 도시의 정주여건 및 매력 극대화'는 국가가 중점적으로 시행해야 한다고 규정하고 있다. 좀 더 세부적으로 소개하면 도시 내 중요한 가로에 대한 경관을 개선하고, 특히 시청사·도서관·주민자치센터 등 공공시설의 건축디자인을 정비하고, 벤치나 가로등 등 가로 환경시설물의 디자인 품격을 제고하고, 경관을 저해하는 요소에 대한 개선사업 등을 우선적으로 실시하여 살고 싶은 도시와 머물고 싶은 도시로 변화되도록 한다는 취지이다.
이처럼 도시재생사업 중 생활환경 개선사업의 하드웨어적 사업은 주민이 실질적으로 체감하는 공간을 다루는 사업으로 도시재생사업에서 공공디자인 적용은 주민의 생활 만족도를 높이는 데 한층 유효한 역할을 할 수 있다.

도시재생사업의 하드웨어적 단위사업 구성은 크게 혁신 거점 공간 조성, 가로 중심의 공공공간영역의 개선사업과 민간영역의 소규모 주택정비(가로주택, 자율형 주택정비) 및 건축물(담장, 지붕, 리노베이션 등)에 대한 개선사업이 있다.

도시재생사업은 각 단위사업별 점적 개발과 선적 개발을 통해 전체 사업지구의 개선효과가 발휘되는 사업이다. 또 그 개선효과도 장기적 관점에서 바라봐야 한다는 특성이 있다.
아울러 각 부서의 다양한 연계사업 등이 동시적으로 또는 비동시적으로 추진되면서, 지자체 내에서도 사업추진 부서가 다수일 수밖에 없고 추진 시기도 일치하지 않는다.

이러한 도시재생사업의 추진체계를 살펴볼 때, 점적 개발 또는 다양한 주체들에 의해 추진되는 사업들이 장기간에 걸쳐서 산발적으로 추진됨으로써 도시재생 사업은 자칫 도시경관 악화를 초래할 수도 있으므로 이에 대한 통합적 도시관리 체계가 필요하다.

결론적으로 도시재생사업의 통합적 관리체계라는 관점에서 공공디자인이나 디자인 마스터 플랜은 도시재생 사업에서 필수적 요소라고 할 수 있다.

다만, 도시재생 뉴딜 사업이 국책사업으로 4~5년 이내로 사업기간이 설정되어 사업의 실행이 속도감 있게 추진되는 만큼 그동안 도시재생사업에서 디자인 통합 마스터 플랜은 적용된 바가 없었다.

그림 9-2 광주 시가지 전경

9.2 경안동 도시재생 뉴딜 사업 소개

광주시는 서울·성남시와 인접한 광남동과 오포읍 일원 아파트 단지 개발에 따라 대도시와 인접한 시 외곽 지역을 중심으로 꾸준히 인구가 증가하고 있다. 그러나 1960년대 이후 시대적 변화에 따라 행정구역 일부가 서울특별시·성남시·하남시로 분리되면서, 지금의 행정구역으로 축소가 되었으며, 도시 지역과 비도시 지역의 혼재, 외곽지역의 아파트 개발과 원도심 지역의 물리적·사회적·경제적 쇠퇴진행 등 도시공간 공간구조 변화에 대응하는 도시재생전략이 필요한 상황이었다.

주택 공급	• 최근 5년 동안 다수의 신규주택 공급(광주시 24,987 vs 인근 지자체 평균 17,861) • 비계획적인 개별입지 다세대주택 위주 공급으로 난개발 우려(전체 83.2%)	난개발 양상
지역 고용	• 총 조사자 대비 직주비율 1.2% 감소(광주시 98.0 vs 인근 지자체 평균 98.9) • 유일한 지역 고용기능 감소지역으로 고용측면에서 도시의 자족기능 후퇴	자족성 후퇴
산업 구조	• 지식기반산업 종사자 비율 5.0% 미만(광주시 4.9% vs 인근 지자체 평균 19.6%) • 서울 등 수도권 인접 도시임에도 불구하고 지식기반 중심산업으로 구조전환 미흡	산업구조 낙후
지원 역량	• 총 조사자 대비 직주비율 1.2% 감소(광주시 98.0 vs 인근 지자체 평균 98.9) • 유일한 지역 고용기능 감소지역으로 고용측면에서 도시의 자족기능 후퇴	자족성 후퇴
주택 공급	• 가장 낮은 도시 서비스 종사자수 규모(광주시 16.3 vs 인근 자자체평균 24.2) • 수도권 인근 지자체 대비 도시적 차원은 도시 및 산업지원 서비스 공급기능 미흡	도시지원 미흡
도시 위상	• 인근 성남, 이천, 하남 등의 도시는 고용과 도시 서비스 측면에서 역량 강화 성공 • 광주시는 대도시 고용과 도시 서비스를 의존하는 서비스 의존형 도시로 성장 정체	서비스 의존

경안동 도시재생 뉴딜 사업

경안동은 광주시의 원도심 지역으로 주거 및 상업 중심시설이 집중되어 있으나, 서울~성남~여주를 연결하는 경강선(경기 광주역) 및 주변 지역의 도시개발 사업으로 원도심 내 상권 쇠퇴와 유동인구 유출 및 도심 공동화 현상이 나타나고 있다.

그림 9-3 광주시 도시재생의 배경

지역 내에서도 도시재생사업의 필요성이 인지되고 있는 가운데 경안 4통을 중심으로 2016년부터 마을 만들기 등 주민자치 활동을 하고 있다. 2017년부터는 본격적으로 광주시에서 시행하는 행복마을 만들기 사업이나 도시재생대학에 참여하면서, 주민들의 도시재생 열기가 뜨거운 지역이었다.

그림 9-4 2017 도시재생대학에서 주민들의 의견을 수렴하는 과정

경안동 도시재생 뉴딜 사업지는 2018년도 도시재생 뉴딜 사업지로 선정되어, '세대융합형 교육친화 경안마을 조성사업(일반근린형)'이 추진되고 있다. 대상지역 내에는 초등학교와 중학교 등 5개의 교육기관과 2개의 시립·도립도서관 등 교육자산과 경안근린공원·광주 농협창고·현충탑 등의 근린 자산이 풍부함에도 불구하고 놀이터와 평생교육기관, 돌봄센터 등 문화 및 생활 편의시설 관련 기반시설이 전혀없는 상태이다.

따라서 금번 도시재생 뉴딜 사업을 통해 원도심 내 다양한 공공의 주민이용 시설 등 생활 SOC 기반시설이 증대될 것으로 기대하고 있으며, 이에 따른 생활환경개선과 도시재생에서 주민 체감도 및 공공디자인의 파급효과도 클 것으로 기대하고 있다.

그림 9-5 경안동 도시재생 뉴딜 사업 대상지 전경

경안동 도시재생 뉴딜 사업은 '세대융합형 교육친화공동체 경안마을' 사업으로서 다음과 같은 사업목표를 제시하고 있다.

첫째	근린자산을 활용한 마을세대융합 교육중심 통합적 재생기반 마련
둘째	공간의 연계에 따른 정주 및 생활 환경의 인프라 조성
셋째	경안동 내에 역사와 문화자원인 한양삼십누리길을 테마로 마을 경제활성화
넷째	지역 세대융합 공동체 문화와 교육 증진을 통한 정주 여건 향상

이처럼 경안동 도시재생 뉴딜 사업은 크게 4가지 유형으로 나뉘며 총 12개의 세부사업을 포함하고 있다.

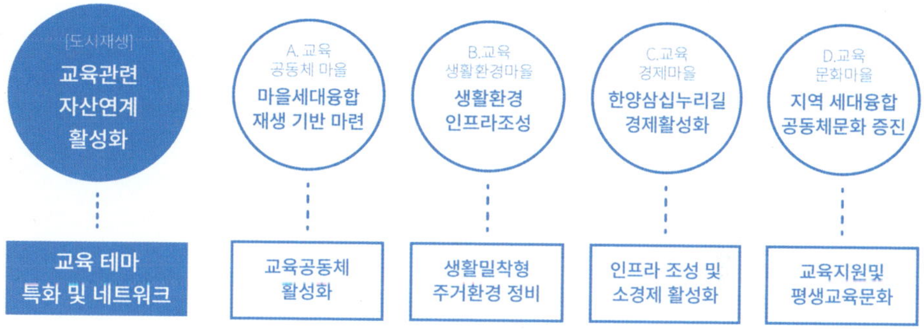

그림 9-6 경안동 도시재생 뉴딜 개념

경안동 도시재생 뉴딜 사업 건축경관 통합 마스터플랜

국토교통부는 2018년도 도시재생 뉴딜 사업 사업지 중 건축경관 특화형 및 건축자산 연계형 지역특화 재생 모델로 경기광주 경안동, 인천, 대구중구, 경남창원 등 4곳을 선정하였다.
건축경관 특화형 재생사업의 취지는 매력적인 도시공간 환경을 조성하고 도시재생 뉴딜 사업에서 앵커 시설의 디자인 수준 향상, 지역 명소 창출, 전체 도시 이미지의 향상에 있다. 이를 통해 지역 내 유동인구 확산 및 정주여건 조성 등으로 지역을 재활성화하는 데 목적을 두고 있다.

이와 같은 목적을 달성하기 위해 국토교통부는 뉴딜 사업의 사업단위별 계획, 설계를 지양하고 건축물 간이나 건축물과 외부 공간 간의 통합디자인을 위한 마스터플랜을 수립하도록 의무화하고 있다. 또한 사업 전 과정의 역량 있는 전문가 참여와 지속적 총괄조정 역할 등으로 전체 사업이 일관되고 지속적인 디자인가치를 구현하도록 하고 있다.

다시 말해, 기존 국토교통부가 실시하였던 '국토환경디자인 시범사업'과 같이 전체 마스터플랜을 수립하고, 통합 가이드라인에 맞추어 단위 사업을 실행함으로써, 전체 사업의 통일된 디자인 방향에서 사업을 추진하는 방식이다.

그간 도시재생사업의 '점적 개발'에 대한 도시경관 관리의 필요성이 대두되고 있는 가운데, 건축경관 지역특화 재생사업은 그에 대한 대안이 될 것으로 생각된다.

그림 9-7 건축경관/자산 지역특화 재생 검토위원 현장방문(2018.12.)

수립 용역

1 과업의 목적

- 주요이슈 : 2018 도시재생 뉴딜 사업 선정지역 건축경관 특화사업을 도입하여 도시재생사업의 새로운 선도 모델 제시로 기존 도시재생의 개별적단위사업의 개선 대안 제시

2 과업의 기간

- 2019년 1월~ 11월(착수일로부터 10개월)

3 과업의 범위

- 공간적 범위 : 경인동 161-24번지 일원(약 171,000㎡)
- 시간적 범위 : 기준년도 2019년, 목표 연도 2025년

4 내용적 범위

- 기본 구상
- 디자인 중점 관리대상 사업계획
- 통합디자인 지침 제시
- 사업시행 및 관리방안

5 과업 프로세스

현황 심층조사 ▸ 건축경관특화 마스터플랜 수립 ▸ 통합디자인 지침수립 ▸ 중점관리대상 디자인 설계 ▸ 디자인 감리

6 경관요소별 분석 및 방향

• 사업지 내·면적·선적·점적 요소들을 파악하고, 문제에 대한 대안을 제시하고 다음과 같은 방향을 설정하였다.

첫째	면적인 요소로서 각종 교육시설 지구와 근린공원을 중심으로 교육 및 문화시설의 활성화를 위한 경관개선 고려
둘째	선적요소로서 관리되지 않는 가로 시설물 개선을 통한 지역의 특화거리 및 거점 간의 이동 동선상의 거리를 활성화
셋째	각종 유휴공간과 거점 간 결절점 경관개선을 통한 거점별 연계를 강화하고 대상지 내 랜드마크를 활성화하여 공간 이미지를 개선하는 방향 설정

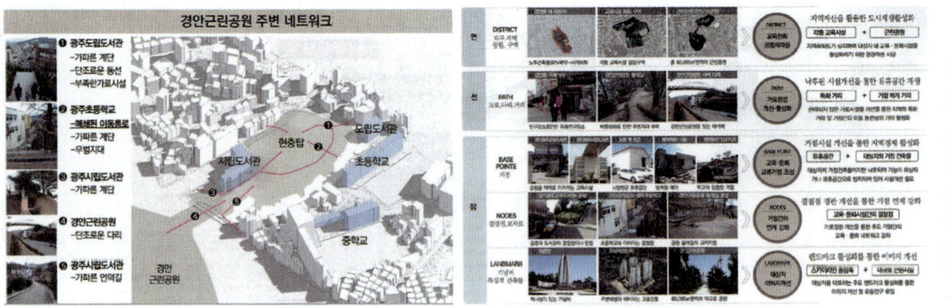

그림 9-8 경안동 도시재생 경관요소별 분석 및 방향

7 중점 경관관리대상 설정

• 건축경관 통합디자인 마스터플랜에서는 '디자인 중점관리대상'을 설정하여 도시재생 뉴딜 사업의 거점 공간 조성사업에 대한 건축물 및 공간환경의 통합 이미지 및 디자인 특화전략 계획을 수립하도록 하고 있다. 또한 통합디지인 지침을 고려한 디자인 중점관리대상의 설계발주 기준도 제시할 예정이다.

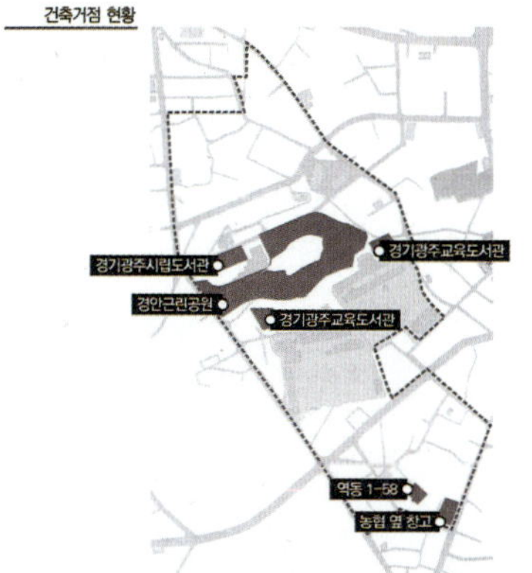

기존시설명	위치	층수	비고
경기도립도서관	경안동 47-1	3	증축
광주시립도서관	경안동 161-24	-	증축
광주농협창고	역동 4-2	3	리모델링
경안근린공원	경안동 산 14-1번지	-	쉼터조성
미정	역동 1-58	미정	매입후조성
미정	경안동 47-13, 47-31	미정	매입후조성

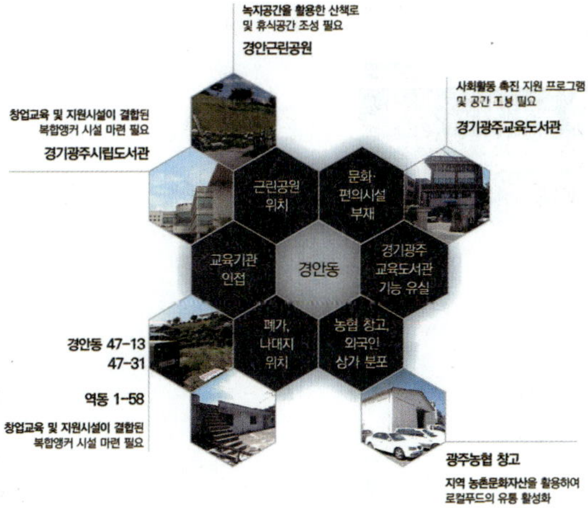

그림 9-9 중점 경관관리 대상

그림 9-10 도시재생 시민 디자인단

8 도시재생 시민 디자인단 운영

• 지역 현안문제를 공유하고 사업 기획과정에 직접 참여하며, 서비스 수요자로서가 아닌 공급자의 입장에서 참여 기회를 공유할 예정이다. 또한 도시재생사업 기본계획 설계 단계부터 아이디어 제공·평가·환류까지 주민의견이 반영될 수 있도록 디자인 과정에서 시민참여 단계 프로그램을 제도화하도록 계획을 수립하였다.

도시재생사업 구역 내 공공디자인 시범사업

광주초등학교 어린이 안심 통학로 개설사업

광주초등학교 주변 어린이 안심 통학로 개설사업은 2017년부터 경안동 도시재생대학 운영 시 제시되었던 주민의견에서 사업이 기획되었다. 본 사업은 그간의 하향식 방식에서 상향식 방식으로 사업추진 체계가 변화되었다는데 의의가 있다.

본 사업은 주민의 추진의지도 높아 2018년도 경기도 어린이 안심 통학로 유니버설 디자인(universal design) 시범사업 및 범죄예방 환경디자인 시범사업으로 선정되었으며, 2018년 8월 7일 착수되어 2019년 10월경에 완료 목표로 추진되었다. 사업목적은 원도심 내 열악한 보행 환경으로부터 어린이 안전사고와 골목길 범죄 예방환경을 조성하여 생활환경과 정주 여건을 증진하는 데 두었다.

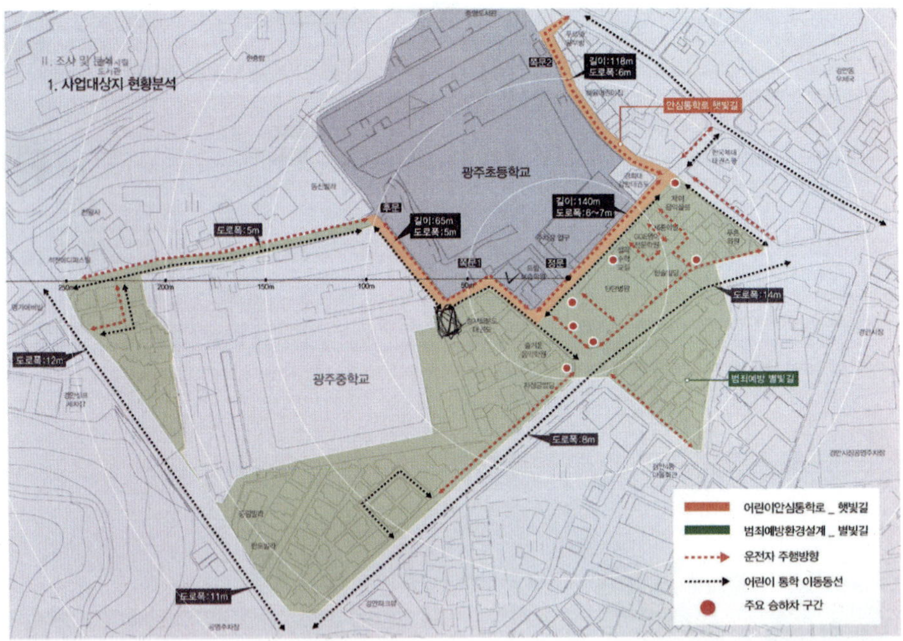

그림 9-11 사업대상지 가로체계 현황분석

그림 9-12 원도심 가로현황 및 문제점

어린이 인심통학로 주요 개선 사항

보행안전

차량안전

공간인지 상징성

운영방식 설정

통일된 도시디자인 추구

통학차량 승하차구역 지정

1. 승하차 구역설정
2. 승강장 설치

그림 9-13 디자인 개선 방안

공공디자인 주민 워크숍

그림 9-14 공공디자인 주민 워크숍

계획의 추진방식은 광주초등학교 및 광주중학교 학부모와 경안동 마을 주민 관련 디자인 전문가와 함께 사업 착수부터 다양한 주민 워크숍을 진행하는 주민참여 방식으로 하였다. 주민 워크숍은 가로별 환경 개선에서부터 도시재생 뉴딜사업지구 전체와 연계 확대하여 도시재생 단위사업별 연계도 고려하여 진행되었다.

- 2018. 08. 30 : 제1회 주민 워크숍
- 2018. 09. ~ 10. : 현황조사 및 분석
- 2018. 10. 17. : 제2회 주민 워크숍
- 2018. 11. 01.~ 11. 09 : 어린이 및 학부모 설문조사
- 2018. 11. 15. : 디자인 MP회의
- 2019. 01. 16. : 제3회 주민 워크숍
- 2019. 01. 30. : 경기도 공공디자인 진흥위원회 심의
- 2019. 03. 08. : 전문가 디자인 워크숍

9.3 도시재생사업과 도시디자인 관리체계

앞서 말한 바와 같이 도시재생사업은 장기간에 걸쳐 다양한 공공 · 민간 주체들에 의해서 이루어진다. 그로 인해 도시재생사업에서는 도시재개발·재건축, 신도시와 같이 통일된 도시경관을 창출하기가 매우 어려운 것이 현실이다. 따라서 도시경관 조성을 위한 제도적 · 행정적 기반이 마련되어야 효과적으로 도시를 관리할 수 있다.

도시 경관의 관리체계는 법정계획인 도시기본계획·기본경관계획·공공디자인 진흥계획과 관련 법령인 도시계획 조례·경관조례·공공디자인 진흥조례·건축조례가 있다. 이러한 관련 계획 및 법령의 적용은 주로 각종 심의위원회에서 심의를 통해 민간영역에서 적용하게 되는 구조이다. 따라서 장기적 관점에서 공공 또는 민간영역 사업을 컨트롤하고 통합된 도시디자인을 창출하기 위해서는 법령정비나 위원회 심의 등 추진체계를 정비하는 것도 반드시 병행되어야 한다.

신도시 가로 환경

구도심 가로 환경

사례

광주시 건축디자인 자문제도

광주시의 건축디자인 자문제도는 지역 내 난개발 등으로 열악한 주거환경과 도시경관을 개선하고자 하는 취지에서 2011. 4. 25일 도입되었다. 건축디자인 자문제도의 운영은 자문대상인 건축물을 건축허가 전, 디자인부서의 건축디자인 자문을 득하여, 건축허가 접수와 승인을 득하고 시공하는 절차를 거친다. 이로써 시가 마련한 디자인 가이드라인이 실제 위원회 자문을 거쳐 시공됨으로써, 법과 계획, 행정지침 등이 도시에서 실현되는 것이다.

광주시가 운영하는 건축디자인 가이드라인은 간단하다. 3층 이상 연면적 500㎡ 또는 공동주택(빌라)에 해당하는 건축물을 대상으로 하고, 3층 이상일 경우 저층부 재료분리, 지붕은 박공지붕을 기본 가이드라인으로 설정하였다. 누구나 적용이 가능한 디자인으로 설정하여 적용성을 높인 것이다.

건축디자인 자문제도

- **운영목적** : 창의적이고 디자인이 우수한 건축물의 입지를 유도하여 아름다운 도시경관을 형성하고 쾌적한 주거환경을 조성하기 위함.
- **관련근거** : 광주시 경관조례 제31조, 제34조 및 같은법 시행규칙 제 13조부터 제 15조까지
- **운영기간** : 2011. 04. 25 ~ 현재
- **자문단 구성** : 총15명 (건축관련 교수들로 구성)
- **자문 시기** - 사전자문 : 매일 / 정시자문 : 둘째, 넷째 목요일
- **자문대상** - 사전 : 3층 이상, 연면적 500㎡ 이상 / 정시 : 5층 이상, 연면적 2000㎡, 다중이용시설 주요도로변 (고속도로, 국도, 지방도, 시도 및 왕복4차선이상 도시계획도로)에 면하여 건축되는 건축물
  - 철골구조의 건축물로 외벽마감이 판넬로 마감하는 건축물
- **자문절차도**

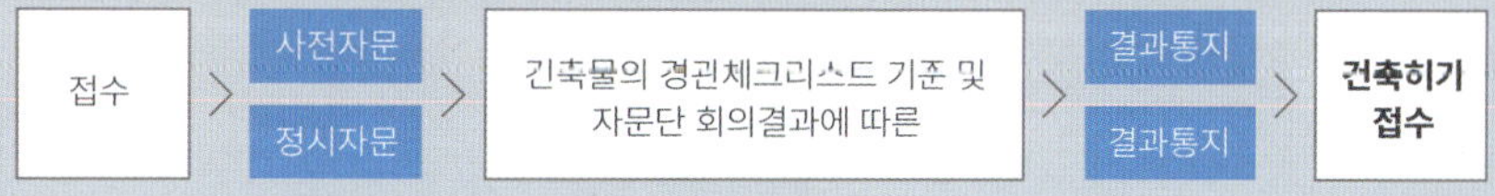

그림 9-15 건축디자인 자문제도

제도를 처음 운영할 때는 지역 내에서 또 다른 행정절차를 거치는 것에 대한 민간의 반발이 만만치 않았다. 이를 고려하여 민원 불편을 해소하기 위한 전담 디자인 담당 공무원을 배치하고, 매일하는 사전자문과 전문위원이 검토를 거치는 정시자문 등으로 자문 시기를 대폭 늘렸으며, 관련 서류도 인터넷으로 접수할 수 있도록 행정서비스를 제공하였다. 이 제도의 운영은 8년 동안 지속되었고, 지역 내에서는 일정 규모 이상 건축물은 디자인을 관리하고, 다양한 건축형태가 도입되는 등 빌라 난개발 지역에서 다양한 도시 경관이 창출되는 효과가 나타나게 되었다. 다행스럽게도, 이 제도를 운영한 후로 지역 내 건축사와 시공사 및 건축주에게 자연스럽게 디자인 인식이 생겨나고, 지역 건축사협회와 협력하여 디자인 거버넌스 체계가 구축된 성과가 나타나게 되었다.

태전동 아름다운 거리 조성사업

태전동 아름다운 거리 조성은 태전동 지구단위 계획구역인 태전지구 내 공동주택(아파트) 입지에 조성될 도시계획도로에 대하여 사업자별 고유브랜드와 공공디자인을 접목한 통일된 가로경관을 창출을 위해 2015년 5월부터 2017년 12월까지 도시디자인 마스터플랜 수립과 공공디자인 시설물을 적용한 사업이었다.

당시, 태전 3·4·5·6·7지구 총 5개 지구, 6개 시행자, 5개 시공사가 단지별 개별 공사를 실시하는 사업이었으나, 도로·공원 등 도시 기반시설 및 지구별 개발사업은 통일된 가로환경 조성을 위한 공공디자인 적용이 필요하였다.
따라서 시는 시행사, 건설사와 태전지구 아름다운 거리 조성사업 MOU를 체결하고, 공공디자인 마스터플랜을 수립하게 되었다. 그리고 이 마스터플랜에 따라 전체 사업지구의 공공시설물을 통합하게 되었다.

- 건축디자인 자문제도의 성과 : 7년간(2011~2017년까지) 10,615건 자문

자문시행 전 자문시행 후

도시재생사업에서 도시디자인 관리체계

도시재생사업에서 효과적인 도시디자인을 관리하기 위해서 다음과 같은 방침을 수립하였다.

첫째, 통합 마스터플랜을 수립함으로써 장기적인 계획을 수립하여 지역 고유의 정체성과 통일성을 갖춘 도시디자인의 방향을 설정한다.

둘째, 통합 마스터플랜에 따른 디자인 가이드라인의 적용을 위해서 행정적 체계와 법적 체계를 갖춘다. 여기서 말하는 행정체계는 디자인 관련 전문위원회가 될 수 있을 것이고, 법적 체계는 위원회 등 심의기준을 마련하는 법적 제도,즉 조례정비 등을 의미한다.
아울러, 기본경관계획나 공공디자인 진흥계획 등 관련 계획 등을 정비함으로써 중점경관관리구역 등으로 설정하고, 체계적인 관리도 가능하도록 하였다.

셋째, 디자인 거버넌스 체계를 구축하여, 건축주·지역건축사·시공자·담당 공무원 등 도시재생 사업을 실현하는 주체들과 간담회·교육·홍보 등을 실시하였다. 이는 통일된 도시경관의 창출을 위한 지역내 인식개선 및 거버넌스 체계 확립에 크게 기여할 것이다.

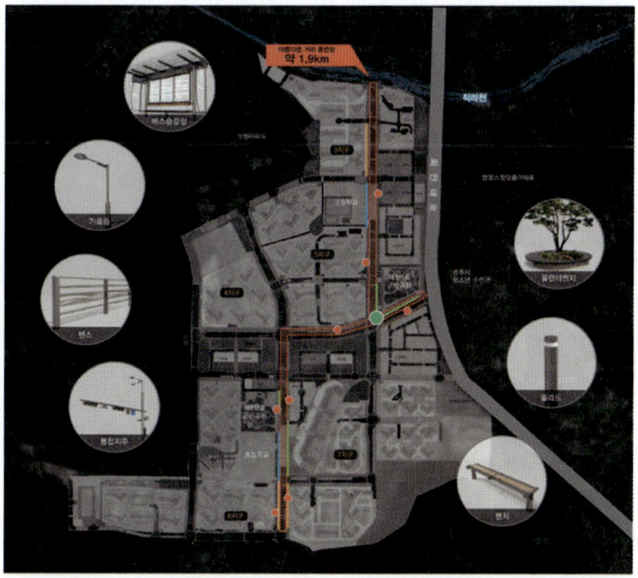

그림 9-17
태전동 아름다운 거리
조성사업 계획도

PART 3 재생 공공디자인

10. 도시재생활성화를 위한 공공디자인

10.1 대도시 중심구의 변천

모든 도시에는 흥망성쇄가 있다. 서울, 대전, 대구, 부산, 인천 등 명색이 대도시라고 알고 있는 도시의 중심구들은 과거 어느 한 시기 화려했던 명성을 날리던 시기가 분명 있었지만 세월이 흐르면서 쇠락해 가는 곳도 적지 않다. 그러나 현실을 인정하지 않으면, 현실을 극복할 수 있는 대책이 나올 수 없다. 대구 중구의 도시재생은 그러한 한계를 극복하고 도심의 활력을 가져온 좋은 사례이다. 대구 중구의 면적은 7.08㎢ 로 작은 규모이지만 경상남북도와 부산이 포함된 경상감영 400년사의 중심지였다. 과거 인구가 28만명 정도일 무렵엔 모든 일이 중구에서 시작되고 중구에서 마무리 되었다. 그러나 2000전후로 인구 8만을 넘기지 못하게 되었고, 2006년부터는 이를 극복하기 위해 공공디자인을 통한 도시재생의 바람이 불기 시작했다.

10.2 바람불 때 연 날리기

대구지역은 GDP 순위가 십 수년 간 변함없이 하위권을 차지하고 있다. 특히 원도심이 위치한 중구는 도심공동화의 정도가 심각하였다. 그 원인은 여러 가지가 있지만 인근 자치구들의 주거환경이 획기적으로 개선되면서 불편하고 매력이 저하된 원도심을 떠난 영향이 컸다. 늦게나마 주거 환경 개선을 위해 구 전역에서 재개발·재건축 및 주거환경 개선사업이 진행되었으나, 때마침 불어온 부동산 불경기와 맞물려 아무런 성과도 내지 못한 채 주민들의 기대만 좌절감으로 주저앉은 것이 2006년 무렵의 상황이었다. 그 당시 안양, 김해 등 몇몇 도시에서는 공공디자인을 동력으로 변화를 모색하는 과정에 있었고, 서울은 본격적으로 공공디자인 행정을 추진하는 등 전국적으로 도시 디자인 개선의 움직임이 시작되었다. 문화체육관광부, 행정안전부 등 중앙부서에서도 공공디자인의 이름으로 많은 업무들을 선점하려는 흐름이 있었다. 그 즈음 중구에서는 문화분야에서 오랫동안 경력을 쌓아온 민선 구청장이 당선되면서 무분별한 지역개발보다는 우리 지역의 강점을 반영한 역사 문화도시로 발전의 방향이 전환되는 계기를 맞게 되었다. 그로부터 10여년간 중구는 변화하는 도시 공공디자인 페러다임을 긍정적으로 수용하기 위해 다양한 방안을 고민하였으며, 그 결과 도심재생의 새로운 흐름을 만들어 낼 대표적인 시책으로 3대 공공디자인 개선사업[1] 을 포함한 각종 프로젝트들을 시작하게 되었다.

[1] 근대문화공간디자인 개선사업, 동성로디자인 개선사업, 봉산문화거리 기반시설조성사업

근대 문화공간 디자인 개선사업

2007년 3월, 문화체육관광부에서 진행한 '2007 일상장소 문화생활 공간화 기획, 컨설팅 지원사업'에 '근대 문화공간 디자인 개선사업'을 응모하여 선정되었고, 10월 기본계획 학술용역이 추진되면서 현장 읽기가 시작되었다. 그 후 문제점과 방향성을 검토해 가는 과정에서 역사적인 장소성의 복원과 흩어진 점들을 엮어 선으로 만들어 내는 큰 흐름이 만들어졌다. 사업 구간은 100년 기독교 선교사 유적지인 동산[2] 에서 3.1 운동길을 지나 대구 경북권 100년 카톨릭 본산인 계산 성당과 이상화 고택, 서상돈 고택에서 350년 역사의 약전골목으로 이어지는 740m 구간이었으며, 특히 3.1 운동길과 계산 성당 사이의 일부 지점(동산동 251번지 일원)은 역사성을 연결하는 데 있어 장애요인이었으며 상화 고택 사이의 막힌 골목을 소통하는 것도 쉽지 않은 과제였다. 이러한 다양한 문제를 해결하는 과정에서 '중구 도심재생 문화재단이 설립' (2008.8.29. 설립) 되었으며, 현재 3.1 운동길과 계산 성당 사이의 지점은 주택을 매입하여 철거한 후 쌈지공원을 조성흠으로써 역사성 복원과 경관 회복의 좋은 사례가 되었다. 또한 이상화 고택 사이 막힌 골목도 어렵사리 소통이 되고, 이상화 고택 옆 주택을 매입하여 현재 근대 문화체험관 계산 예가를 준공하여 개관함으로써 '근대골목 투어'의 품격과 편의성을 크게 높일 수 있었다. 뿐만 아니라, 당시 과정을 돌아보면 공공사업의 성과가 민간의 변화를 유인하는 큰 효과를 가져왔는데, 계산 성당 앞의 고압 전신주를 한전 부담으로 철거하고 매일신문사 1층이 갤러리를 겸한 카페공간으로 바뀌면서 계산 성당과 매일신문사 사이의 담장과 계산 성당 정문담장이 철거되어 개방된 것이 대표적 사례였다. 앞서도 언급된 도심재생 문화재단의 설립 과 이를 통해 많은 사업들을 추진할 수 있는 계기가 조성된 것은 '근대골목 만들기' 사업이 시대가 원하는 사업이었다는 것을 반증하는 것이었다.

[2] 청라언덕이라고도 불리며, 기독교 선교를 했던 100년전 선교사들의 주택3동과 근대기 대표적인 음악가인 박태준의 동무생각이 작곡되었으며,현제명의 고향생각이 만들어진 배경이기도 할 뿐만 아니라, 1919년 3월 8일 대구 3.1운동의 한 축으로서의 배경을 담고 있어 90계단을 현재 3.1 운동길이라고 부르고 있다.

사진의 공간은 계산 성당 맞은 편의 쌈지공원이 조성되기 이전의 모습이다. 이 공간은 3.1 운동길에서는 계산성당 종탑이 겨우 보였고 계산 성당에서는 청라언덕이 보이지 않아, 근대역사문화벨트의 역사성을 연결하기 위해 우선적으로 추진되었다.

동시에 3.1운동길에는 역사성을 더하기 위해 90계단 사진 갤러리가 만들어지고, 야간조명이 설치되었다. 쌈지공원 부지는 매입 후 시민을 위한 공원을 조성하여 역사적인 지점들의 연결선이 만들어졌다.

이러한 일련의 과정을 통해 많은 이름없던 공간이 의미 있는 곳으로 변해 갔다. 위 사진은 이상화 골목이 변화해 가는 과정으로, 상단은 골목이 막혀있던 변경 전의 모습이고, 하단은 골목이 열리고 '계산 예가'가 준공된 모습이다. 골목 벽면에는 상화 시인의 모습과 대표시 '빼앗긴 들에도 봄은 오는가'가 제작·설치되었다.

2009.7월 근대 문화공간 디자인 개선사업이 준공되면서, 청라언덕(동산)과, 3.1 운동길, 약령시과 연계된 공간들이 시민들에게 개방되면서, T.V 프로그램인 1박 2일에서도 찾아오는 도시재생의 명소가 되었다. 이러한 결실의 배경에는 행정과 전문가의 노력도 있었지만, 도시재생사업에 지속적으로 동참한 시민들의 참여가 없었다면 불가능한 일이었다.

동성로 공공디자인 개선사업

동성로는 과거 대구에 읍성이 있었던 시기, 동쪽 성벽을 철거한 뒤에 생긴 신작로의 이름이다. 물론 서성로, 남성로, 북성로도 가로의 기능과 이름이 남아있다. 읍성 당시의 흔적은 세월의 아픔과 함께 흩어지고 없지만 현재도 당시의 역사를 증언하고 있는 셈이다. 그 역사적인 가로가 2007년 5월부터 2010년 12월까지 진행되었던 동성로 공공디자인 개선사업으로 대구원도심 변화의 핵심 동력이 되었다. 당시 동성로의 모습은 폭 13미터, 길이 900미터의 차 없는 거리이면서도 가로 중간에 한전 배전박스가 한 줄로 길게 늘어서 있었으며, 그 사이사이로 157개의 노점상이 거리의 점령군처럼 자리 잡고 있었다. 그 이전부터 동성로 상인들은 핵심 상권의 회복을 위한 방안으로 꾸준히 배전 박스의 지하화를 요청하였으나, 대규모 비용이 수반되는 사업이라 추진이 쉽지 않았다.

그러던 중 어렵게 지중화 사업이 추진되면서 동성로의 변화를 고민하는 계기가 되었다. 이과정에서 먼저 진행된 근대 골목사업의 추진 과정에서 연결된 네트워크와 당시에 전국적인 이슈가 되고 있던 공공디자인 사업의 흐름은 사업의 추진에 큰도움이 되었다.

동성로 공공디자인 개선사업은 시민, 상인, 전문가, 대구시, 중구, 문화체육관광부가 함께 추진위원회를 구성하여 추진되었고, 마스터플랜 총감독을 선정하여 설계를 진행하였다. 그때까지 규모가 큰 사업을 민·관·학이 연계된 형태로 진행해 본 경험이 없는 상황에서 최종안이 선정될 때까지의 과정은 많은 어려움이 있었다. 동성로의 다양성이기도 한 상업가로, 역사가로, 축제가로, 문화가로로서의 복합성을 담아내는 과정에서 디자인의 구상부터 마지막 재료의 선정까지 우여곡절이 많았으며, 추진위와 주민, 추진위와 중구의 갈등도 적지 않았다. 시간이 지난 지금의 시점에서 현재의 동성로를 보면 그래도 전문가 의견을 무조건 수용하는 것 보다는 갈등의 조정을 통한 신중한 접근이 바람직한 판단이었다고 생각된다.

그 뿐 아니라 가로수와 벤치, 가로등 하나까지도 수 많은 검토와 보완 과정을 거치며 디자인이 하나 둘 완성되었다. 그 중 동성로를 남북으로 길게 표현된 장대석 디자인은 대구읍성의 성곽이 있었지만 일제에 의해 훼철된 역사적 이미지를 담기 위한 결과였다.

그러나 마감이 거친 표면처리를 했는데, 장애인 통행에 문제가 있다는 의견이 심각하게 제기되었다. 부득이 2차 공사 구간에서는 장애인 편의를 위해 거친 부분을 평면화 하였고, 이에 대하여 디자인의 후퇴라는 전문가들의 비판도 있었다. 바라보는 시선이 얼마나 다른 지를 보여주는 사례인 셈이다.

또 하나의 대표적인 갈등 사례였던 노점상 처리는 지역의 커다란 이슈였다. 노점상에 대해 동성로 상인, 일반시민, 시민단체, 공무원들의 입장은 제각기 달랐지만, 결과적으로는 동성로의 상징성과 협력적 발전을 위해 생계형 노점에 대해서 인접 골목에 선별 배치하는 것으로 정리되었다. 또한 이를 위하여 시민단체, 언론사, 법조인 등이 포함된 선정위원회를 구성하여 합리적이고 객관적인 방식으로 의견을 조율하여 사업을 추진하였다.

이제 동성로는 명실공히 대구의 대표적인 장소성을 가진 상권의 핵심가로로 훌륭하게 기능을 다하고 있다. 그러나 더욱 성장하여 상설 야외무대를 배경으로 많은 시민들이 거리 예술에 참여하는, 대한민국 최고의 문화가로가 되었으면 한다.

아래 사진은 동성로 야외무대와 노점상의 변경 전과 변경 후 풍경변화를 보여주고 있다.

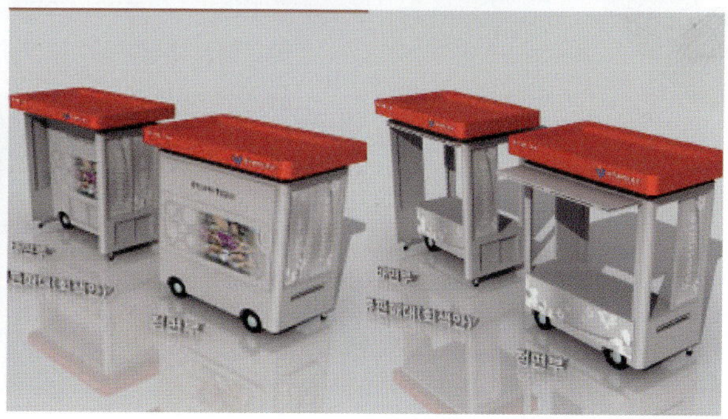

봉산 문화거리 기반시설 조성사업

1991년 화랑을 포함한 미술관련업소들이 밀집해 있어 문화거리로 지정된 봉산동 문화거리는 2007년 본 사업이 시작되기전까지 한 번도 제대로 된 투자가 없었던 지역이었다. '문화거리에 문화가 없다. 문화거리 지정만 하면 행정은 끝이다' 라는 여론이 무성할 때도 문화거리 조성을 위한 예산 확보는 쉽지 않았다. 그러나 마침내 2007년 10월부터 12억원의 사업비가 확보되면서 봉산문화거리 기반시설 조성사업이 시작되었다.

사업 명칭에서 알 수 있는 것처럼 기반시설 조성사업이었기 때문에 도로포장, 하수도 정비를 위해 예산을 투입하고 나면 여유는 거의 없었다. 그러나 기반시설정비에 더해서 문화거리다운 분위기를 조성할 그 무엇인가가 필요했고 그것을 찾아내기 위한 고민이 시작되었다.

당시는 3대 공공디자인 사업이 동시다발적으로 추진되던 시기라 많은 전문가들이 구 행정에 도움을 주고 있었다. 주민설명회, 찬반조사, 선진사례 답사, 주민발전위원회 구성 등 주민참여를 위해 다양한 시도들이 의욕적으로 진행되었다. 주민 다수의 의견이 반영된 디자인이었음에도 불구하고, 가로수 설치와 일방통행 구간의 공사에는 일부 주민의 강한 반발에 부딪치게 되었다. 처음에는 문화거리를 '차 없는 거리'로 조성하고자 했지만, '양방통행'에서 바로 '차 없는 거리'로 만드는 것은 시기 상조였고, '일방통행'도 불가하여 '절충식 일방통행'으로 조정하면서 주민합의를 이끌어 내었다. 어려운 과정이었지만, 주민참여를 통한 대화가 이 정도의 성과를 가능하게 했다는 생각이 든다.

다음 사진은 봉산 문화거리의 개선 전·후의 모습으로 바닥, 하수관정비, 가로수 식재가 이루어지고 유선형 일방통행로가 일부구간에 확보된 모습이다.

종로·진골목 '살기좋은 도시 만들기' 사업

종로·진골목 '살기좋은 도시 만들기 사업'은 주민의 자율적인 노력이 선행됨으로써 결실을 이루어낸 사례이다. 2008. 8월 우리 구에 '도심재생 문화재단'이 설립되고, 초대 이사진으로 활동하던 대구대 홍경구 교수가 공공디자인 사업을 지원하는 방법으로 도시대학 프로그램을 제안하였다. 때마침 시민의식의 전환이 필요하던 시점이라 재단에서 대구대학과 공동주관으로 제1기 도시대학을 추진하기로 결정하였다.

주민과 전문가, 공무원, 대학생 등 50여명이 팀을 이루어 2009.1월부터 5주간 강연과 토론, 팀별 토의와 현장 위주로 교육이 진행되었고, 이과정에서 주민들의 생각과 이야기를 '도시 만들기 사업'에 접목하기 위한 노력이 병행되었다.
사례조사는 두 팀으로 나뉘어 종로 및 진골목과 봉산문화거리 등 2개 지역에 대하여 진행되었는데, 도시계획 입안자의 입장에서 도심재생방향을 스스로 고민해 보고 토론과 발표를 거치게 하였다.
다행스럽게 도시대학의 프로그램이 종료될 무렵, 마침 국토해양부에서 '살고싶은 도시 만들기 시범사업 공모'가 시작되었고, 도시대학의 종로·진골목 사례는 그해 3월 국토해양부로부터 우리 구가 '살고 싶은 도시 만들기 시범도시'로 선정되는 계기가 되었다.
국비 15억 원을 포함하여 시비와 구비 등 31억여 원의 예산이 확보되어 '종로, 진골목, 마당 깊은 집 가로개선사업'을 비롯한 '주민주도의 근대역사 문화벨트 만들기 사업'이 추진되었다.이 사업은 공공디자인에서 하드웨어와 소프트웨어 분야를 함께 추진할 수 있는 좋은 계기가 되었다.

도심 공공조형물 설치사업

도심을 지날 때 우연히 예술작품을 마주할 수 있는 도시의 시민들은 참으로 행복하다는 생각이 든다. 그러나 대구 중구는 대도시의 중심이면서도 건축조형물 이외에 공공예술품을 접할 수 없었던 것이 당시의 실정이었다. 기존의 공공디자인 사업들이 마무리되던 시점인 2009년 무렵, 2억원의 예산이 확보되면서 도심 곳곳에 상징조형물을 설치하는 퍼블릭아트(Public Art) 2009사업을 추진하게 되었다. 그 이후로 '김광석 조형물', 소설 '마당깊은 집'의 주인공을 형상화한 길남이 관련 조형물들이 차례로 설치되었다.

이는 서울, 안양, 김해 등 공공디자인사업을 먼저 추진한 도시와는 견줄 수 없는 작은 규모였지만, 시민과 공무원이 만날수 있었던 공공예술의 시각과 의식을 바꾸는 데 상당한 역할을 했다. 이 성과는 이후 봉산문화거리 상징조형물인 '미디어 스카이-봉산하늘'과 계산 성당 앞의 '빛의 하모니' 등 보다 규모가 큰 작품과 벽화 등의 설치로 이어졌다. 이러한 시도는 도시공간이 문화도시로 변화하는데 기반이 되었다.

봉산문화거리
미디어 스카이-봉산하늘

빛의 하모니

김광석조형물

10.3 한국 관광의 별이 되다

그러한 많은 노력은 놀라운 결실을 만들어 내었다. 2012년 6월 5일, 우리 지역의 근대 골목이 장애물 없는 분야에서 '2012년 한국 관광의 별'[3] 에 선정된 것이었다. 이름도 없던 골목이 근대골목이라는 이름을 부여받고, 그로부터 5년 만에 대한민국 전역에 당당히 그 이름을 알린 것이다. 민·관·학이 합심하여 지속적인 사랑과 관심으로 이루어 낸 쾌거일 뿐만 아니라, 관광의 불모지라고 하던 대구를 일약 주요 관광지로 자리매김 한 대사건이었다. 또한 개선된 거리는 지역민들이 조상들을 자랑스럽게 기억하게 만드는 공간이 되었고, 도심관광이 어떤 것이어야 한다는 방향성을 제시한 계기가 되었다.

근대골목 재생사업은 점점이 흩어진 역사자원을 발굴하고 스토리로 엮어, 선과 면으로 확산시켜 가는 과정에서 원도심 전역을 근대역사 문화벨트로 연결하는 결과를 가져왔고, '골목투어'라는 도심형 관광컨텐츠와 결합되어 도심관광을 선도하는 도시로 우뚝서게 하였다.

현재 골목투어는 5개의 정규 코스와 맛 투어, 야경 투어 등 다양한 형태로 운영되고 있으며, 70여명의 해설사가 활동하고 있고, 비공식 개별방문을 제외한 공식 집계가 2008년 286명에서 2018년 200만명이 넘을 정도로 크게 성장했다.

[3] '한국관광의 별'은 문화체육관광부와 한국관광공사가 국내관광에 대한 국민들의 관심을 제고하고 창의적인 발상으로 한국관광 발전에 기여한 개인과 단체를 발굴하기 위해 2010년에 처음으로 제정되었으며, 2012년 10개분야를 대상으로 선정되었다.

10.4 돌아보며

2007년부터 10여년간 우리 지역은 몰라보게 큰 변화가 일어났다. 그것도 경관개선 차원을 넘어 문화를 중심으로 하는 역사 문화도시, 도심관광선도도시로서 성장하게 될 것이다.

서두에도 언급한 것처럼 당시에는 많은 시행 착오와 첫 경험에서 오는 긴장, 스트레스, 무력감이 무척 컸지만, 문화에 대한 이해가 깊었던 단체장[4] 과 지역을 위해 기꺼이 함께한 시민들과 할 수 있었던 것은 최고의 행운이었다고 생각한다.

앞으로는 이제까지의 경험을 바탕으로 더 큰 꿈을 꿀 수 있으리라는 기대를 하고 있다. 대구 중구의 공공디자인과 도시재생사업등에 대해 개략적인 내용을 살펴보았지만, 앞으로도 우리 지역의 발전을 위하여 더욱 자긍심을 갖고 헌신하리라 다짐하면서 마무리를 하고자 한다.

[4] 윤순영 민선4기~6기 연임 (2016.7.1~2018.6.30)

PART 4

품격을 높이는 공공디자인

11. 해양문화디자인

11.1 22세기 해양시대를 읽다
11.2 해양디자인의 출발
11.3 해양디자인 정의
11.4 결론

12. 일상으로서의 공공공간 디자인

12.1 공공공간의 의미와 분류
12.2 공공공간의 특성과 조형요소
12.3 공공공간의 조형디자인
12.4 맺음말

13. 공공건축 디자인

13.1 공공건축의 개요
13.2 공공건축의 건축
13.3 공공건축의 디자인 관리

Place Making,
Culture Design,
Design Consulting,
Marine Design,
Public Building,

PART 4 품격을 높이는 공공디자인

11. 해양문화 디자인

11.1 22세기 해양시대를 읽다

한반도 해양문화산업의 필요성

2018년 12월 기준으로 3만2천 불 시대를 맞이하여 다양성과 새로운 문화를 기반으로 한 블루오션(blue ocean)의 본격적인 서막이 오르면서, 우리나라 해양 레저 산업이 동아시아의 지평을 열고 있다.

3면이 바다인 한반도는 지리학적으로 해양강국으로 변화·발전할 수 있는 무한한 잠재적 조건을 지닌 가능성의 위치에 자리하고 있다. 우리에게 주어진 이러한 여건을 감안하여 주변국들의 변화를 발 빠르게 감지하고 대응을 하지 못한다면 그 결과는 우리 후손들에게 큰 짐으로 넘겨지게 될 것이다.

오늘날 해양산업 분야에서 해양 레저 산업시장의 규모는 세계적으로 550조 원에 달하며, 고용창출의 효과는 40만 명에 이르고 있다. 한동안 주춤하고 있는 조선관련 산업이 대기업 중심의 산업이라면 해양 레저 산업은 중소기업 중심의 산업분야로 발전 가능성이 높은 미래 지속성장 산업이라고 할 수 있다.

또한, 해양문화산업은 이러한 환경을 함께 연계하여 다양한 지역 문화와 스토리텔링 기법을 통하여 체험과 관련한 지역의 관광산업으로 연결한다면 고용창출 등 파급 효과가 무궁무진하다고 볼 수 있다.

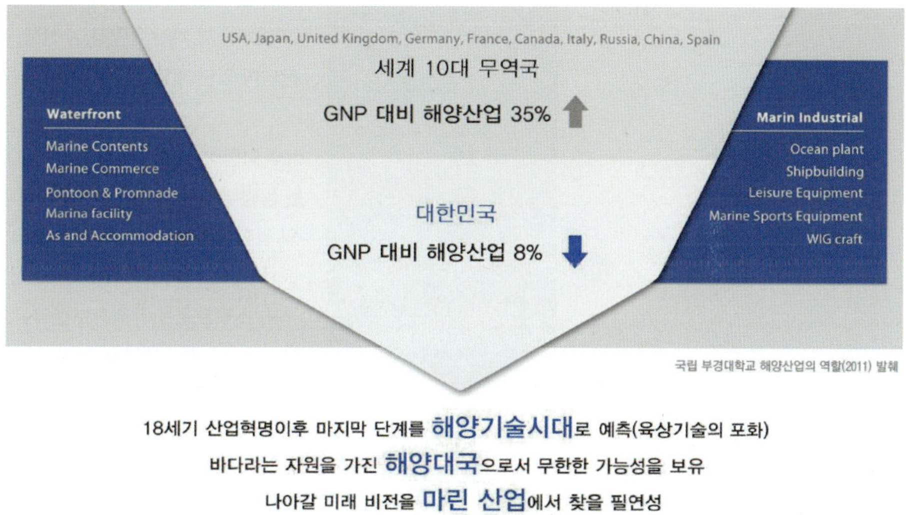

그림 11-1 해양산업의 역할

해양분야	연안공간의 체계적 관리, 해양 분야 첨단 과학기술 개발
해운·항만 분야	해운산업 육성, 항만 건설 및 국제 경쟁력 제고
수산분야	수산업 육성, 어족자원 개발, 수산분야 국제협력 기능

표 11-1 해양수산부의 기능과 역할. (1996년 8월)

1994년 UN에서 해양법이 발효됨에 따라 연안국가 사이 해양관할권 확보를 위한 경쟁이 치열해졌다. 그리고 해양산업과 관련된 기술력이 곧 국가경쟁력이란 공감대가 형성되면서 1996년 8월 해양수산부가 설립이 되었다.

2008년 2월 작은 정부를 지향한 이명박 정부의 정부조직법 개정에 따라 해양수산부가 폐지되고, 국토해양부로 통합되어 해양산업 분야가 위축이 되기도 하였으나 많은 난고 끝에 박근혜 후보의 공약사항에 해양수산부의 필요성과 중요성이 인식되어 다시 부활하게 되었다.

해양수산부 출범 (1996년 8월)	1961년 해무청이 폐지가 된 이후로 건설교통부, 통상산업부, 농림수산부, 과학기술처, 해운항만청, 수산청, 해운경찰청 등 7개 부처와 3개 청에 분산되어 있던 해양업무를 일원화하여 1996년 8월에 해양수산부로 신설하였다. 이후 이명박 정부가 출범하면서 2008년 2월 정부조직법 개정에 따라 일부는 농림부와 통합하여 농수산 식품부로 일부는 국정홍보처 및 건설교통부와 통합하여 국토해양부로 개편되었다. 장관 아래 정책보좌관, 차관 아래 차관보, 감사관, 감사담당관 총무팀이 있었다. 하부조직으로는 정책홍보관리실, 해양정책본부, 해운물류본부, 항만국, 수산정책국, 어업자원국, 국제협력관 등을 두었다.

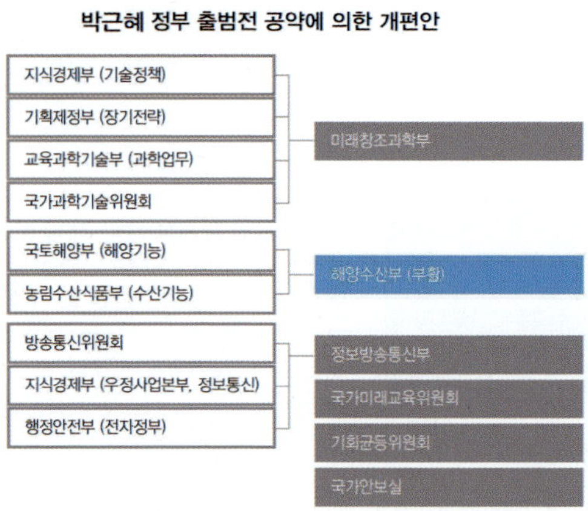

그림 11-2 해양산업의 범위

이후 안전 불감증의 결과로 나타난 대표적 참사인 세월호 사건과 해양 안전사고가 빈번해지는 상황에서 그 위상의 중요성은 더욱 강조되고 있다. 또한, 해양수산부가 새롭게 출범을 하게 되면서 우리의 수산업계와 대양에 대한 관심은 더 없이 증가하고 있다.

최근 이렇게 증가한 해양산업분야의 무한한 가능성과 시대적 요구에 비하여 해양디자인 관련 연구나 논문은 아직까지 크게 미흡한 실정에 있다.

해양산업의 범위

국내의 해양디자인 영역 및 분류는 현재 명확한 기준에 의해 제시되기보다는 각 관련 단체나 주체에 따라 다양한 '해양산업의 분류'를 제시하고 있다. 따라서 기존의 '해양산업'과는 차별화된 '해양디자인' 분류에 대한 일관성 있고 통합된 이론적 연구 역시 시급한 실정이다.

구분	해양공간의 이용	해양자원의 이용	해양환경의 보전	관련기기 및 소재
전통적 해양산업	• 해운 • 항만 • 해수욕장 운영	• 어업 • 수산양식·종묘 • 수산유통·가공 • 해사(海沙) 채취		• 조선 (여객선, 화물선) • 어망·어구제도 • 해상구조물
새로운 해양산업	• 해중 공원 • 낚시 공원 • 수족관 사업 • 해양 스포츠 지도 및 장비 대여 • 마리나 운영 • 크루즈 관광 • 유어선 사업 • 해상 호텔·해상 레스토랑 • 해상도시 개발 • 해상공항 개발 • 해중·해저 터미널 개발	• 해저광물 개발 • 해저열수광상 개발 • 가스 하이드레이트 개발 • 해수유용금속 회수 • 해수 담수화 • 조류 발전 • 파력 발전 • 해수온도차 발전 • 염분 농도차 발전 • 바다 목장 • 생명공학 이용 어종 개량사업 • 해양생물 이용 신물질 추출·개발	• 해양정화·방제 사업 • 선박환경대책 기술 사업 • 해양관측 • 파랑·조류 제어 사업 • 해양생물 보호 사업 • 인공 갯벌 조성사업 • 어장 청소	• 수상 오토바이 제조 • 서프보드, 보트·요트 제조 • 조선(관광잠수선, 초고속 화물선 등) • 잠수관련 기기 제조 • 초대형 해상구조물 제조 • 해중작업 로봇 제조 • 해양관련 소재(유·무기, 금속) • 해양산업정보 제공 • 해양관련기기 부품 제조 • 해양관련 기기 소프트웨어 제조 • 생분해성 플라스틱 제조

표 11-3 해양산업의 범위[1]

[1] 윕스(주), "해양산업 발전을 위한 해양네트워크 구축 및 활용방안 연구", 국토교통부, 2012.04, p.8~11

구분	해양공간의 이용
미국	해양건설업, 해양생물자원산업, 해양광업, 조선산업, 해양관광산업, 해양운송산업
캐나다	해양건설, 해저석유·가스 개발 • 조선산업 : 해군구조물 제작, 선박 건조 • 공공부분 : 항만개발 및 운영, 해양국방, 해양안보, 해양 헬리콥터 프로그램, 헬리콥터 · 선박, 인터페이스 설계, 해양연구기관, 기타 해양기관 운영
호주	해양관광, 해양석유·경제, 수산 및 수산식품, 해양운송, 조선산업, 항만산업
영국	해저 석유가스 산업, 항만산업, 해운산업, 해양 레크레이션, 해양장비 산업, 해양방위, 해저 케이블 산업, 해운관련 서비스 산업, 조선산업, 수산업, 해양환경관리, 해양 R&D, 해양건설, 해양 안전, 해양관광업, 해양 라이센스, 해양교육, 신재생 에너지
프랑스	연안관광, 수산식품산업, 조선산업, 해양 및 내륙 수상 케이블, 해사·골재 채취, 발전산업, 해저 케이블, 해저 석유 가스, 해양금융, 해양국방, 해양공공 정책, 해양 공공 R&D
중국	•주요 해양산업: 수산업, 조선산업, 해양발전산업, 해양석유 가스, 해양화학공업, 해수이용업, 해양광업, 해양생의학산업, 해양운송, 해양염전업, 해양공학·건설업, 연락관광 •공공 해양산업: 해양과학연구·교육, 관리 서비스업 등 •해양연관 산업: 해양산업에 투입요소를 제공함으로써 부가가치를 창출하는 산업
일본	•해양공간 활동형 업종: 해양공간 내에서 전적으로 해양공간에 존재하는 자원의 채굴·채취 및 개발, 해양공간 에너지 및 해면·해저 이용, 해양공간의 환경보전·안전관리 등에 관한 재물·서비스 생산업 •소재·서비스 등 공급형 업종: 해양공간 밖에서 전적으로 해양공간의 사업 활동을 지원하는 원재료·자본재·서비스의 생산업 •해양자원 활용형 업종: 해양 공간 밖에서 전적으로 해양공간에 부존하는 광물·에너지 자원·생물자원 등을 활용한 재무·서비스 생산업

표 11-4 해양산업의 활용분야 [2]

한국과 인접하여 있는 중국과 일본의 해양산업 규정 범위를 살펴보면, 중국은 국가해양국이 직접 그 정의 및 분류를 규정하고 있으며, 12개 주요 해양산업과 공공부문 2개, 해양연관 산업을 정의하고 있다. 일본은 해양기본법을 규정하고 있으며 이를 근거로 관련 산업을 정의하고 있다.

[2] 최재선 외, "글로벌 해양전략 수립 연구", 한국해양수산개발원, 2009. p.33

11.2 해양디자인의 출발

한국해양디자인 학술단체

한국해양디자인협회는 부경대학교 유상욱 교수를 초대회장으로 하여 해양디자인 관련 조사, 연구, 교육 등 관련사업을 통하여 해양문화발전에 이바지하기 위하여 창립된 단체이다. 이 곳에서는 해양디자인 정체성 확립을 통해 미래 무한경쟁의 대외 시장변화에 대응하고 해양산업 육성에 기여하기 위하여 결성된 국내 유일의 해양산업과 연계된 디자인 관련 협회이다.

그림 11-3 대한민국 해양디자인 공모전 시상식

또한, 한국해양디자인협회는 2009년 7월, 국내 디자인협회로는 유일하게 국토해양부에서 법인 허가를 받은 협회이다. 출범 배경을 보면 우리나라는 삼면이 바다이면서도 해양문화의 후발국으로서 해양산업 등의 다른 분야는 시대를 선도하고 있음에도 불구하고, 산업과 문화를 잇는 가교 역할을 하는 디자인 관련 산업은 거의 전무한 실정이다.

이러한 상황에서 각 분야 융합의 중요성과 관련 산업의 성장에 필요한 고급화·통합된 디자인·설계의 효율성을 융화시키기 위한 단체의 필요성이 대두되었고, 한국해양디자인협회는 이런 배경에서 태동하게 되었다.

오늘날 한국의 각 산업분야에서 디자인 기여도를 보면, 가전제품의 경우 30~40%, 자동차는 30%에 달하는 데 비하여 해양산업분야는 이제 겨우 8% 정도에 그치고 있다. 선진국의 경우는 15~20%에 이르고 있다는 점을 볼 때 우리 해양산업에서 디자인 기여도가 더욱 절실하다.

디자인은 코디네이터(Coordinator, 조정자), 커뮤니케이션(Communicator, 전달자), 컬래버레이터(Collaborator, 공동제작자)이다. 현재 조선업계의 불황과 위기를 타계하기 위해서는 한반도의 자산인 바다를 활용한 경쟁력을 회복하고 본격적인 해양산업에 디자인을 접목하여 경쟁력을 높여야 한다.

이러한 변화를 진행하기 위해서는 우선 관련분야의 네트워킹이 중요하다. 이는 해양산업의 각 분야별 경쟁력을 확보하고 창조적 미래로 변환시키기 위한 출발선이며, 서로의 장점을 엮어 가는 작업이다. 또 이러한 과정을 통하여 서로 다른 분야와의 협력 프로세스도 만들어야 한다. 그뿐만 아니라 해양산업 분야에서 필요한 해양 디자인에 대한 DB를 구축하는 일도 빠른 결정과 준비가 시급하다.

이 세 가지를 작업을 통해 해양디자인 산업과 문화를 구축하기 위한 계기로 2010년 10월 해양디자인 저변 확대를 통한 해양산업 경쟁력 강화와 해양디자인 수준 향상과 해양산업 및 디자인 분야의 산·학·연·민·관 교류 기반조성을 위한 '제1회 대한민국 해양디자인 공모전'을 개최하게 되었으며, 한국해양디자인협회는 이후 매년 이 대회를 주관하여 중심적인 역할을 하고 있다.

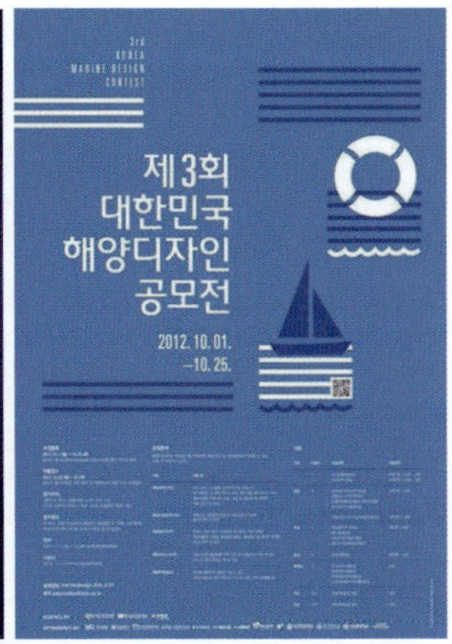

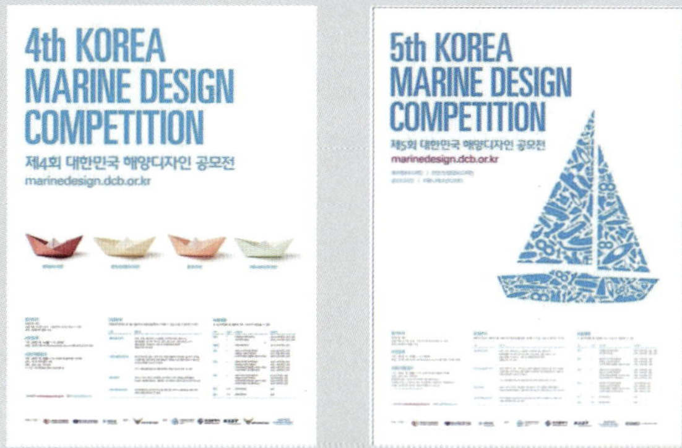

그림 11-4 대한민국 해양디자인 공모전 포스터

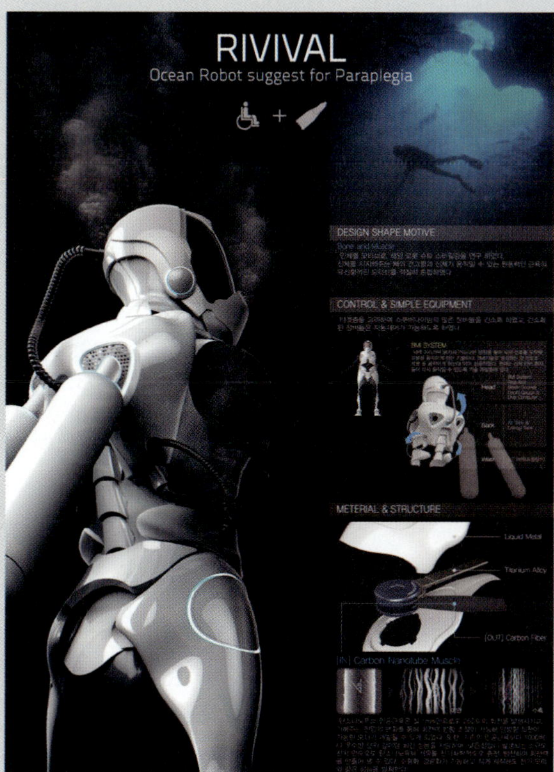

그림 11-5 제3회 대한민국 해양디자인 공모전 대상작 '리바이벌' (부경대 공업디자인학과 김형진, 김소영)

해양디자인의 중요성

해양은 지표면의 약 70%를 덮고 있으며, 거대한 물의 총칭으로서 바다라고도 한다. 해양산업을 영어로 표현하면 Marine Industries, Ocean Sector, Maritime Industries, Marine Economy, Ocean Economy 등 다양하게 지칭되고 있지만 그 개념은 대체로 동일하다.

해양 디자인은 해양자원을 개발하고 활용하는 산업적·기술적인 부분과 더불어 바다를 중심으로 이루어지는 관광이나 휴양과 같은 문화적 활동과도 밀접한 관계가 있다. 해양 문화적 활동은 특히 중요한 요소인데, 우리나라는 오랫동안 바다와 함께 생활하면서도 바다를 배경으로 한 문화를 적극적으로 발전시키는 데 부족한 점이 있었다.

하지만 바다를 중심으로 한 해양디자인은 우리가 모르는 사이에 조금씩 그 저변을 확대해 왔다. 물류를 운송하는 화물선에서부터 마리나 시설을 확보한 대표적인 명소인 해운대 수영만에 가득한 요트까지 굳이 그 용도를 나누지 않더라도 해양디자인의 여러 분야는 이미 화려한 변신을 거듭하고 있었다.

2017년 한국을 선도하던 제조기반인 조선업계의 몰락으로 한국은 위기를 맞이하고 있다. 이러한 상황에서 전통적인 수공업 전략으로 우리의 바다를 디자인하는 해양디자인 분야를 발전시켜서 해양디자인의 문화적 활동을 세계적으로 활성화해야 할 시점에 놓여 있는 것이다.

해양디자인이란 해양과 연안에서 이루어지는 모든 활동과 연관된 것으로서 물을 중심으로 한 특수한 조건의 영역을 포함하고 있는 디자인을 말한다. 해양디자인은 기술력·기능성·창의력·아름다움을 통합한 개념으로서 조선, 크루즈선과 레저보트, 수산업, 관광레저, 패션, 건축, 경관공학 등 해양개발과 해양문화의 개념이 바다와 관련된 폭넓은 영역에 결합되어 있다. 기술과 디자인의 균형에 의해 부가가치와 공공성·안전성 그리고 미적 성취도를 보다 높은 수준으로 끌어 올리는 것을 목표로 하고 있다.

해양 디자인의 가능성

한국은 조선·해운업계가 불황이 장기화되면서 이를 극복하기 위한 타개책으로 사업 분할을 택하고 있다. 2003년 이래로 우리나라는 수주량과 건조량 및 수주잔량에 있어서 세계 1위를 차지하고 있는 세계적인 조선강국(造船强國)이었다. 하지만 해양산업분야의 몰락으로 2017년 현재 강력하게 1위로 올라선 중국의 부상과 2위권을 회복한 일본에 이어 어렵게 3위를 유지하고 있는 불행을 겪고 있다.

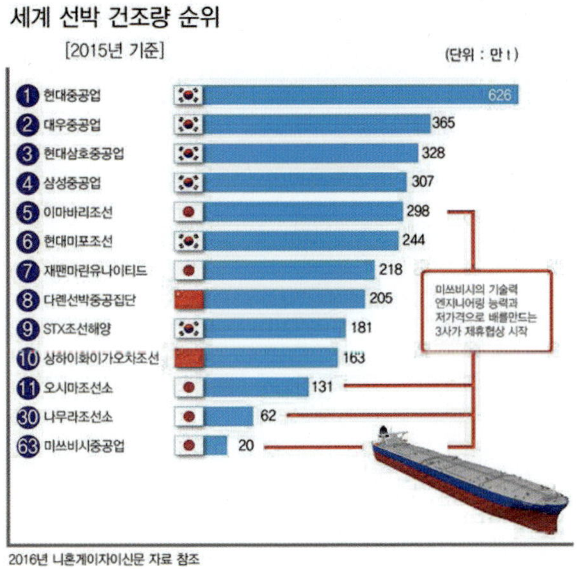

그림 11-6 세계선박 건조량 순위

해양산업의 기술력은 현재까지 최상이지만 해양디자인에 있어서는 아직 초보상태에 머무르고 있다. 그럼에도 부가가치에 있어서는 유럽과 일본의 뒤를 이어 3위에 머무르고 있다. 이는 조선산업의 경쟁력이 노동집약적이기 때문이다. 값싼 노동력을 무기로 국내 조선 산업을 위협하고 있는 중국을 감안하면 한국 조선산업의 미래를 예측하기가 어려운 실정이다.

우리만의 해양 문화가 거의 전무하다 보니 하청공장처럼 생산만 하게 되었다는 이유도 있다. 미래의 해양산업을 이끌어 가기 위해서는 우리만의 해양산업문화를 만들어야 한다.

스페인의 빌바오는 프랭크 게리(Frank Gehry)가 설계한 구겐하임 미술관덕택에 문화관광도시로 발돋움하는 계기를 얻었다. 해양산업의 지속가능한 발전을 위해서는 세계 해양산업의 구조개편에 대비하여 새로운 가치를 창출해 내야 한다. 그런 가치를 만들어 낼 수 있는 것이 바로 디자인 문화와 콘텐츠에서 발생된다.

하지만 현재 한국은 해양 기술에 대한 투자율은 높은 데 비해, 해양관련 산업에 대한 투자율이 낮고 디자인과의 연관성도 낮은 편이다. 세계 10대 무역국의 경우에는 국민총생산(GNP)의 35% 이상을 해양 관련 산업이 차지하고 있다.

한국의 투자율이 10% 정도에 미치고 있는 형편에서 디자인의 기여도는 겨우 8%를 밑돌고 있는 상황이어서 자못 심각한 수준이다.

가전제품과 같은 산업 분야의 디자인 기여도가 30~40%에 달하고 있는 점을 볼 때, 우리 해양산업 분야의 디자인 기여도는 그야말로 지극히 미미한 수준이라고 해야 할 것이다. 해양디자인 육성을 위해서는 우선 국가적인 투자가 이루어져야 한다. 특히, 해양디자인 기술개발과 해양디자인 인프라를 적극적으로 구축하여야 한다.

그림 11-7 디자인 인프라의 중요성과 가능성[3]

그림 11-8 해양디자인 기반기술의 배경[4]

[3] "해양산업 활성화를 위한 해양디자인 기반기술 개발". 한국해양디자인협회, 2012

[4] "해양산업 활성화를 위한 해양디자인 기반기술 개발". 한국해양디자인협회, 2012. p02

11.3 해양디자인 정의

해양디자인의 개념

해양 디자인(Marine Design)이란 바다라는 환경을 둘러싼 모든 공간과 해양산업의 모든 범위에 디자인 요소를 가미함으로써 새로운 가치 및 문화를 형성하고 인간 삶의 질을 높이는 데 목적을 둔 디자인으로 정의한다. 기존의 해양활동이 기능이나 이익 및 유용성의 목적만으로 이루어진 것에 반해, 해양디자인에는 미적 조형 요소와 인간중심·자연중심의 의미가 추가된 것이다. 사실 이런 개념이 세계적으로 보편화되어 있지만, 한국에서 최초로 해양디자인에 주목하고 개념을 정립해 나가고 있다고 볼 수 있다.

해양산업 분야에 대한 관심이 높아지면서 2000년 중반부터 해안을 둘러싼 지역별 개발계획이 이루어졌다. 이 시기부터 해상의 경관을 이루는 것들을 총칭하는 워터프론트나 요트 및 보트 등의 선박사업과 해양 레저에 디자인이 도입되기 시작하였다. 그러나 해양디자인 개념의 정확한 도입은 2008년 해양대학교 씨 그랜트(Sea Grant) 사업단과 부경대학교에서 공동으로 연구한 해양디자인 인프라 구축방안 프로젝트를 통해 시작되었다고 할 수 있다.

세계적으로 잘 알려진 저명한 미래학자 앨빈 토플러(Alvin Toffler)는 '차기 인류사회의 미래는 해양에 달려 있다고 해도 과언이 아니다.'라고 주장하였다. 육지는 과대한 개발로 현재 포화 상태이지만 해양은 상대적으로 개발이 덜 된 상태이다. 미래의 중요한 자원들로 다양성을 가지면서 많은 양이 존재하며, 산업적·환경적인 관점에서 사람들이 해양에 눈을 돌리기 시작하면서, 디자인의 중요성이 커지고 있는 것이다. 물론, 바다라는 것이 깨끗한 환경을 우선하는 것이기 때문에 당연히 디자인도 환경 중심적이어야 한다는 요즘의 에코 디자인(Eco Design) 트렌드와도 연계가 된다.

우리가 일반적으로 판단하며, 이해하고 정의하는 디자인, 이 디자인을 가지고 해석하여 나가는 커뮤니케이션 능력 또한 주목 받는 이유 중 하나이다. 해양디자인은 건축, 제조업, 관광업 등 굉장히 넓은 범위를 아우르고 있기 때문에 여러 산업군을 통합적으로 바라볼 수 있는 안목이 필요하다. 큰 그림을 보고 여러 산업을 묶어서 설계할 수 있는 것이 바로 디자인이며, 디자인이 이들 사이를 이어주는 가교·커뮤니케이터의 역할을 하는 것이다.

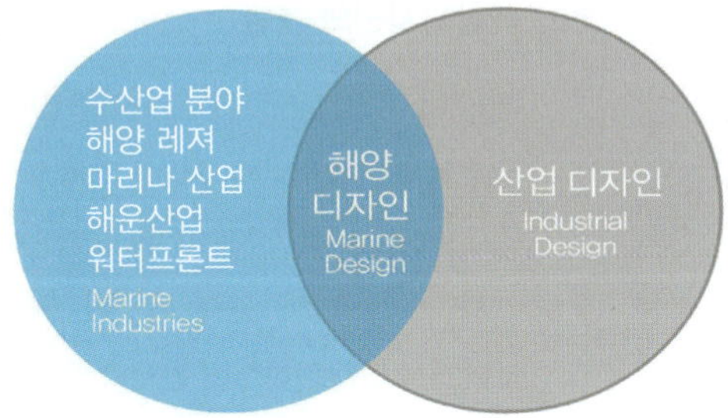

그림 11-9 해양디자인 개념

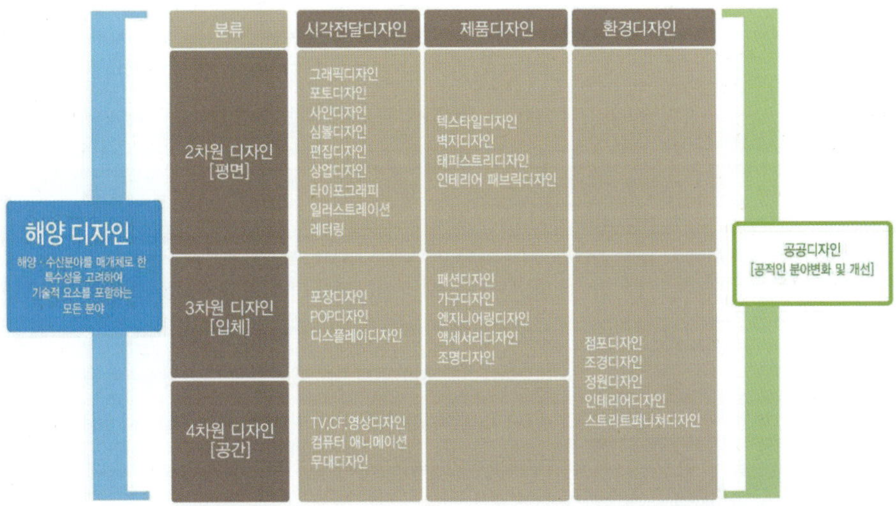

그림 11-10 해양디자인 적용 가능성

세부적으로 해양디자인의 적용 가능한 영역을 설정하기 위해서는 해양디자인이 필요한 분야를 분류하고 이에 따라 각 분야별로 어떠한 디자인이 적용 가능한지를 검토하여 적용할 필요가 있다. 그러나 현재 해양디자인의 분야와 분류는 디자인을 적용하고자 하는 방향과 소재 및 사업 분야별로 고려하고, 이러한 관점에 따라서 다양한 해양산업 분류가 제시되어야 한다.

그림 11-11 해양디자인 적용 사례

그림 11-12 캠핑보트디자인 적용 사례

[그림 11-12]에서 보는 보트는 평범한 캠핑 트레일러처럼 생겼지만, 무려 수륙양용이다. 물에 띄우면 사람들이 북적거리는 복잡한 캠핑장이 아닌 조용한 호수나 강에서도 캠핑을 즐길 수 있으며, 현재 가격은 2천만 원 정도이다. 길이는 391cm에 폭은 168cm 정도이고, 침대를 펴면 성인 2명이 누울 수 있는 공간이 나온다. (200 × 156cm)

그림 11-13 캐터필러로 해변을 달리는 보트 (이구아나29)

〈그림 11-14〉에서 보는 요트는 약 $1 billion (약 1조 원) 에 달하는 초호화 요트의 콘셉트이다. The Streets of Monaco라는 이름의 이 요트는 실제 모나코의 랜드마크들 (Monte Carlo 카지노, Hotel de Paris, Cafe de Paris, La Rascasse, Loews 호텔 등)을 그대로 옮겨 놓은 것으로 유명하며, 16명의 게스트가 70명의 스탭과 함께 머무를 수 있다. 길이 약 155미터이고 영국의 Yacht Island Design 이라는 회사에서 준비 중인 콘셉트 디자인으로 소개되고 있다.

분류	업종	디자인 적용대상
1차 해양수산업	어로양식	소량어획관련도구(낚시대, 루어, 찌, 대량어획관련도구, 어류탐지기, 컨베이어 장치, 집어등)
2차 해양수산 가공업	조선업	상선 및 특수선(선박 인테리어, 구조물, 구명 보드)
	건설업	토목 디자인 및 건축포장 디자인 (해상교량, 해안도로정비, 펜스, 테트라포트, 항만)
	해양수자원 산업	자원개발관련시설 및 장비 (해저탐사장비, 해양 플랜트, 인공 어초 등)
3차 해양 경영업	조선업	여객선 및 화물선(선박도장, 인테리어, 선박 외관 디자인)
	상업	건축 및 구조물 (공동어시장, 어획물공판장, 트레일, 스트럭처, 조형물, 사인보드, 어획용 바구니, 수족관 및 진열대 등)
4차 해양 지식기반산업	통신	통신관련 기반시설물(기지국, 문전기, 안테나 등)
	광고	옥외광고 및 대중매체광고(간판, 게시판, 포스터, 홈 페이지 등)
5차 해양 문화·여가산업	스포츠	해양 스포츠 관련 장비 및 시설 (요트, 수경, 수모, 스쿠버 다이빙 장비, 수상 스키)
	관광	관광 관련 시설물 및 상품 (유람선, 친수공간, 기념품, 홍보책자, 조형물 등)
	레저	해양관련 레저 장비, 위락시설물 (파라솔, 비치볼, 튜브, 요트, 바나나보트 등)
	패션	해양 활동용 의복 (수영복, 잠수복, 수영모, 구명조끼 등)

표 11-5 해양 분야 산업별 디자인 적용대상 [5]

[5] 프롬나드디자인연구원, "프롬나드디자인-디자인의 미래, 디자인정책을 생각하며", 한국학술정보(주), 2009

분류	업종	디자인 적용대상	
6차 해양공공산업	공공시설물 산업	교통	교통관련 기반시설물 (가드레일, 도로표지판, 가로등, 로드 그래픽)
		근린생활	해양관련 복지시설 및 편의공간 (프롬네이드, 도시계획, 도시경관, 친수공간)
		의료	의료시설 및 인명구조 장비 (구명장비, 복지시설, 사인보드)
		문화·집회	집회 공연장 및 시설물 (공연무대, 포스터, 브로슈어, 판촉물 등)
	해양환경 보전산업	환경보전구조물, 장비 및 시설, 모래포집기, 오일펜스, 홍보물, 방제도구 등	

11.4 결론

새로운 세대를 앞서가기 위해서는 다양성을 가진 분야로 끊임없이 변화하여야 한다. 오늘날 한국의 위상과 역할은 많은 국가에서 변화와 지원을 요구하고 있다. 이처럼 선진화 문화로 접어든 우리의 모습을 중심으로 새롭게 접근하는 해양디자인 분야를 여러 방향으로 연구하고 변화시켜 나가야 할 것이다.

대형 조선업체들이 크루즈 선박이나 요트 등 부가가치가 높은 고급 여객선의 설계를 위해 회사 내에 디자인 부서를 설립하여 운영하고 있다. 현재까지는 많이 부족한 실정이긴 하지만 정부 주도 하에서 해양디자인 관련 연구도 조금씩 이뤄지고 있다. 세계 1위 조선 분야에서조차 해양산업의 디자인 기여도는 선진국의 10% 정도에 불과한 것으로 볼 때, 해양 산업이 지속적으로 발전을 꾀한다면 향후 해양디자인의 수요는 폭발적으로 증가할 것이다.

그림 11-15 부산 북항 재개발지구 계획도

해양수산부를 중심으로 관련기관과 대학들이 참여하고 해양디자인 기술의 개발을 위한 장단기 종합 로드맵을 작성하며, 해양관련 분야를 관장하며, 지원을 적극적으로 할 수 있는 해양수산부 관할 공공기관인 해양디자인 지원 센터의 설립이 요구되고 있다. 이러한 공공기관을 통하여 연구와 인프라 확충 및 다양한 정부주도형의 국가적인 부자를 통해 선문적인 해양디자인 관련 진문인력과 인프라를 구축해야 한다. 부족한 디자인 인력에 대해서도 해양디자인 관련 디자인 전문기업체를 설립한다면 디자이너의 일자리 창출에도 도움이 되고, 국가의 디자인 경쟁력에도 기여할 수 있을 것이라고 판단된다.

PART 4 품격을 높이는 공공디자인

12. 일상으로서의 공공공간 디자인

12.1 공공공간의 의미와 분류

공공공간의 의미

문명의 발달과 함께 도시화가 급속도로 진행되고 기능이 한층 세분화된 사회로 발전하면서, 공공공간의 영역은 확대되고 이를 아름답고 쾌적하게 만들기 위한 디자인의 중요성이 커지고 있다.

공공공간(Public Space)은 공공의 사용을 목적으로 옥외 및 준 옥외 영역에 조성되어 사람들에게 개방되는 공간을 의미하고, 일상적인 생활 속에서 공동체를 결속시키는 기능적이고 의식적인 행위를 수행하는 장소로 정의한다. 공공공간은 불특정 다수에게 열려 있는 장소로서 다양한 삶의 활동들을 담고 있기 때문에, 공동사회를 가장 인간적인 생활로 유도하며, 풍요로운 삶의 환경을 제시하는 역할을 한다.

일상의 공공공간은 개인이 영위하는 생활권의 연장이자, 다른 사회 구성원과 함께 공유하는 사회적 공간이다. 얀 겔(Jan Gehl) 박사는 그의 저서 'Life Betweens Buildings(1971)'에 일상의 공공공간에서 이루어지는 인간의 행위 유형으로 필수적인 외부 활동(Necssary Outdoor Activities), 선택적 활동(Optional Recreational Activities), 사회적 활동(Social Activities)을 제시했다. 이는 자기의 영역을 방어하고 배타적으로 보존하려는 사적인 영역(Private Territory)과 선택적 활동이 이루어지는 중간 영역(Semi Public Territory) 및 사회적 활동이 이루어지는 공적 영역(Public Territory)으로 구분하였다. 그러나 개인이 어느 한 공간을 소유한다고 할지라도, 인간의 활동들이 교차되고 공유되면서 그 공간은 자연스럽게 공적 영역으로 변할 수 있다.

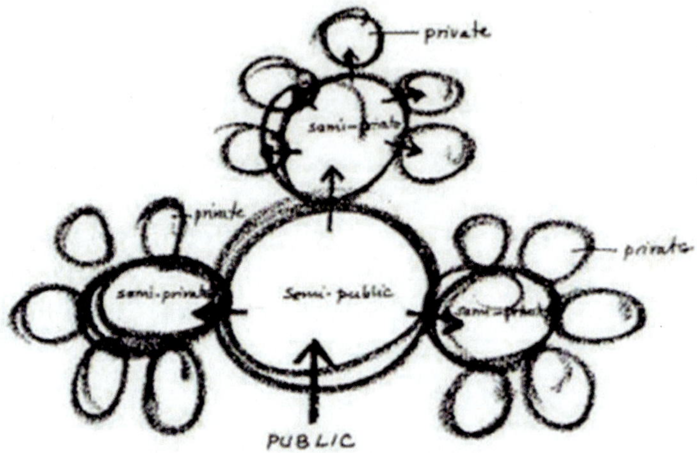

<출처 : "삶이 풍요로운 도시디자인", 2003, 푸른솔>

그림 12-1 공간의 영역 구분 (OSCA NEWMAN 'Defensible space')

이는 공공공간이 사회적으로 공공의 가치를 지니며, 개개인이 '접근할 수 있는 권리'와 '함께 공유하는' 공동체 영역의 성격을 내포하고 있음을 의미한다.

공공공간의 분류

일반적으로 공공공간은 시민에게 개방된 공유 공간으로, 주로 외부 공간을 지칭했다. 하지만 크리어(R. krier)는 건물 내부의 중정부터 건물과 건물 사이, 넓게는 자연으로 둘러싸인 오픈스페이스까지도 공공공간으로 확대하여 정의하였다. 이는 소유의 측면에서 사유공간이라 할지라도 이용자 측면에서 사회 구성원의 다수가 사용한다면 공공공간의 범주로 해석할 수 있다고 보았다.

공공공간을 세부적으로 분류하면 도시 환경적 측면의 야외 공공공간계와 기반시설 공공공간계로 나뉘며, 공공건축 및 실내 환경측면은 행정공간계·문화복지공간계·역사시설공간계·교육공간계로 구분된다. 야외 공공공간계는 공원·운동장·광장·놀이터·보도 등 야외에서 쉼과 놀이, 집회와 같은 활동이 이루어지는 개방 공간을 말하고, 기반 시설 공간계는 도로·주차장·터널·철로·교량·발전소 등 도시의 기반시설로서의 공간 영역을 뜻한다.

공공건축 및 실내환경의 행정공간계는 시민들의 편의를 위해 행정적 지원을 하는 공간 영역으로 공공안내소·마을회관·파출소·소방서·우체국·동사무소·군사 공간·국가 또는 지방자치단체 청사 등이 있으며, 문화복지공간계는 시민회관·문화재·경기장·공연장·기념관·박물관·미술관·휴게소 등이 있다. 역사시설 공간계는 운송과 이동을 위한 공간으로서 여객자동차터미널·화물터미널·철도역사·지하철역·공항·항만이 있으며, 교육공간계는 교육을 위한 공간으로서 국공립 초·중·고등학교 및 대학교·유아원·교육원·연구소·도서관·연수원 등으로 분류한다.

대분류	중분류	소분류	세부항목
공공 공간	도시 환경	야외공공 공간계	공원, 운동장, 묘지, 공공기관 부속용지, 광장, 놀이터, 집회시설, 보도, 쌈지공원 혹은 기타 유사기능의 공간 디자인
		기반시설 공간계	도로, 주차장, 터널, 철로, 고가도로, 교량, 관개배수시설, 상하수도시설, 하수처리장, 발전소 혹은 기타 유사기능의 공간 디자인
	공공 건축 및 실내 환경	행정 공간계	공공안내소, 마을회관, 파출소, 소방서, 우체국, 전화국, 동사무소, 군사공간, 교도소, 국가 또는 지방자치단체 청사, 정부행정부처 건물, 외국공관 건축물 혹은 기타 유사 기능의 공간 디자인
		문화복지 공간계	시민회관, 문화재, 체육관, 경기장, 공연장, 국공립 복지시설, 국공립 의료시설, 보육원, 기념관, 박물관, 미술관, 휴게소 혹은 기타 유사기능의 공간 디자인
		역사시설 공간계	여객자동차 터미널, 화물 터미널, 철도역사, 지하철역, 공항, 항만, 고속도로 휴게실 혹은 기타 유사기능의 공간 디자인
		교육 공간계	국공립 초·중·고등학교 및 대학교, 유아원, 교육원, 훈련원, 연구소, 도서관, 연수원 혹은 기타 유사기능의 공간 디자인

표 12-1 공공공간 디자인 분류

12.2 공공공간의 특성과 조형요소

공공공간의 조형적 의미와 특성

조형(造形)의 의미는 사물의 생긴 모양이나 상태의 형상을 짓는 것을 뜻하며, 시지각적으로 인지하는 상(象)을 만드는 것을 의미한다. 하지만 공간을 조형화한다는 것은 무형의 것을 형상화하는 추상적인 개념까지 포함한다. 공간의 조형은 인간이 살아가는 삶의 틀을 짓는 행위이며, 생활양식을 담는 공간을 디자인하는 것이라고 할 수 있다. 우리가 경험하는 일상의 공간은 물리적인 실체인 동시에 인간적 삶의 활동무대이다. 이는 인간이 창조적인 의식을 통해 만들어 낸 보다 추상적이고 상징적인 장소이다. 이에 공공공간을 만드는 것은 인간과 공간의 관계성을 전제로 삶의 경험 장소를 형성하는 것이다.

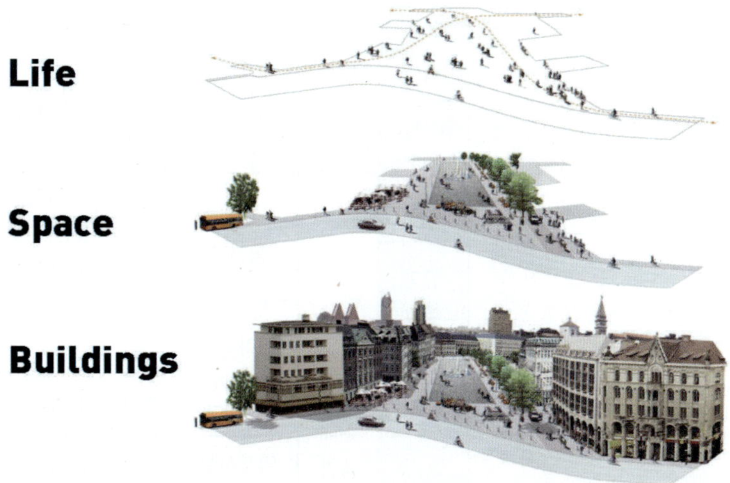

<출처: https://twitter.com/jen_keesmaat/status/922443908348563456>

그림 12-2 공공공간의 영역

따라서 조형적 의미를 내포한 공공공간의 특성은 공간의 정체성을 형성하는 장소성, 공간을 이용하는 행위 체계로서의 행태 지원성, 커뮤니티를 형성하는 공동체성, 경관의 아름다움을 나타내는 심미성 등을 지닌다.

1 장소성

장소의 사전적 의미는 어떠한 일이 발생하는 곳을 말하며, 이는 지리적 위치나 공간을 뜻한다. 그러나 장소는 단순한 물리적인 특성을 넘어서 그 곳만의 정체성을 지니고 있다. 즉, 장소는 구체적인 사물들의 위치 관계와 사건의 영역으로 구성된 공간의 총체적 의미를 담고 있다. 장소는 특정한 사건이 발생하는 지점을 말하며, 그 사건은 기억을 통해 상징적 의미를 지닌다. 이러한 상징화된 공간의 특성을 장소성이라고 하며, 이는 '사물-공간-인간'의 상호 관계에 의해 형성되는 다층적이며 다의적인 개념으로 해석된다.

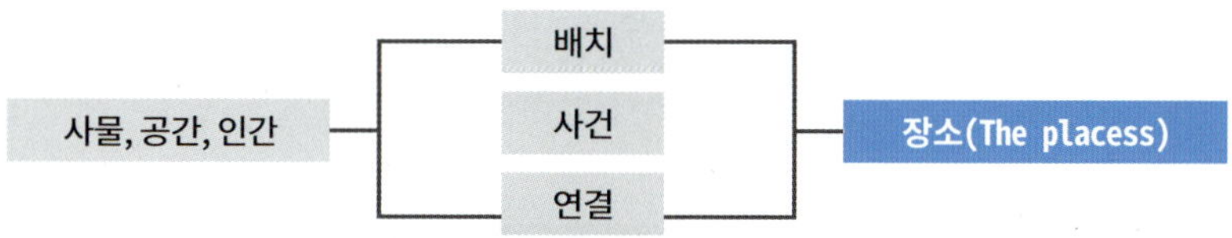

그림 12-3 장소와 형성

또한 장소는 공간적·사건적·시간적 층위에서 다차원적인 연결망을 형성한다. 공간적 층위에서는 위치나 영역으로 형상을 구축하고 사건적 층위에서는 다양한 경험으로 심상적 이미지를 구축하고 시간적 층위에서는 기억과 인식으로 상징성을 구축한다.

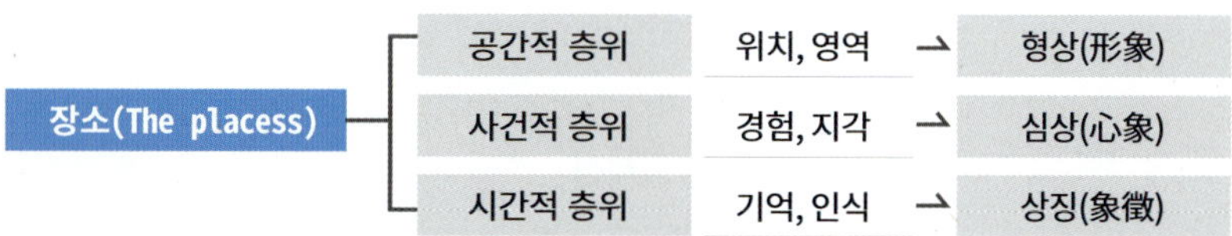

그림 12-4 장소의 다층적 관계

결론적으로 인간은 장소와 맺어진 관계로 '장소 애착'을 갖게 되고 그 장소는 특유의 정체성을 갖게 되는 것이다. 인간은 경험을 통해 무의미했던 공간에 가치를 부여하고 그 장소는 실존적 의미를 갖게 된다.

2 행태지원성

행태(behavior)는 공간에서 이루어지는 일련의 행동으로서, 일상생활의 연속적인 활동 경향성을 의미한다. 공간은 일정한 방식으로 모종의 행태를 지원하고, 공간을 구성하는 사물은 구체적인 행위를 보조한다. 예를 들어 공공공간에서 이루어지는 이동, 모임, 담화, 놀이, 작업 등 다양한 행동적인 패턴은 각 행위를 지원할 수 있는 공간과 사물을 필요로 한다.
예를 들어 보행로와 가로등과 같은 사물은 이동 공간에서 걷는 행위를 지원하고, 테이블과 의자는 모임 공간에서 같이 앉아 이야기를 나눌 수 있는 사물을 지원한다. 이처럼 공간은 인간의 활동이라는 매개 과정을 거쳐 행태를 지원하는 사물들을 구성하면서 공간의 구체적인 모양을 형성한다. 이 때 공간을 구성하는 재료나 색 및 빛 이나 패턴 등과 같은 성질은 공간 이용자의 성향과 관계한다.

<출처: https://ecosistemaurbano.com/madrid-chair/>
그림 12-5 공공공간의 행태지원성

3 공동체성

공공공간은 함께 공유하는 영역이기에 공동체적 성격을 지니고 있다. 인간은 사회적 존재이기 때문에, 우리의 삶에서 커뮤니티는 필연적이다. 인간은 공공공간을 통해 상호 교감하고, 사회적 접촉을 하면서 자연스럽게 관계성을 형성한다. 따라서 공공공간에서는 '개인과 개인'이나 '집단과 집단'과의 관계가 다양하게 이루어지는 자유로운 커뮤니케이션의 장이라고 할 수 있다.

<출처: http://raumlabor.net/emmas-hoftour-2/>

그림 12-6 공공공간의 행태지원성

④ 심미성

공간의 심미성은, 하나의 개별적이고 정형화된 미적 개념이 아니라, 공간을 구성하는 주변 요소와의 조화로움·편리함·깨끗함 등 생활환경의 총체적인 아름다움을 의미한다. 공간을 구성하는 사물들은 특정한 목적과 행위를 지원하면서 심미적 가치까지 충족되어야 한다. 공간의 심미성 유지를 위해서는 건물과 가로의 경계가 시각적으로 조화를 이루어야 하며, 안락하고 깨끗한 공간으로 쾌적해야 하며, 기능 측면에서는 편리해야 한다. 즉, 물질·형상·재질·색을 가진 구체적인 사물들이 공간의 조형적 질서를 통해 이루어진다.

이러한 심미성은 공공공간에서도 중요한 특성이 된다. 공공공간의 심미성은 공간의 유지와 직접적인 관련이 있기 때문에 심미성이 있으면 공간을 활성화하는 반면, 심미성이 결여된 공간은 그 기능을 퇴화시킬 가능성이 높아진다.

공공공간의 조형 요소

① 형태(Form, 形相)

공간은 에워싸는 형태에 따라 지각하는 공간감은 달라진다. 형태는 눈에 보이는 모양, 즉 표면적으로 지각되는 상(狀)이지만 모양을 성립시키는 무언가의 질서이며, 의미를 표현하는 것이다. 형태의 외면적인 형식인 물체의 외곽선과 윤곽은 마음속으로 떠올리는 상(相)에서부터 시작되며,

그 형식은 내재되어 있는 미적 질서에 의해 점차적으로 구체적인 사물의 모습을 이루게 된다. 형태는 추상성을 지닌 기하학적 형태와 자연성을 지닌 유기적 형태로 구분된다. 사물의 본성에서 유추한 추상적인 형상은 점·선·면을 이용한 기하학적 모양을 중심으로 반복, 리듬, 비례, 대비 등 조형적 원리를 통해 그 형태를 구성한다. 그 반면에 자연의 모습에서 비롯된 유기적 형태는 불규칙적이고 비정형화된 형상들로 이루어져 있다.

<출처 : https://www.publicspace.org/the-prize/-/edition/2018/results>

그림 12-7 기하학 형태와 유기적 형태의 공공공간

공공공간의 형태에는 선형 공간과 면적인 공간이 대표적이다. 차도, 보도, 하천 등은 공공공간의 선형 공간이라고 할 수 있다. 선형 공간들은 보통 이동 행위를 위해 구축되었지만, 이는 도시의 주요한 코리더(corridor) 역할을 담당한다.

선형 공간은 고립되고 분절되어 있는 다른 면적인 공공공간들을 연결하는 동시에 그 자체가 매력적인 공간 기능을 수행하기도 한다. 광장·공원·주요 공공건축물의 외부 공간 등은 면적인 공간에 해당하며, 비워진 영역 안에 다양한 형태의 그룹 배치와 객체 간의 연결 지점을 만들면서 공간이 자율적으로 형성된다. 실제로 공공공간은 다양한 형태의 공간이 연속적으로 이어져 있으며, 이는 선적인 공간과 면적인 공간이 교차되어 구조화된다.

<출처 : https://www.designboom.com/architecture/city3-atelier-starzak-strebicki-laura-muyldermans-constellations brussels-08-17-2017/>

그림 12-8 선형과 면적 구조의 공공공간

공공공간에서는 외형적인 형태뿐만 아니라 공간 안에서 이루어지는 사람들의 행태로 복합적인 공간 체계를 이룬다. 공공 공간의 물리적·사회적 환경에서 취하는 사람들의 모든 '행태(behavior)' 자체가 공간 형태의 영역이며, 공간의 형태에 따라 태도, 감정, 행동이 발생하는 다차원적인 공간 체계를 이룬다. 이러한 공간 행태들의 군집이 영역 간의 경계를 구조화하고, 구체적인 인간과 공간의 관계성을 형성하게 한다.

② 재료

재료가 가지고 있는 물성(物性)은 감각으로 지각되는 물질의 내재적 속성이다. 재료가 지니는 고유한 물성과 특성은 미관을 표현하는 중요한 시각적 요소가 되며, 재료마다 각기 다른 물성을 지닌다. 우리는 물성(materiality)을 통해 사물의 실체를 지각하게 된다. 재료가 가지고 있는 고유한 성질인 질감·무늬·색채·광택 등의 차이에 따라 감각적 표현력이 강해질 수 있으며, 상징적인 지각 언어로 표현될 수 있다. 재료는 디자이너의 구성적 역량을 표현할 수 있으며, 주위 환경의 맥락에 맞추어 다양하게 선정된다. 재료에 대한 이해는 감성적인 효과를 주고 부분과 전체에 대한 새로운 해석을 불러일으킨다.

공공공간을 구성하는 재료 중 석재는 공공공간에서 주요한 구성 요소로 인간에게 친숙한 매체이다. 무거우나 외관이 장중하고 다양한 색채와 질감의 연출이 가능하며, 내구성이 높아서 조각이나 건축분야의 주요한 재료로 이용되어 왔다. 석재의 물성은 안정성, 영구성, 시간성, 생명성을 가져다 준다.

<출처 : https://architecto.tumblr.com//post/4328090796/>

그림 12-9 석재로 구성된 공공공간

또 다른 재료인 금속은 구조적으로 매우 강한 재료로서 열을 가하면 부드러워지므로 가공이 용이하며, 녹으면 틀에 부어서 원하는 형상을 만들 수 있다. 모든 금속은 함유되는 물질에 따라 다른 색과 강도를 가지게 되는데, 외부 공간에 노출된 청동은 부식되어 청록색의 아름다운 녹이 생긴다. 이외에도 다양한 금속이 가지는 속성인 견고함과 강인함 및 천연스러운 색채는 공간을 풍요롭게 해준다.

<출처 : http://www.archiexpo.com/prod/bd-barcelona-design/product-50941-188210.html>

그림 12-10 금속으로 구성된 공공공간

목재는 흙과 함께 우리의 문화나 정서에 친근감을 주는 재료이다. 목재는 부드러운 성질을 가지고 있어 다양한 형태로 가공할 수 있는 장점을 지니고 있으며, 목재의 무늬결과 같은 불규칙적이고 자연스러운 형상은 심리적 안정감을 줄 수 있다. 또한, 목재가 지니고 있는 물성은 빛을 반사하지 않고 산란시켜 눈부시지 않고, 자외선을 흡수하여 눈의 자극을 최소화하는 장점을 지니고 있다.

<출처 : https://weandthecolor.com/parametric-bench-interior-design-oleg-soroko/34288>

그림 12-11 목재로 구성된 공공공간

유리는 빛에 대한 반응적 성질이 뛰어나서 반사·굴절 투시의 효과를 얻을 수 있어 공간의 미적 활용을 위한 잠재력이 높은 재료이다. 유리의 특성은 빛에 노출되는 방식과 보이는 각도에 따라 다르게 나타난다. 유리의 반사성은 설치되는 주변 사물들의 매개변수와 인지되는 순간의 상황에 따라 질감이 다르게 지각되고, 유리의 투과성은 그것이 사라지는 지점의 얇고 긴 형태에 의해 조절되고 강화된다,

<출처 : https://www.pinterest.co.kr>

그림 12-12 유리로 구성된 공공공간

이외에도 재료의 물성을 디자이너가 어떻게 인식하고 어떤 방법으로 표현하느냐에 따라 그 공간의 특성은 다양한 양상으로 나타날 수 있다. 재료가 가지고 있는 고유한 물질의 내재적 속성은 다양한 감성적인 코드로 연상하여 분류해 볼 수 있다.

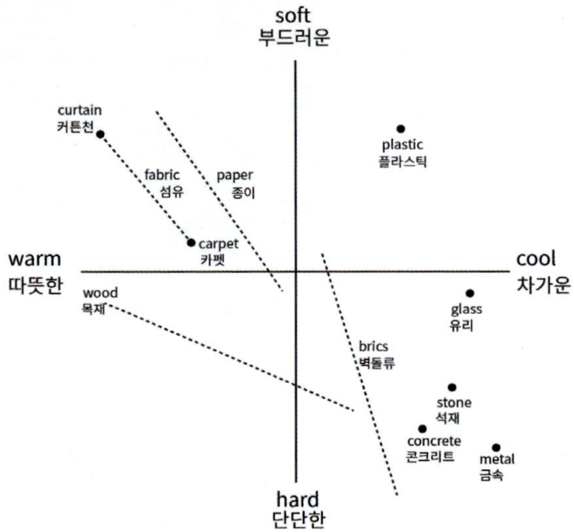

<출처 : "다양한 물성을 적용하는 공간그래픽 재료의 시지각 표현", 2018, 서울대학교 석사학위논문. p.28>

그림 12-13 재료 물성에 따른 감성코드 분류

③ 색채

색채는 빛 에너지에 의해 반응하는 눈의 생리적 현상으로서 여러 가지 감정 반응을 일으키게 한다. 색채는 환경과 인간 사이에 내재하고 있는 상호작용에 의해 지각되며, 이는 자극에 대한 감성적 인지 반응을 가지게 한다. 물체를 보았을 때 자극의 강도는 형태보다 색채가 강하며, 연구 보고서에 따르면 최초의 색채 80%에 형태 20%였다가 20분 후에는 색채의 자극 강도 비율이 급격히 감소되어 색채와 형태가 균형 있게 그대로 지속된다.

공공공간에 있어 색차가 크면 대비 효과로 인하여 자극이 강해지고 과도한 시각적 부하를 강요할 수 있기 때문에 불쾌감을 줄 수 있다. 하지만 조화롭고 절제된 색채로 이루어진 공공공간은 심미적으로 안정감을 가지게 하며, 매력적인 공간으로 인식된다.

<출처 : https://www.pinterest.co.kr>

그림 12-14 공공공간의 색채디자인

공공공간에서 소규모 가로시설물인 가로등이나 벤치 등 색채를 조절함으로써 보행 공간의 문화적 특수성을 살린 의도적인 이미지를 만들어 낼 수 있다. 쾌적한 공공공간을 조성하기 위해서는 주변 환경의 조화를 이루도록 색채 계획을 하는 것이 무엇보다도 중요하다.

12.3
공공공간의 조형디자인

일반적으로 조형은 시각적 형상을 만드는 것을 뜻한다. 그러나 공공공간은 사람들이 공유하고 함께 살아가는 삶의 공간을 구축하는 것이기에, 이를 조형화한다는 것은 물리적 환경뿐만 아니라 삶의 행태와 장소적 특성까지도 함께 고려해야 한다. 이에 공공공간의 조형 디자인을 경관적 차원, 장소성 차원, 소통 기능 차원으로 나눌 수 있다.

경관적 차원의 디자인

공공공간을 이루는 개체들은 개별적으로 존재하지만 다양한 관계에 의한 구성으로 엮여 공간의 형(形)을 이룬다. 주변 환경과 조화로운 공공공간은 단순하게 색이나 형태를 주변과 비슷하게 하거나 다른 요소로 감춘다고 창출되는 것이 아니다. 그 지역의 경관이나 환경 자체가 다양한 요소와 가치관을 내포하고 있으므로 그에 대한 대응 방법은 다양할 수밖에 없다.
조화로운 경관을 형성하기 위해서는 통일적이고 균형적인 미를 추구하는 것뿐만 아니라 사물과 사물의 대응하는 아름다움도 중요하다. 이를 기초로 공공공간을 디자인할 때 고려해야 할 방법으로 소거법, 융화법, 강조법을 들 수 있다.

1 소거법(Elimination Method)

공공공간을 구성하고 있는 공공시설물은 필요에 따른 기능적 형태를 지니고 있지만, 과도한 장식적 형태와 색채를 사용함으로써 시각적 불쾌감을 일으킬 수 있다. 소거법은 불필요한 시설물들과 불필요한 장식적 요소를 제거하여 사물을 숨기고 환경 속에 흡수시켜 주변 경관 조화를 이끌어 내는 방법이다.

그림 12-15 수목칼라를 활용한 공공시설물 소거

❷ 융화법(Harmony Method)

공공공간은 경관 자원이나 특성을 고려하여 경관의 연속성과 일관성을 유지할 수 있도록 해야 하며, 다양한 요소들을 조화롭게 구성하는 것이 무엇보다 중요하다. 융화법은 주변 환경과 유사한 재료나 색채 및 형태로 경관과의 조화를 이루게 하는 것이다. 이는 공공공간을 이루고 있는 인공적인 시설과 자연 요소 간의 일체감을 이루도록 하여 자연스럽고 조화로운 경관을 형성하게 된다. 사물과 배경의 형태를 고려하여 경관을 명쾌하게 하는 통합적인 접근이 중요하다.

<출처 : https://www.swarthmore.edu/a-brief-history/1929-scott-arboretum>

그림 12-16 주변경관과 융화된 디자인사례

❸ 강조법(Emphasis method)

강조법은 공간의 대비적인 아름다움과 변화를 추구해 새로운 경관을 창출하는 데 고도의 디자인 능력이 요구된다. 이는 공공공간의 특징적인 요소를 강조하거나 예술적 가치를 조형화함으로써 일상 공간의 변화와 인상적인 리듬감을 주게 된다. 공공공간의 조형 디자인에서 강조법은 단순히 형태적인 모습을 강조를 하는 디자인을 창출해 내는 것보다는 지역의 장소적 가치와 미래의 경관 형성의 방향성을 제시해야 한다.

<출처 : https://gr.pinterest.com/pin/661747738974424367/>

그림 12-17 색채와 상징성을 강조한 디자인 사례

장소성 형성의 디자인

우리의 일상 공간은 개인적이면서, 사건과 상황의 오랜 축적을 통해 고유의 장소성을 만들게 된다. 장소성은 공간의 물리적 입지조건과 활동, 그리고 사회적 의미가 시·공간적인 맥락을 이루면서 일관된 상징적 이미지를 구축하는 것이다. 특히 장소성이 형성된 공간은 공공적 성격을 지니며, 그곳의 고유한 역사성과 상징성을 간직하고 있다. 이는 옛 장소와 새로운 공간의 상호 맥락적인 연결성을 이루는 것이며, 이는 오래된 시간의 흔적 속에 또 다른 장소적 가치를 창출해 나가는 것이다.

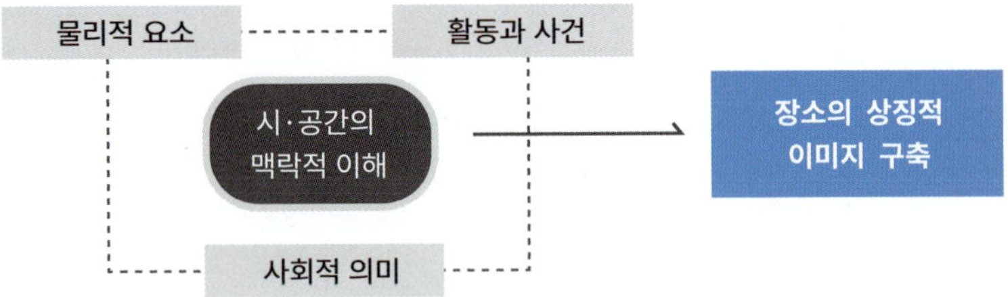

그림 12-18 장소의 상징적 이미지 구축

장소는 위치적으로는 고정되어 있지만, 사건과 경험의 축적을 시간적 연속성을 지닌다. 장소를 기억하는 것은 단지 물리적인 모습만을 대상으로 하지 않으며, 그 속에 담긴 역사적 사건을 기억하는 것이다. 역사는 장소의 의미를 더하며, 시간은 장소의 가치를 더한다. 장소에 담겨 있는 이야기가 과거와 현재를 중첩시키며 미래의 장소 가치를 형성하게 된다.

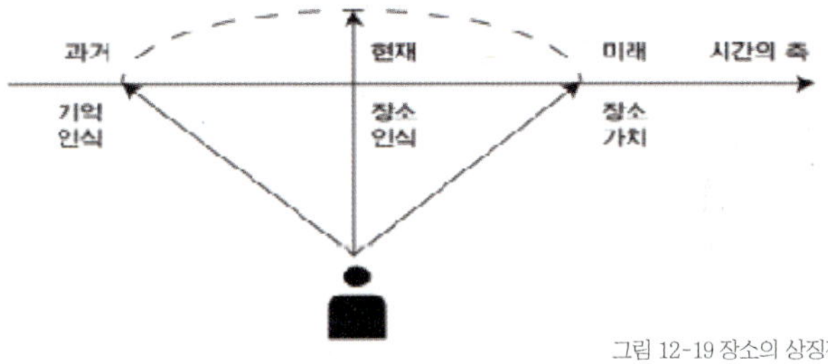

그림 12-19 장소의 상징적 이미지 구축

장소의 기념비적인 역할을 보여주는 사례 중 베트남 전쟁 메모리얼은 지형의 높이차를 이용해 조형화한 공간이다. 벽면의 재료인 검은색 화강석에는 베트남전에 희생되었던 사람들의 이름이 적혀 있으며, 방문객들의 모습이 반사되어 비추도록 되어 있다. 이러한 기법은 재료적인 표현을 통해 과거 베트남전 희생자를 추모하고 현재를 비추는 하나의 추상적인 공간을 표현한 것이다.

그림 12-20 역사적 사건을 기념하기 위한 장소(Vietnam Veterans Memorial Washington, DC.)

훔볼트 대학 도서관 중앙의 분서 기념물은 장소를 기억하기 위해 거대한 조형물이나 장식적인 요소를 추가하지 않았다. 이곳은 1933년 5월 10일에 훔볼트 대학의 수많은 가치 있는 도서들이 광기의 나치 대학생들에 의해 불태워진 장소이다. 그 역사적 사건의 현장에는 반투명의 1.2M*1.2M 유리판이 놓여 있고, 그 하부 지하공간에는 영원히 채워지지 않는 하얀색의 빈 서가만 연출한 설치작품이 놓여 있다. 밤이 되면 아주 희미한 불빛만이 암울한 시간들을 되새겨 준다. 이곳은 한 번 불태워진 도서는 영원히 재생되지 않는다는 것을 상징하고, 방문자에게 장소의 기억을 잊지 않도록 교훈을 주고 있다. 이 사례에서는, 장소를 기억하기 위해서 외형적으로 특출하거나 특별한 형태가 필연적이 아니라는 것을 보여준다. 이는 장소적 가치의 해석이 중요하고 모두가 공감할 수 있는 상징적 의미를 표현할 수 있는 조형적 감각을 필요로 한다.

<출처 : https://hum.davidson.edu/wp-content/uploads/2018/02/book-burning-memorials.pdf>

그림 12-21 현장성을 기록한 상징적 표현의 장소(Book Burning Monument, Germany.1995)

런던에 있는 테이트 모던 미술관은 장소가 과거와 현재를 중첩시키며 새로운 장소성을 만들어 낸 사례이다. 이곳은 런던에 전기를 공급하기 위해 1950년대 지어진 뱅크사이드 화력 발전소(Bankside Power Station)였다. 발전소가 그 기능을 다하자 새로운 성격의 미술관으로 바꾸었다. 이 미술관은 기존 건물의 모습을 잘 보존하기 위해 벽돌 외관은 원형대로 유지하고, 그 위에 새로운 유리 박스를 올려 형태적 완성도를 높였다. 유리 소재와 벽돌의 조화는 예스러움과 새로움의 이미지를 잘 나타내고 있다. 특히 길이 152m에 높이 35m에 달하는 화력 발전소의 터빈홀 내부 공간을 비워 두어 로비 공간 및 예술 작가들의 설치미술의 장으로 활용하였다. 이 공간은 관람객들에게 관람의 즐거움을 선사하며 작가들의 다양한 작품이 연출되는 생동감 있는 장소로 재탄생하였다.

<출처 : https://khariles.tistory.com/618>

그림 12-22 형태보존을 통한 장소성 형성 (Tate Modern Museum, London. 2000)

또 다른 사례로, 지리적이고 기후적인 조건에 순응하여 그 지역의 고유한 조형적 특성을 지닌 버내큘러 디자인 개념의 장소를 들 수 있다. 버내큘러 디자인의 장소적 특성은 그 지방 고유의 재료와 전래적인 기술을 사용하여 구축되며, 그 지역의 특정한 생활양식에 적합한 형태로 조형적 완결성을 지니게 된다.

버내큘러 디자인은 특정한 한 사람이 개입된 것이 아니라, 관습적인 방법에 의해, 세대를 넘어서, 자연발생적이고 생물학적인 진화 과정을 거쳐 자연스럽게 형성된 것이다. 버내큘러 디자인은 그리스 산토리니의 건축 양식, 제주도의 돌담, 아프리카 원주민 주거지에서도 활용되고 있다.

<출처 : https://i.pinimg.com/originals/1c/71/77/1c71772fbc9c2dda406af63928e28661.jpg
https://realestategals.com/musgum-earthships-korowai/>

그림 12-23 지역의 풍토적 특성을 지닌 장소의 조형성

소통공간의 조형 디자인

우리는 공공공간에서 만남의 기회를 얻게 되며, 상호적 활동을 통해 사회 존재 가치를 확인하게 된다. 공공공간에서 이루어지는 활동은 두 사람 이상이 같은 공간 안에서 함께 존재하는 모든 순간에 일어난다. 서로 보고, 듣고, 이야기 나누는 것 자체가 사회적인 접촉이자 커뮤니티 활동이다. 사회적 조직과 공동체로서의 질서를 잘 유지하기 위해서는 커뮤니티 활동이 잘 이루어질 수 있는 공간의 지원이 필요하다. 이를 위한 공간의 레이아웃은 서로 마주하면서 소통할 수 있는 형태가 필요하며, 특히 '눈의 접촉이 유지되기 쉽고 담화와 접촉이 가능한' 공간적 구조와 배치가 중요하다.

얀 겔 박사가 제시한 접촉을 유발할 수 있는 공간 구조는 벽을 없애는 구조, 사람과 사람 사이를 근접하게 하는 구조, 이동의 느린 속도·접촉이 빈번한 단층 구조, 등보다는 얼굴을 맞대어 바라볼 수 있는 구조이다.

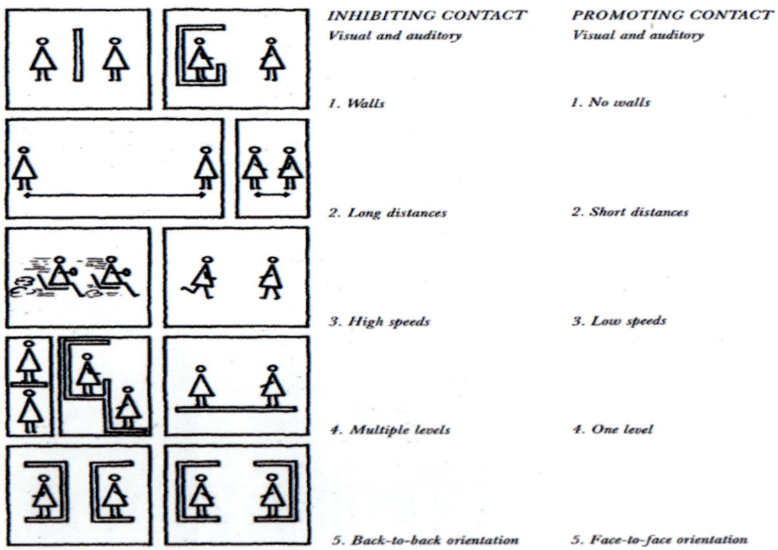

<출처 : "삶이 풍요로운 도시디자인", 2003, 푸른솔.>

그림 12-24 접촉을 유발할 수 있는 공간구조

네덜란드 건축가 알도 반 아이크(Aldo Van Eyck)는 공간의 형상은 특정한 행위와 감정을 불러일으키는 개념을 다이어그램으로 나타내었다. 서로 마주 보게 하는 공간 구조는 사람을 모이게 하고, 깊은 소속감을 느끼게 한다. 커뮤니티 행위를 유발하는 이런 구조는 사람들이 자연스럽게 내부로 향하게 하며, 특정한 자세와 사람 간의 관계를 유도하여 공동체까지 영향을 미친다. 반대로 사람들이 서로 등을 돌리고 밖을 향해 앉는 구조는 개인적인 프라이버시 영역을 형성하도록 하고, 사람을 흩어지게도 한다.

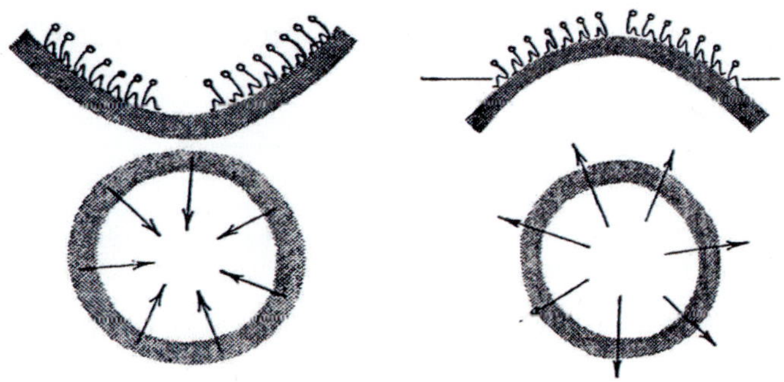

<출처 : https://www.pinterest.co.kr>

그림 12-25 커뮤니티 행위를 유발하는 공간구조 (Diagram of Aldo an Eyck)

커뮤니티 활동의 질적 수준은 공공공간에서 경험할 수 있는 만남의 기회와 접촉의 강도에 따라 달라진다. 이를 위해 사람들이 자유롭게 접속할 수 있는 자율성과 유연한 경계의 성격을 지닌 공공공간의 개방성은 무엇보다도 중요하다. 공간의 개방적 특성은 물리적으로 비워진 공간을 뜻할 뿐만 아니라, 누구에게나 오픈되어 자유롭게 공간을 사용할 수 있는 열린 체계로서의 의미를 담고 있다.

열린 공간체계는 이질적인 문화 요소들을 허용함으로써 개체들 간의 다양한 문화 활동이 형성되도록 하고, 공간과 공간 및 사람과 사람을 이어주는 매개적인 역할을 한다. 이러한 공공공간은 다양한 커뮤니티 요소들을 서로 어우러지게 만드는 그물망 구조를 취하면서 비위계적인 다중심 공간으로 확장하게 된다.

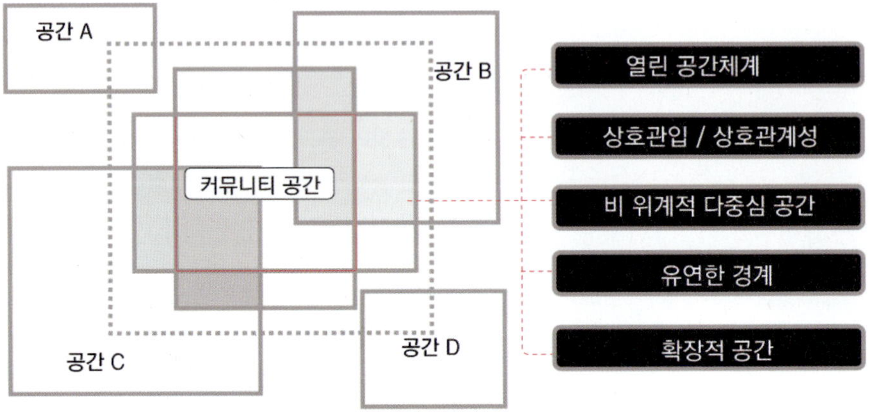

그림 12-26 커뮤티니 공간의 특성

도시에서 개방된 대표적인 공공공간으로는 포켓 공원과 광장을 들 수 있다. 한 예로 뉴욕에 위치한 브라이언트 파크(Bryant Park)는 시민들이 자유롭게 모여들어 다양한 행위들이 이루어지는 공원이다. 여름에는 음악회를 열고, 겨울에는 아이스링크를 설치하여 스케이트를 즐길 수 있는 특별한 행사가 개최되며, 평소에는 자유로운 휴식을 즐길 수 있고, 독서나 피크닉 장소로 사람들이 모이면서 커뮤니티가 가능한 공공공간이 된다.

<출처 : https://www.pinterest.co.kr>
그림 12-27 개방적 공공공간으로서 공원

광장은 도시에서 비워져 있는 매력적인 공공장소이다. 광장은 모든 길이 연결된 장소로서 도시생활의 중심 영역이다. 시장이 되기도 하고, 공연이 이루어지기도 하며, 사람들이 자유롭게 만날 수 있는 곳으로 다양한 행위와 커뮤니티 활동이 이루어지는 장소이다. 이는 건물이나 큰 구조물로 둘러싸여 형성된 비워진 공간으로, 행위의 자율성을 지닌 장소이자 공동의 의식이 행해지는 영역이다. 광장은 도시에서 필요한 대중의 집적 장소, 이벤트를 위한 공간, 극장, 영화관, 레스토랑, 카페와 같은 위락시설, 쇼핑시설, 업무시설 등 주변 시설과 연계되어 있다. 광장의 다양한 커뮤니티 활동은 도시의 문화가치를 생성하고 역동적인 공간의 모습을 연출하게 된다.

<출처 : https://www.designboom.com/architecture/city3-atelier-starzak-strebicki-laura-muyldermans-constellations-brussels-08-17-2017/>

그림 12-28 광장에서 이루어지는 다양한 공간의 형태

또 다른 형태의 커뮤니티 공공공간으로 거리를 들 수 있다. 거리는 이동을 위한 공간이지만, 걷는 행위로 다양한 공간과 만나게 된다. 우리의 일상 공간이 아름다워지기 위해서는 다채로운 공간으로 연결된 '걷기 좋은 길'이 많아야 한다. 우리는 걸을 때 주변과 더 긴밀히 연결되는 느낌을 받는다. 그래서 사람들이 거리를 걸으면서 즐길 요소가 많아지고 다양한 체험을 할 수 있어야 한다. 거리가 이동의 기능을 넘어서 즐거움까지 선사하게 되면 자연스레 사람들이 많아지고 커뮤니티가 활성화가 이루어진다.

<출처 : http://m.biz.khan.co.kr/view.html?artid=201607132036005&code=900306&med_id=>

그림 12-29 다양한 커뮤니티활동이 이루어지는 거리

12.4 맺음말

공공공간은 우리가 경험하는 일상의 세계를 반영하는 실체의 세계이기 때문에, 인간의 존재와 행위는 그곳에서 다양한 삶의 모습이 생겨난다. 공공공간을 디자인하는 것은 인간의 공동체 생활 터전을 형성하는 것으로, 보다 인간답게 생활하기 위한 생활환경을 계획해 가는 과정이다. 그러므로 공공공간을 조형화한다는 것은 기하학적 도형을 추상적으로 배열하여 구성하는 단순한 작업이 아니다.

공공공간은 경관적 차원에 더해 장소성을 형성하고 소통 기능을 활성화하는 복합적인 관점을 고려한 디자인이어야 한다. 이러한 과정으로 공공공간은 장소 애착을 느낄 수 있는 가치를 더할 수 있다. 함께 살아가는 형(形)으로서의 공공공간의 구축행위 속에서 다양한 삶의 경험들이 하나하나 축적되고 삶이 풍요로워진다.

PART 4 품격을 높이는 공공디자인

13. 공공건축 디자인

13.1 공공건축의 개요

「건축서비스산업진흥법」 의 공공건축물 정의를 보면, 공공건축[1] 이란 공공기관[2] 이 건축하거나 소성하는 건축물[3] 또는 공간환경[4] 을 말한다. 따라서 공공건축이란 시청이나 구청, 주민센터, 법원, 경찰서 등 공공부문에 종사하는 사람들이 담당업무를 보는 업무시설인 청사를 비롯하여 우리의 일상생활 속에서 이용한다.

[1] 건축서비스산업진흥법 제2조(정의) 6.

[2] 건축서비스산업진흥법 제2조(정의) 5 '공공기관'이란 다음 각 목의 어느 하나에 해당하는 기관 또는 단체를 말한다.
가. 국가
나. 지방자치단체
다. 「공공기관의 운영에 관한 법률」 제4조제1항에 따른 공공기관
라. 「지방공기업법」에 따른 지방공기업을 말한다.

[3] 건축기본법 제3조(정의) 1. '건축물'이란 토지에 정착하는 공작물 중 지붕과 기둥 또는 벽이 있는 것과 이에 부수되는 시설물을 말한다.

[4] 2. '공간환경(空間環境)'이란 건축물이 이루는 공간구조·공공공간 및 경관을 말한다.
3. '공공공간(公共空間)'이란 가로·공원·광장 등의 공간과 그 안에 부속되어 공중(公衆)이 이용하는 시설물을 말한다.

아울러 다양한 삶의 한 부분으로 일상적 활동이 이루어지는 장소라고 볼 수 있다.

구분	관련규정	지정	지정대상
공공기관	공공기관의 운영에 관한 법률	기획재정부 장관이 국가 지방자치단체가 아닌 법인단체 또는 기관중 지정	1. 다른 법률에 따라 직접 설립되고 정부가 출연한 기관 2. 정부지원액(지분 다양)을 받아 설립한 기관 3. 기획재정부장관이 지정한 기관 ① 구성원 상호간의 상호부조·복리증진·권익향상 또는 영업질서유지 등을 목적으로 설립된 기관 ② 지방자치단체가 설립하고, 그 운영에 관여하는 기관 ③ 한국방송공사와 한국교육방송공사

출처 : 공공기관 운영에 관한 법률 2조

표 13-1 공공기관의 구분

공공건축에 포함되는 공공청사의 법적 정의 및 범위[5] 를 보면, “청사”란 국가가 중앙행정기관 및 그 소속기관의 사무용과 공무원의 주거용으로 사용하거나 사용하기로 결정한 건물과 부대시설 및 그 대지를 말한다. 또는 국가나 지방 공공단체가 행정사무를 보기 위해 사용하는 시설을 총칭한다.

시기	1980	1991	2008.2	2008.8
대상	1. 군사시설 2. 행형시설 3. 학교시설 4. 의료시설 5. 재외공관용 청사 6. 자연과학 분야의 시험·연구시설	1. 국방 또는 군사시설 2. 행형시설 3. 교육시설 4. 의료시설 5. 재외공관용 청사 6. 시험·연구시설 7. 관람집회 또는 전시시설 8. 기타 시설 사용의 주목적이 중앙행정기관 및 그 소속기관의 사무용 또는 공무원의 주거용 시설이 아닌 시설	1. 「정부조직법」에 따른 중앙 행정기관 2. 대통령 소속기관 중 중앙인사위원회·국민고충처리위원회 및 국가청렴위원회 3. 국무총리 소속기관	1. 「정부조직법」에 따른 중앙행정 기관 3. 국무총리 소속기관

출처 : 건축도시공간연구소, “공공청사 건축디자인 기준 설정방안 연구”

표 13-2 정부청사 관리규정의 적용 범위와 변화

[5]정부청사관리 규정 참고

공공건축 관련 주요내용

국가적 차원에서는 좋은 공공건축을 위해 2007년 「건축기본법」을 시작으로, 2014년 「건축서비스산업진흥법」이 제정·시행되면서 공공건축의 질적 수준을 높이기 위한 정책 추진의 제도적 기반이 마련되었다.

국가뿐만 아니라 지방자치단체의 노력으로 서울특별시는 총괄건축가 및 공공건축가 제도를 운영하여 소규모 공공건축부터 대규모 개발사업까지 건축행위에 대한 질을 높이려는 시도와 함께 '도시공간개선단'을 조직하여 공공건축과 공공공간을 기획하고 조성하는 관리업무를 수행 중에 있다.

구분	근거법령 및 조례	업무내용
국가공공 건축지원 센터	「건축서비스산업 진흥법」 제24조(공공건축지원센터)	• 공공건축 사업계획 사전 검토 • 자문에 대한 응답 • 공공기관 관계자 교육 • 공공건축 데이터베이스 구축
서울시 총괄건축가	「건축기본법」 제23조 (민간전문가의 참여) 제36조(서울총괄건축가 운영)	총괄건축가의 업무범위(조례 제36조제3항) 2. 시장 등이 발주하는 건축물 및 공간환경 사업의 기획 및 기본설계에 관한 자문 4. 도시계획시설 또는 공공시설 이전 부지를 개발하는 사업의 기획 및 기본설계에 관한 자문
서울시 공공건축가 제도	「건축기본법」 제23조 (민간전문가의 참여) 「서울특별시 건축기본조례」 제37조(공공건축가 운영 등)	공공건축가의 업무범위(조례 제37조제3항) 1. 시장 등이 발주하는 공공건축물의 설계참여 또는 기획 및 설계업무에 대한 조정자문 4. 기타 시장이 필요하다고 인정하는 공공건축에 대한 기획 및 설계에 대한 자문
부산시 공공건축가 제도	「건축기본법」 제23조 (민간전문가의 참여)	공공발주 건축물에 대해서도 기획단계에서부터 공공건축가를 참여시켜 자문하고 소규모 건축물에 대해서는 신진 건축가에게 참여 기회를 부여

출처 : 건축도시연구소, "공공건축의 원칙과 요건", 12쪽

표 13-3 공공건축 관련 제도 및 주요 내용

그 밖에 부산광역시도 2015년부터 공공건축가제도를 도입하여 시행 중에 있으며, 충청남도는 충남연구원 내에 '충남공공디자인센터'를 설립하여 수준 높은 공공건축 및 공간조성을 위해 노력을 기울이고 있다.[6]

공공건축물의 성격[7]

1 공공성에 대한 정의

'좋은 공공건축'에 대한 수요와 그 수요를 맞추기 위한 중앙정부 및 지방자치단체의 노력은 결국 공공건축이 갖춰야 할 요건과 그 요건을 충족시키기 위한 원칙에 대한 논의를 필요로 한다. 공공성(公共性)을 가진 공공건축은 일반적인 건축물과는 어떤 차이를 가지고 있으며, 어떤 차이가 있어야 하는지를 논의하기에 앞서 '공공성'이란 무엇인지를 살펴볼 필요가 있다.

공공성에 대해서는 여러 논의가 있었지만, 도구적 공공성·윤리적 공공성·담론적 공공성으로 유형을 나누어 볼 수 있다.

도구적 공공성은 자유주의에서 추구하는 개념으로, 최소 국가가 '중립적 도구'로서 시민들이 사적인 이익을 추구하는 데 필요한 최소한의 법·제도적 장치를 구비하고, 작동시키는 것을 의미한다. 이처럼 자유주의적 공공성 논의의 핵심은 공공부문의 제도적 범위를 확정하는 것으로 그 범위는 작을수록 바람직하다. 이러한 의미에서 도구적 공공성은 '공공부문에서 생명권, 자유권, 재산권 등과 같은 최소한의 기본권을 보장하는 정도'라는 제한된 범위에서 논의될 수 있다.

윤리적 공공성은 좀 더 실질적이면서, 결과적인 측면을 강조한다. 존 롤즈(John Rauls)의 사회정의처럼 최소 수혜자의 최대 이익을 보장하면서 공정한 기회균등이나 투명한 복지의 확충 등을 담고 있는 윤리적 공공성은 도구적 공공성으로 담보할 수 없는 긴장과 모순을 실체적으로 해결하고자 하는 의지적인 노력과 가치판단을 요구한다. 도구적 공공성과 윤리적 공공성을 함께 고려하는 것이 필요하다는 접근은 공공성의 개념을 확장하고 있다.

[6] 국가공공건축지원센터, 공공건축의 원칙과 요건, 12~13쪽

[7] 앞책, 10~15쪽을 요약함

담론적 공공성은 보다 과장적이고 동적인 상황을 다루고 있다. 도구적 공공성의 상태나 윤리적 공공성의 상태 모두 담론적 공공성이 부족한 상황에서도 달성할 수 있지만, 담론적 공공성이 없이 달성된 도구적 또는 윤리적 공공성은 충분한 공공성을 가진다고 보기 어렵다는 것이다. 즉, 이상적인 상황을 구현하는 것도 중요하지만, 그 과정에 있어서 얼마만큼의 사회적 합의, 하버마스(Habermas)가 말하는 담론적 의사소통을 거쳐 결론에 이르는가가 담론적인 공공성을 의미하며, 그러한 담론적 공공성이 부족할 때에 달성된 이상적인 상태는 충분한 공공성을 확보한 것으로 볼 수 없다는 점이다.

공공재와 비경합성·비배제성·클럽재

공공건축을 구현하는 데 있어서 우리가 고려해야 할 도구적 공공성, 윤리적 공공성, 담론적 공공성은 어떻게 달성이 가능한가를 살펴보기 위해서는 기존의 공공재 개념을 검토할 필요가 있다.

경제학자들이 말하는 공공재는 비경합성 [8]과 비배재성[9]을 지닌 재화로 정의되고 있다. 현실의 모든 재화 또는 공공재로 일컬어지는 재화들조차도 완전한 비경합성과 비배제성을 가지지 못하고 있다. 오히려 뷰케넌(J. Buchanan)이 제시하는 클럽재[10] 의 성격을 가지고 있는 경우가 많다. 이 경우에 진입 조건과 수혜대상을 어떻게 계획·조정·규제하는가를 결정하는 공공의 역할이 절대적으로 중요해진다.

이러한 공공재의 역할은 단순히 시장의 작동으로 조절되는 것이 아니라 공공자체의 논리와 맥락에 따라 변하게 된다. 또한, 다시 공공의 역할을 스티글러(George Stigler)가 말하는 '포획이론'[11]등으로 말미암은 왜곡이 일어날 가능성도 염두에 두어야 한다.

[8] 태양 빛이나 음악처럼 모두가 공유하는 데 문제가 없는 재화가 바로 비경합성을 지닌 재화이다

[9] 무임 승차자를 배제하기 어려운 공기나 해변의 경치 등은 비배제성을 가지고 있는 재화라고 할 수 있다.

[10] 일정한 자격과 일정한 경제력 등을 기반으로 진입·이용할 수 있는 클럽재는 대부분의 공공재, 특히 생존에 큰 영향력을 가지는 공공재가 가지는 특성으로 볼 수 있다.

[11] 시장원리가 제대로 작동하지 않거나 고도의 전문성을 띤 산업분야에서 정부는 이익집단의 그럴 듯한 주장과 설득에 넘어가서 이익집단의 의도대로 규제정책을 펴기 쉽다는 뜻에서 포획이론이라는 말이 쓰여지는 것

공공건축은 결국 공공성과 공공서비스의 틀에서 이해되고, 공공서비스의 측면에서 구현하는 것이 공공건축에 주어진 사회적 임무라고 보아야 할 것이다.

구분		지정대상	
		시민 민주주의	공민 민주주의
정의 및 평등관	과정 지향적	도구적 공공성 (instrumental publicness)	담론적 공공성 (discursive publicness)
	결과 지향적	윤리적 공공성 (ethical publicness)	구조적 공공성 (structual publicness)

출처 : "공공건축의 원칙과 요건", 13쪽

표 13-4 공공성의 유형

	배제성	비배재성
경합성	사유재 (음식, 옷, 장난감, 가구, 자동차 등)	공공자원 (물, 생선, 사냥 등)
비경합성	클럽재 (케이블, TV방송, 전력, 수도 등)	공공재 (국방, 치안, 지상파, TV방송 등)

출처 : "공공건축의 원칙과 요건", 15쪽

표 13-5 경제학에서의 공공재 개념

13.2 공공건축의 건축

공공건축물 현황[12]

우리나라의 공공건축은 양적으로 증가하는 추세이며, 2016년 12월을 기준으로 199,861동이다. 매년 약 4,800동의 공공건축이 신축되고 있으며, 공공건축의 연면적도 1동당 평균 1,002m^{2}로 지속적인 증가세를 보이고 있으며, 전국 건축물(2.5%)은 2.5배 수준을 보이고 있다.

이렇듯 공공건축 조성 건수와 규모는 해마다 큰 폭으로 증가하고 있지만, 최근 우리사회에서 '좋은 건축'에 관한 논의가 시작되고 있는 것은, 이미 공공건축에 대한 사람들의 요구와 현실에서의 공공건축이 일치하지 않기 때문은 아닌지 생각해 볼 필요가 있다. 후대에 물려줘야 하는 공공자산으로서 공공건축이 갖추어야 할 요건들에 대해 충분한 논의를 거치지 않아 시민사업의 공감대가 부족하기도 하고, 경제적인 논리를 우선시하여 '좋은 건축물'보다는 '빠르고 값싼 건축물'이 지어진 이유도 있다.

공공건축의 공간 안에 담아야 할 다양한 이용자들의 행태들과 이를 충족시킬 조건들에 대해 면밀히 검토하기보다는, 기본적인 기능성과 예산절감에 주력해 온 것이 사실이다.

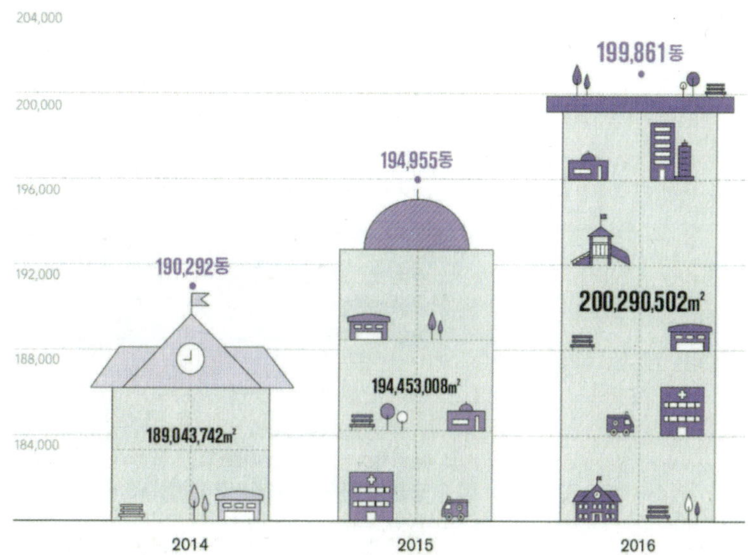

출처 : 국가공공건축지원센터, "공공건축의 원칙과 여건", 2017. 11쪽

그림 13-1 전국 공공건축물 동수 및 연면적

[12] 국가공공건축지원센터, "공공건축의 원칙과 여건", 2017, 11쪽

공공건축물의 디자인 프로세스

① 사전검토의 목적

공공건축 사업계획 사전검토는 공공건축 조성·기획단계에서 사업목적에 맞는 적정규모와 프로그램을 계획하고 이에 따른 디자인 방향을 설정하는 데 도움을 주기 위한 제도이다. 나아가 합리적인 예산을 계획하고 발주 방식을 포함한 사업 전 과정에 걸친 디자인 관리체계를 제시하여 사업이 효율적으로 추진될 수 있도록 지원하기 위한 것이다.

② 사전검토의 내용

「건축서비스산업진흥법」 제23조제2항에 따라 공공기관이 공공건축 사업을 하고자 할 때에는 다음의 내용을 포함한 사업계획서를 작성하고 공공건축 지원센터에 검토를 요청해야 한다.

- 사업의 규모와 내용, 사업기간, 재원조달계획 등 사업의 추진에 관한 사항
- 발주방식
- 디자인 관리방안
- 에너지 효율화 등 지속가능성 제고방안
- 그 밖에 공공적 가치 및 품격 제고를 위한 사항
- 사전검토의 신청은 아래 절차를 따른다.
- 사전검토는 공문을 통해 신청하며, 관련 첨부 자료를 함께 제출한다.

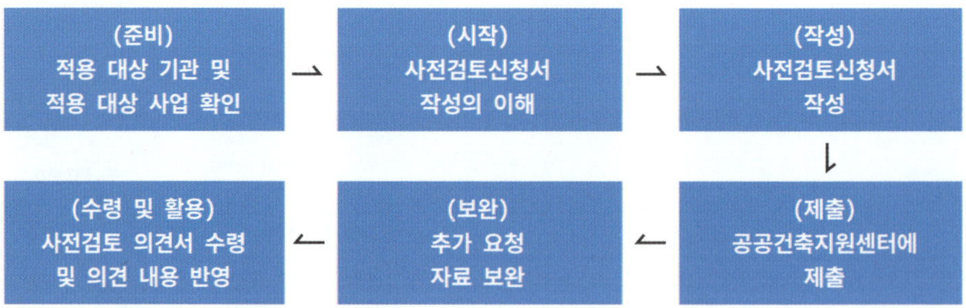

출처 : 공공건축 사업계획 사전검토신청서 작성 가이드, 3쪽

그림 13-2 사전검토 절차

③ 사전검토의 시기

「건축서비스산업진흥법시행령」 제20조제2항에 따라 설계용역 입찰공고 전에 공공건축 사업계획 사전검토를 요청해야 한다.

- 사전검토는 사업예산의 적정성을 확인하고 건축물의 특성에 맞는 설계 공모방식을 유도하며 시공 및 사후에도 일관된 디자인 관리가 이루어질 수 있도록 사전검토 시기를 설정해야 한다.
- 사전검토 시기는 공공기관의 특성에 따라 사업예산 확정 전 또는 사업예산 확정 후 설계용역 입찰공고 전에 할 수 있다.
- 사업예산 확정 전에 사전검토를 요청할 경우 사업 특성에 맞는 규모와 계획방향을 설정하고, 이에 맞는 현실적인 예산계획을 수립하여 사업에 반영할 수 있다. 국가공공건축지원센터에서는 이와 관련한 전문적인 자문을 수행한다.

공공건축 사업계획 사전검토 대상 여부 확인

① 사전검토 대상 기관

사전검토 대상 "공공기관"은 국가기관과 지방자치단체, 「공공기관의 운영에 관한 법률」 제4조제1항에 따른 공공기관, 「지방공기업법」에 따른 지방공기업을 모두 말한다.[13]

구분	국가기관			지방자치단체		공공기관의 운영에 관한 법률에 따른 공공기관			지방공기업법에 따른 지방 공기업			총 합계
	부	처	청	광역	기초	공기업	준정부 기관	기타 공공기관	직접경영	간접경영		
									지방직영 기업	지방공사	지방공단	
개수	17	3	18	17	227	30	87	187	255	61	80	982
계	38			224		304			396			

출처 : 공공건축 사업계획 사전검토 신청서 작성 가이드, 5쪽

표 13-6 사전검토 대상기관 분류

[13] 안전행정부 홈페이지(https://www.mospa.go.kr), 공공기관 경영정보 공개시스템 '알리오' 홈페이지 http://www.alio.go.kr), 지방공기업 경영정보 공개 시스템 '클린아이' 홈페이지(http://www.cleaneye.go.kr)에서 지방공기업 현황을 확인할 수 있다.

2 사전검토 대상 사업

사전검토 대상사업은 설계공모를 우선 적용하는 공공건축물로 설계비 추정가격이 「국가를 당사자로 하는 계약에 관한 법률」 제4조제1항에 따른 고시금액 이상인 건축물이다. 다만, 공장, 창고시설, 위험물 저장 및 처리시설 등 「건축법 시행령」 별표1 제17호부터 제26호까지 및 제28호에 해당하는 건축물과 「국가재정법」에 따른 예비 타당성 조사, 「지방재정법」에 따른 타당성 조사를 시행한 경우는 제외된다.

기타 지역자치센터, 유치원, 노유자시설 등 국토교통부장관이 필요하다고 정하여 고시하는 용도의 건축물은 규모에 상관없이 사전 검토를 받아야 한다.

사전검토 대상 사업	
1. 설계비 추정 가격이 고시금액 이상인 공공건축물 (2014년 기준 설계비 추정가 2,3억)	2. 국토교통부장관이 정하여 고시하는 용도의 건축물
사전검토 면제 대상 사업	
1. 예비 타당성, 타당성 조사를 실시한 공공 건축물과 투·융자 사업 심사대상 공공건축물	2. 건축물 용도 중 「건축법 시행령」 별표1 제17호~26호, 제28호에 해당하는 공공건축물

출처 : 공공건축 사업계획 사전검토신청서 작성 가이드, 6쪽

표 13-7 사전검토 대상 및 면제사업

공공건축물을 위한 원칙

❶ 공공성

개인의 소유물을 사적 공간으로서의 민간건축과는 다르게, 우수한 품질과 품격이 있는 건축물을 만드는 것만이 좋은 공공건축이 최종적으로 지향해야 하는 목표이며 공간과 시설을 이용하는 사용자 모두에게 최적의 공공서비스를 제공하는 것이다.

좋은 공공건축과 공간환경을 조성하기 위해 영국 정부의 건축과 건설환경에 대한 자문을 수행한 독립기구인 CABE(The Commission for Architecture and the Environment)에 따르면 "좋은 공공건축은 사람들이 행동하는 방식을 변화시키고 삶의 질을 향상시키는 데 기여한다."라고 하였다. 예를 들어 좋은 도서관은 지역 주민과 학생들이 자발적으로 문화 프로그램에 참여하고 학습하는 것이어야 하며, 좋은 업무시설은 지역의 보편적인 복지기반을 구축하고 주민 중심으로 자발적인 마을문제 해결 및 공동체가 실현되는 곳이어야 한다는 의미이다. 즉, 공공건축은 공간 및 시설을 이용하는 다수의 사용자 모두에게 맞춤형 공공서비스를 제공함으로써 다수의 이용자와 시민들을 대상으로 사회적 복지를 실현할 토대를 마련해야 한다.

❷ 효율성

좋은 공공건축을 만들기 위해서는 무엇보다 확실한 계획과 이를 실행에 옮길 수 있는 우수한 인적자원, 그리고 지속적인 유지·관리가 필요하다. 이용자의 요구와 건축물의 성능 및 디자인, 그리고 예산을 종합적으로 고려하여 공공건축이 비용에 합당한 가치를 담아낼 수 있도록 명확한 계획이 있어야 하며, 이를 제대로 구현하기 위한 총괄계획가·설계자·시공자 등이 필수적으로 확보되어야 한다.

또한, 공공건축의 기능에 따른 전문가와의 협업을 통해 기능의 세분화 및 전문적인 공간 프로그램 도입을 추진해야 하며, 기획단계부터 설계 및 시공·준공 이후의 유지관리 규정이 합리적이고 효율적으로 추진될 수 있도록 지속적인 관리 체계가 마련되어야 한다.

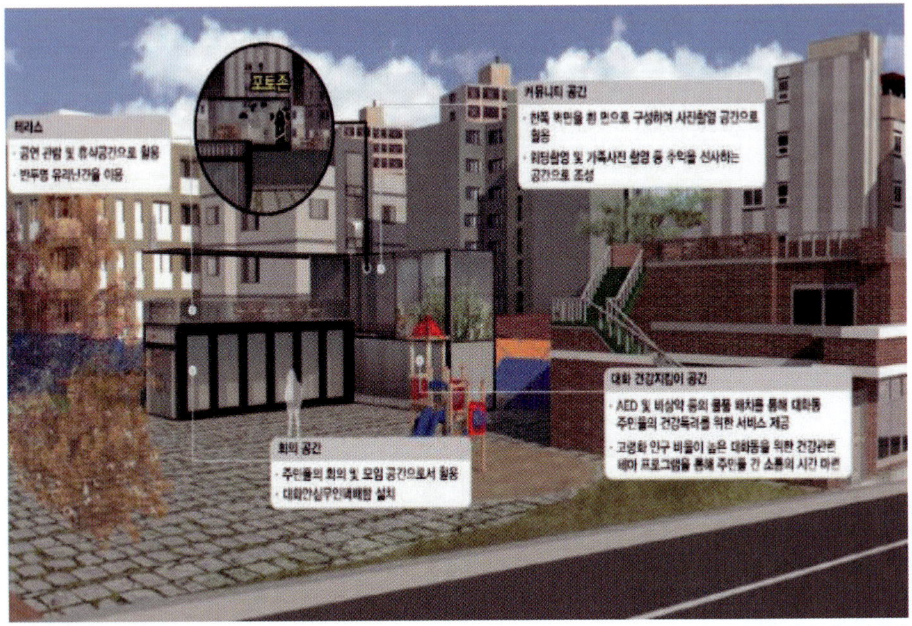

출처 : 대전 세종연구원

그림 13-3 도심으로 돌아온 등대 프로젝트

③ 시민 참여

좋은 공공건축을 만들기 위해서는 장소중심의 전략을 마련하고 다양한 주체, 특히 주 이용 계층인 시민이 중점적으로 참여할 수 있는 기회를 마련하는 것이 중요하다.

장소중심 전략이란 생활권역 단위로 공공건축물을 연계하고 활용할 수 있도록 공간관리 방향을 제시하는 것을 의미한다. 이러한 계획을 통해 시민들이 보다 풍요로운 생활을 영위할 수 있고, 공공에서는 적은 예산으로 공간 및 시설을 효율적으로 활용함으로써 시너지 효과를 기대할 수 있다. 시민 참여는 공공건축의 가치에 대한 공감대를 형성하는 데 있어 무엇보다 중요하다. 나아가 시민 참여는 공공건축을 실제로 사용하는 시민들의 요구사항을 직접적으로 수용함으로써 주민들이 공공건축을 이해하고 지역의 주요한 자산으로 받아들이는 데 도움을 준다.

이는 향후 공공건축을 관리하는 주체로서 자긍심과 책임을 부여하여 공공건축의 지속적인 관리 효용성을 높이는 데에도 기여하게 된다.

시민 참여를 통한 좋은 공공건축 만들기의 사례인 '찾아가는 동주민센터 공간 개선사업'은 서울특별시에서 공공건축가제도를 운영하여, 관련 사업의 하나로 2015년부터 추진하고 있는 사업이다. 찾아가는 동주민센터 공간개선 사업을 통해 사용자의 시민과 공무원의 의견을 적극 반영하여 시민들의 복지와 건강을 살피고, 지역의 공동체를 지원하는 공간으로서 탈바꿈하였다.

Before

After

출처 : http://blog.naver.com

그림 13-4 찾아가는 동주민센터 개선사업

13.3 공공건축의 디자인 관리

공공건축물의 5가지 주안점

❶ 친환경성과 지속가능성

좋은 건축물과 공간환경은 친환경적이고, 장기간 사용가능하며, 재사용이 용이하여 저탄소 녹색성장에 부합하도록 지속 가능하여야 한다.

아크로스 후쿠오카는 1995년에 개관되어 국제, 문화, 정보의 교류거점시설로서의 공공건축 역할을 수행하고 있는 친환경 건축물이다. 건물 전체를 녹지가 덮고 있는 듯한 이 건축물은 바로 옆에 흐르는 나카스강과 텐진 중앙공원과도 친환경적으로 잘 어울리는 모습이다.

녹화 면적은 5,400m^2로 일본 옥상 녹화시설 가운데에도 최대급 규모이며, 열섬현상의 완화와 흙과 녹음의 단열효과를 통한 건물 내부의 냉·난방 부담 경감 등 지구온난화 방지에 기여하는 친환경건축물이다. 건설 당시의 구성 수종은 전체적으로 76종 37,000그루였으나, 추가적인 식재 및 조류에 의한 씨앗의 발아로 말미암아 수종이 늘어서 현재 계단식 정원에는 120종의 나무와 식물이 50,000그루 이상 자라고 있다.

출처 : http://blog.hwenc.co.kr/182

그림 13-5 아크로스 후쿠오카

❷ 공간의 편리성과 안전성

좋은 건축물과 공간환경은 누구에게나 쉽고 편리하게 이용되고, 재해범죄사고 등으로부터 안전하여야 한다. 공공건축의 공공성은 필지의 경계를 넘어서면서 주변의 건축물과 공간들과 어떻게 연관되는지에 따라 변화할 수 있다.

모든 가로는 공공의 것인데, 공공건축은 가로와 어떻게 만나야 하는가? 주변의 공원이나 공공공간 및 민간 건축물과 어떠한 관계를 설정해야 하는가? 또는 그러한 요소들을 고려할 때, 어디에 입지해야 하는가? 공공건축에 대한 질문은 개별적인 공공서비스나, 입지의 사회적 여건을 고려하는 것뿐만 아니라, 주변의 공간들과의 정합성에 대한 응답도 포함해야 한다.

장애인종합복지관은 삼각지공원 내에서 가장 큰 면적을 차지하는 시설이므로 주변 공공시설과의 조화가 중요하게 고려되었다. 장애인을 위한 시설의 역할뿐만 아니라 시민 모두가 즐길 수 있는 공공공간을 만들고자 하였으며, 공원 내 건폐율 제한 법규 때문에 지상으로 계획할 수 있는 면적이 제한적이었다. 따라서 공원의 여유 공간을 지키면서 프로그램 요구를 만족할 수 있도록 대지를 입체화하는 전략으로 접근하여, 법적인 건폐율을 맞추면서 수평적으로 넓게 공간을 계획한 사례이다.

출처 : http://cafe.daum.net/hyeophoe7502/QQPs/2?q

그림 13-6 영주시 장애인 복지관

③ 사용의 공평성과 공정성

좋은 건축물과 공간환경은 성별, 연령, 소득계층, 인종 등에 따른 차별 없이 누구나 공평하게 함께 사용할 수 있어야 한다. 공공건축이 공공서비스에 대한 관심보다 개별적인 공공건축은 시설물로서 고려되는 경우가 적지 않다. 시설물로서의 공공건축이 우선하는 것이 아니라, 특정한 고려대상으로서의 공공서비스를 어떻게 시민사회에 전달할 것인가 하는 관점에서 공공건축은 재구성되고, 재고되어야 한다. 단위 행정구역 내에서 공공서비스에 대한 기획을 한 후, 공공서비스의 기준을 만족시키기 위한 수단으로서, 공공건축에 대한 논의가 필요하다.

서울특별시 동대문구청에서 역점을 두고 진행했던 공공건축 프로젝트인 '동네에서 5분 만에 찾아가는 작은 도서관'으로, 언제 어디서나 책을 읽고, 빌리고, 반납한다는 개념의 시작을 알리는 프로젝트이다.

출처 : http://utaa.co.kr/works

그림 13-7 동네에서 5분 만에 찾아가는 작은 도서관

청량리역 광장, 배봉산 근린공원 산책로, 장안동 벚꽃 둑방길에 설치되어 있다. 청량리역 광장은 공항버스터미널과 연계하고 배봉산 근린공원 산책로는 주변에 어린이집과 노인정 등이 많아 산책로의 공터를 이용해 작은 무대를 겸할 수 있게 설계했다. 장안동 벚꽃 둑방길에 자리한 도서관은 많은 시민이 산책과 운동을 위해 지나는 길로 평상과 같은 역할을 하는 야외휴식과 조망 공간으로 사용하도록 계획되었다.

④ 공간의 유연성과 확장성

좋은 건축물과 공간환경은 변화하는 사회적·시대적 요구에 유연하게 대응하도록 다양성과 융통성을 확보하고 장소의 특성에 따라 적정하게 이용될 수 있어야 한다.
기존의 시설물 중심의 공공건축은 공공서비스가 가지는 시간적·공간적 불일치를 해결하는 데 한계를 가질 수밖에 없다. 제아무리 훌륭한 도서관 건물이라고 하더라도, 방문할 수 있는 시간이 제한되어 있고 거주자들이 한정될 수밖에 없는 위치라면, 그러한 도서관 건물은 개별적인 건축물로서는 뛰어날 수 있더라도, 실질적인 공공서비스의 전달수단으로서는 좋은 평가를 받기 어려울 것이다.

네덜란드 암스테르담 대도시의 일부지역인 잔(Zaan) 지역은 실용적인 대안으로 도서관 버스(Bieb Bus)를 선택하여 운영하고 있다. 지역은 인구밀도가 높고 도로가 좁은 편으로 기존에 제공되던 50m^2 규모의 이동식 도서관보다 좀 더 효율적인 공간 활용이 필요했다. 이러한 수용에 맞춰 확장형 이동식 도서관을 개발하여, 도서관의 기능뿐만 아니라 주 이용계층인 아이들에게 독서에 대한 즐거운 경험과 장소를 제공할 수 있게 되었다. 트레일러에 고정된 상대적으로 작은 내부 공간은 약 7,000권이 마련되어 있는 도서관이며, 컨테이너가 위쪽으로 미끌어져서 공간이 확장되면 어린이들이 독서와 자유롭게 어울릴 수 있는 공간이 된다.

출처 : https://www.aljazeera.com/

그림 13-8 Bieb Bus

❺ 지역성과 전통성의 반영

좋은 건축물과 공간환경은 변화하는 지역의 고유한 사회·문화적이고 인문·지리적이며 경제적인 특성을 고려하고, 과거로부터 이어져 온 전통적인 자산을 보존 활용하며 미래에 가치 있는 자산으로서 창조될 수 있어야 한다.

좋은 공공건축은 지역의 역사와 문화 및 정체성을 선도할 뿐만 아니라, 기후변화 및 재해재난에 대비하는 선례도 필요하다. 랜드마크가 되어야 할 것인지, 아니면 기존의 역사적 건축을 지지하는 형태가 되어야 할 것인지 등도 고려되어야 한다. 적어도 대형 마트가 한 도시의 관문을 지키는 상징물이 되지 않기 위해서는 어떠한 의사결정이 이루어져야 하는지를 검토해야 한다.

테이트 모던 갤러리(Tate Modern Gallery)는 영국 정부의 밀레니엄 프로젝트의 일환으로 탬즈 강변의 뱅크사이드(Bankside) 발전소를 새롭게 리모델링하여 탄생하였다. 2차 세계대전 직후 런던 중심부에 전력을 공급하기 위해 세워졌던 화력발전소는 공해문제로 1981년 문을 닫은 상태였으며 위치적으로도 원래 이 지역은 런던 내에서 재개발이 지체되면서 낙후된 지역이었다. 영국 정부와 테이트 재단은 약 8년 간의 공사를 통해 본 건물의 기존 외관은 최대한 손대지 않고 내부는 미술관의 기능에 적합한 새로운 구조로 리모델링하였다.

출처 : https://brunch.co.kr/@architect-shlee/170
그림 13-9 테이트모던 갤러리

공공건축물의 단계별 디자인 관리 기준

1 일반사항

① 중앙행정기관의 장과 시·도지사 또는 시장·군수·구청장은 디자인 관리기준을 효율적으로 운영할 수 있도록 전문인력 확보, 관련부서 또는 관련기관 협의체 구성, 전담조직 구성 등 인력·조직 구축방안을 강구한다.
② 초기 기획단계에서부터 사업추진과 관련된 부서 또는 관련기관 간의 협의 또는 협력체계를 구축하고, "민간전문가"인 총괄계획가의 참여 및 전문가 자문단을 구성·운영한다.
③ 사업의 성격에 따라 지역주민들이 적절히 참여할 수 있는 다양한 방안을 강구하고, 주민참여 활성화를 위해 「경관법」에 따른 "경관협정제도"를 적극적으로 활용한다.
④ 디자인 단계별 기준의 이행 여부에 대하여 확인과 디자인 검토와 평가를 실시하고, 필요한 경우에는 환류과정을 거쳐 수정·보완하고 자료는 향후 활용이 가능하도록 한다.

❷ 기획단계

① 기획단계에서는 디자인 단계별로 참여할 이해관계자 범위 및 역할 설정, 주요 업무 및 수행방안 및 사업 추진조직 구성방안 등을 포함한 사업추진 체계를 구축한다.
② 사전조사는 지역의 고유한 여건과 맥락을 고려하고, 입지조사, 역사·문화 자원조사, 자연·사회환경조사, 수요조사, 유사사례조사, 지역경제여건조사 등 적정한 조사항목을 설정하고 설문이나 면담조사 등 효율적인 조사방법을 선택하여 진행한다.
③ 사전조사결과나 전문가 및 이해관계자 의견 등을 반영하여 사업의 성격에 적합한 비전, 목표, 사업추진방향 등을 설정한다.
④ 사업의 효율적인 추진을 위하여 관련 법정사업(경관사업, 건축디자인 시범사업 등)과 법정계획 수단(특정경관계획, 지구단위계획 등) 등을 최대한 활용한다.

❸ 계획 및 설계단계

① 대상지 분석, 디자인 개념의 설정 및 기본계획의 수립은 대상지의 형태, 지형, 역사, 관련된 상위계획(도시기본계획, 도시관리계획 등) 등 여건을 반영하여 기획단계에서 설정된 사업의 목표와 추진방향 등에 부합하도록 디자인 개념을 설정하고 기본계획을 수립한다.
② 통합 디자인의 시행은 사업의 규모와 성격에 따라 다양한 분야의 전문가가 참여하는 협력설계가 시행될 수 있도록 한다.
③ 기본설계 및 실시설계는 입체적 공간계획이나 시설물별 세부상세계획 등을 거쳐서 디자인 개념을 발전시킨 기본설계 및 실시설계(안)을 도출한다. 이 경우에 시공단계에서 설계변경을 최소화하도록 노력한다.

❹ 시공단계

① 시공단계에서는 통합디자인이 구현될 수 있도록 건축·토목·조경·설비·구조·전기 등 다양한 분야의 시공담당 주체간 협의하고 협력할 수 있는 체계를 구축한다.
② 시공감리만으로 사업의 목표 및 방향이나 디자인 개념 등을 충분히 반영하기 어렵다고 판단되는 경우는 설계자가 설계안대로 시공이 이루어지는지에 대한 여부를 확인하는 디자인 감리를 시행할 수 있다. 디자인 감리제도를 도입하는 경우 설계자의 의도가 시공단계에서 제대로 반영될 수 있도록 설계자가 의사결정과정에 참여할 수 있는 기회를 충분히 보장하도록 한다.

❺ 운영 및 관리단계

① 운영 및 관리단계에서는 조성된 건축물 또는 공간환경에 대한 운영 프로그램을 수립할 때 활용도 제고를 위해 지역주민이 참여할 수 있는 방안을 강구한다.
② 사업의 목표와 추진방향 및 디자인 개념 등의 구현여부와 이용실태를 파악하기 위하여 모니터링을 시행하여야 한다. 모니터링을 통해 문제점이 발견되면 사업의 목표와 추진방향이나 디자인 개념 등을 반영하여 시설물 변경과 운영 프로그램 수정 등 필요한 조치를 취한다. 모니터링한 내용은 데이터로 구축하여 향후 유사한 타 사업에 참고 자료로 활용될 수 있도록 한다.

구분	공공부문 건축디자인 업무기준	공공청사 건축디자인 기준
기획	사업추진체계 준비	사업체계 준비
	사전조사	유사시설 조사
		주민 요구사항 파악
	목표, 방향, 비전 설정	목표 및 방향 설정
		규모·기능·입지선정
		사업예산 개략산정
		기본 구상 수립
		타당성 조사 실시·검증
	프로그램 및 사업추진방식 결정	시설성능 설정
		사업추진방식 결정
		사업추진일정 설정
		관리운영계획 검토
		기본계획 수립
		주민참여방식 설정
		계획·설계 및 공사발주방식 결정
		세부 프로그램 내역 결정
계획·설계		
	통합 디자인 시행	
		시민 참여
		과업지시서, 계획설계 지침 작성
		계획·설계자 결정
	기본안 검토 및 최종안 작성	계획안 검토 및 최종안 작성
	실시설계	
	디자인 검토 및 타당성 평가	
시공	협력체계 구축	
	디자인 감리 도입 및 설계변경	사후설계관리업무
		설계변경
사용		사업성과 확인
	운영체계 구축	운영·관리계획 수립
	지속적 관리	시민 참여
		사용실태 평가의 환류

출처 : 건축도시공간연구소, "공공청사 건축디자인기준 설정 방안 연구", 내용 일부 수정

표 13-8 공공부문 건축디자인 업무기준과 공공청사 건축디자인 기준

공공건축물의 실효성 확보 방안

❶ 구성 및 적용

실효성 확보방안은 중앙행정기관의 장과 시·도지사 또는 시장·군수·구청장이 이 기준을 효율적으로 운영하고 실효성을 제고하기 위하여 시행하는 것이 바람직한 주요한 행정사항, 지원사항, 운영수단 등으로 구성된다.

❷ 민간전문가 참여의 활성화

중앙행정기관의 장과 시·도지사 또는 시장·군수·구청장은 좋은 건축물과 공간환경 조성을 위하여 관련 전문가의 역할이 중요함을 인식하고 디자인 단계별로 관련되는 여러 분야 전문가들의 참여가 활성화되도록 노력하여야 한다. 민간전문가는 사업에 대한 전반적인 조언, 총괄계획가 업무수행, 디자인리뷰 등 다양한 업무에 다양한 방식으로 참여할 수 있다.
건축물 또는 공간환경의 품격과 품질을 확보하기 위하여 디자인 단계별로 다양한 분야의 전문가가 참여하는 협력설계를 시행한다. 협력설계는 장소만들기 관점에서 건축·토목·조경 등 관련 분야를 통합하는 디자인을 추구하여야 한다.

❸ 자발적 주민참여의 활성화

좋은 건축물과 공간환경이 지역사회에 가져다 주는 의미나 가치 등에 대한 지속 적인 계몽활동과 함께 경제적인 인센티브나 행정지원 등의 각종 시책을 통해 지역주민들의 자발적인 참여를 유도하기 위하여 노력하여야 한다. 좋은 건축물과 공간환경 조성을 위하여 지역주민들에게 관련 사업 추진 현황 및 향후 계획 등 에 대한 정보를 주기적으로 제공하고 디자인 단계에 지역주민들이 참여할 수 있는 기회를 다양한 방법으로 충분히 제공하여야 한다.

❹ 디자인 검토의 시행

건축물 또는 공간환경의 품격과 품질을 향상하기 위해서는 디자인 검토를 시행하는 것이 필요하다. 중앙행정기관의 장과 시·도지사 또는 시장·군수·구청 장은 이를 위하여 건축·도시·조경 등 다양한 분야의 전문가로 디자인 평가단을 구성·운영할 수 있다. 디자인 검토 결과는 공개하여 이해관계자에게 사업추진과 관련한 주요 정보를 제공하여 불필요한 오해를 사전에 방지하며, 아울러 사업추진과 관련한 각종 심의나 인·허가 및 향후 유사한 사업추진에 참고 자료로 활용될 수 있도록 한다.

❺ 디자인 평가지표의 도입

디자인 기준에 따른 세부이행사항을 항목별로 체계화하여 평가할 수 있도록 디자인 평가지표(Design Quality Indicator)를 개발하여 운영할 수 있다. 디자인 평가지표는 이해 관계자들이 의사결정에 참고할 수 있는 유용한 판단기준으로 활용될 수 있도록 평가항목별로 정량지표와 정성지표를 적정하게 설정한다. 디자인 평가지표는 관리 및 이용의 효율성 증대를 위하여 인터넷 기반의 전산 시스템으로 구축하여 운영하는 것이 바람직하다.

❻ 디자인 전담조직의 운영

디자인 관련 업무를 효율적으로 수행하기 위하여 전담조직을 구성·운영하는 방안을 강구한다. 디자인 전담조직은 각 기관별 특성에 따라 신규로 설치하거나 기존 조직에서 담당하게 하는 등 적정한 구성방안을 선택할 수 있다. 디자인 전담조직의 전문성을 보강하기 위하여 필요한 경우에는 민간전문가를 채용하는 등 전문인력을 확보한다.

❼ 디자인 자문단의 운영

사업의 추진 및 디자인 정책의 추진에 있어 전문적인 자문을 구할 수 있도록 다양한 관련분야 전문가로 구성된 자문단을 별도로 구성·운영할 수 있다.

공공건축물의 지역기준 설정

1 지역별 기준의 설정 원칙

① 「건축기본법」 제21조에 따라 지역 내 건축디자인 기준을 따로 정할 경우 지역의 특성에 따라 적용대상을 세분하여 정할 수 있다.

② 지역별 기준의 범위 안에서 적용대상·범위, 디자인 단계별 기준, 실효성 확보방안 등을 구체적으로 세분하여 지역 내 기준을 따로 설정할 수 있다. 이 경우는 지역의 특성이나 여건을 반영하며, 필요한 경우는 이 기준에서 제시된 내용을 선별하여 적용할 수 있다.

③ 지역기준 및 사업별 기준을 토대로 좋은 건축물 또는 공간환경을 조성하기 위하여 필요한 사항을 「국토의 계획 및 이용에 관한 법률」 에 따른 '지구단위계획'이나 「경관법」 에 따른 '경관계획' 등에 반영할 수 있다.

공공건축물의 시설별 별도의 디자인 기준

1 적용 범위

이 기준은 국가, 지방자치단체 또는 「공공기관의 운영에 관한 법률」 에 따른 공공기관(이하 '공공기관'이라 한다)이 건축물 또는 공간환경을 기획·설계하고 개선하는 사업에 적용될 수 있다. 대상 사업으로는 「택지개발촉진법」 에 따른 택지개발사업, 「주택법」 에 따른 주택건설사업, 「도시개발법」 에 따른 도시개발사업, 「도시 및 주거환경 정비법」 에 따른 도시환경정비사업, 주택재개발·재건축사업, 주거환경개선사업, 가로특화사업, 디자인 거리 조성사업, 공공공간 및 공공시설물 조성사업 등이다.

1 시설별 별도 기준의 설정

별도의 디자인 기준은 민간에서 시행하는 건축물 또는 공간환경을 기획·설계하고 개선하는 사업에도 적용될 수 있다. 이 기준에 따라 하천·교량·공공청사 등 구체적인 시설별 디자인 기준을 별도로 정할 수 있고, 건축물 또는 공간환경 관련 사업을 추진하는 때에는 사업의 특성이나 규모 등을 고려하여 필요한 경우에, 이 기준 및 지역기준과 조화되도록 별도로 정할 수 있다.

공공건축물의 별도의 디자인 기준의 예[14 15]

1 청사정비계획의 수립

시의 청사를 신축할 때에 위치·규모 재원확보 등을 고려하여 청사별 신축계획서에 따라 신축의 타당성 여부를 수립한다.

2 청사의 부지

청사의 부지는 건물 연면적의 3배 이상을 확보하는 것을 원칙으로 한다. 다만, 3배 이상의 확보가 곤란한 경우에는 지역의 여건에 따라 건축법상의 건폐율 이상으로 한다.

3 청사 등의 설계

청사·종합회관을 신축할 때에는 지방청사·종합회관의 표준설계 면적기준에 따라 설계해야 하며 다음을 고려한다.

- 행정수요·기구·인력의 증가·감소 등 장래의 수요를 고려하여 적정 규모로 설계
- 지역사회의 표상으로서 고유의 전통미를 나타낸 외형 설계를 하며, 증축이 가능하도록 설계
- 충무시설 및 민방공대피시설은 평상시 활용이 가능하도록 지하시설로 설계
- 냉난방 시설을 빠짐없이 완전히 갖추어 설계
- 경제성과 안전성을 겸비한 구조로 설계
- 청사 주변에 공원화된 녹지조성과 보안구역을 설정

구분 / 기관별	기관장실	부기관장실	실·국장실	관·과장실	담당	직원
시 본 청	132	56.16	38.88	17.92	7.65	7.2
구 본 청	99	38.88	-	17.92	7.65	7.2
읍·면·동 청사	23	14.80	-	-	7.65	7.2

출처 : 청주시 공유재산관리조례, (별표) 지방청사종합회관의 표준 설계면적 기준

표 13-9 직무관련 1인당 면적기준(시의 청사, 단위 : m^2)

[14] 청주시 공유재산 관리조례

[15] 서울시를 비롯한 각 지자체의 디자인기준은 공공건축물 또는 공공청사 디자인가이드라인을 정하여 제시하고 있다.

<table>
<tr><th colspan="2">실명</th><th colspan="15">설계기준</th><th>비고</th></tr>
<tr><td colspan="2" rowspan="2">회의실
(사용인원)</td><td colspan="3">24명 미만</td><td colspan="3">25~49명</td><td colspan="3">50~99명</td><td colspan="3">100~149명</td><td colspan="3">150~199명</td><td rowspan="2">200명 이상시 면적
=0.8m^2×사용인원</td></tr>
<tr><td colspan="3">4~2.4m^2/인</td><td colspan="3">2.6~1.5m^2/인</td><td colspan="3">2~1.2m^2/인</td><td colspan="3">1.6~1m^2/인</td><td colspan="3">1.2~0.9m^2/인</td></tr>
<tr><td rowspan="2">상황실</td><td>시본청</td><td colspan="15">2.64×(과장급 이상 수 + 구청장 수)</td><td></td></tr>
<tr><td>구청</td><td colspan="15">2.64×(과장급 이상 수+읍장·면장·동장 수)</td><td></td></tr>
<tr><td rowspan="3">서비스 및 동선 부분</td><td rowspan="2">화장실</td><td colspan="5">100명 미만</td><td colspan="5">100명~200명</td><td colspan="5">200명 이상</td><td rowspan="3"></td></tr>
<tr><td colspan="5">0.43m^2 /인</td><td colspan="5">0.40m^2/인</td><td colspan="5">0.33m^2/인</td></tr>
<tr><td>엘리베이터</td><td colspan="15">(12.87~19.6m^2)×대수</td></tr>
<tr><td colspan="2">식당</td><td colspan="15">1.63m^2×공무원 수×0.3</td><td></td></tr>
<tr><td colspan="2">휴게실</td><td colspan="15">2.0m^2×공무원 수×0.15</td><td></td></tr>
<tr><td colspan="2">민원실</td><td colspan="15">(6.55m^2×민원담당공무원 수)×1.1 +
(0.13m^2~0.2m^2×민원인 수×0.5)</td><td>민원인
공간확장 가능</td></tr>
<tr><td colspan="2" rowspan="2">숙직실</td><td colspan="5">1인</td><td colspan="5">2~3인</td><td colspan="5">4인 이상</td><td rowspan="2"></td></tr>
<tr><td colspan="5">15.12m^2/인</td><td colspan="5">11.52m^2/인</td><td colspan="5">8.64m^2/인</td></tr>
<tr><td colspan="2">자료실</td><td colspan="15">(0.3~0.4m^2)×공무원 수</td><td></td></tr>
<tr><td colspan="2">창고</td><td colspan="15">0.72m^2/인~0.85m^2/인</td><td></td></tr>
<tr><td colspan="2">전산실</td><td colspan="15">9.79m^2×담당직원 수×1.2</td><td></td></tr>
<tr><td colspan="2">민방위
대피시설</td><td colspan="15">개소 당 660m^2 이상</td><td>평시 충무시설로
이용</td></tr>
</table>

출처 : 청주시 공유재산관리조례, (별표) 지방청사종합회관의 표준 설계면적 기준

표 13-10 부속공간 면적(시 청사, 단위 : m^2)

PART 5

생활편의 공공디자인

14. 공공안내 사인 색채 개선

14.1 공공사인의 이해
14.2 공공안내 사인 색채
14.3 공공안내 사인 색채 관련 가이드라인
14.4 공공안내 사인 색채 개선방안

15. 지하철 역사공간 안내체계 디자인

15.1 지하철 역사 공간 안내체계 디자인 개요
15.2 조사 및 분석 - D.D.I 사용자 심층 인터뷰
15.3 통합 안내 사인 표준 디자인

Public Sign Design,
Guide Color,
Wayfinding,
Legible City
In-Depth User Interview,
Subway Sign Design

PART 5 생활편의 공공디자인

14. 공공안내사인 색채 개선

14.1 공공사인의 이해

공공사인의 개념

사인(sign)은 라틴어의 동사 'signare' 또는 명사 'signum'에서 유래되었으며 'signare'은 표시를 하다 'signum'은 표시라는 의미를 지닌다.(니시가와 키요시,2003)

사인이란 '표시'·'부호'·'신호'등 전달하고 싶은 것을 기호로서 표시한 것이나 그 방법으로, 인간이나 환경에 대한 이해와 행동을 도와주는 상징적 도구이자 커뮤니케이션의 수단이라고 할 수 있다. 공공사인은 공공디자인 영역에서 공공정보·사인디자인에 속하며 이는 공공 시각매체의 의미를 가진다.〈표 14-1〉

공공사인은 도시환경에 질서를 부여하고 정보를 전달하는 가장 보편적인 수단 중 하나이며, 수많은 정보와의 원만한 상호 작용을 성립시킨다. 이러한 시각적 특성은 그 공간의 전체적인 이미지 형성과도 관련이 있으며, 사람들은 이를 통해 시각적으로 인지되는 이미지를 바탕으로 내면의 이미지를 형성해 나간다.〈그림 14-1〉

대분류	소분류	내용
공공공간디자인 (Public Space Design)	도시경관	일정한 공간단위의 통일적인 외관
	도로	인도와 차도 등 교통 공간
	개방공간	공원, 광장, 녹지 등
	도시색채계획	도시의 거리 및 공간
	야간조명계획	도시의 거리 및 공간
공공시설디자인 (Public Equipment Design)	가로 시설물	가로에 설치되는 각종 장치물
	기타 공공시설물	공공시설 및 개방 공간에 설치되는 각종 장치물
공공정보·사인디자인 (Public Information & Sign Design)	교통안내 시스템	도로 표지판, 신호체계 등
	관광정보 시스템	각종 관광 정보 시스템과 관광지 안내판 등
	옥외 광고물	간판, 전광판 등 각종 옥외 설치 광고물

출처: 문화관광부(2005), "디자인 문화원 설립 계획안 연구"

그림 14-1 공공사인

공공사인은 크게 교통관련 시각매체, 보행관련 시각매체, 영상관련 시각매체3가지로 분류할 수 있다. 교통관련 시각매체의 종류에는 교통안내사인, 도로안내사인, 버스안내사인, 주차안내사인 등이 있으며, 보행관련 시각매체의 종류에는 건물 번호판, 공공기관 안내사인, 공원안내사인, 관광안내사인, 문화재안내사인, 방향유도사인, 보행이용자사인, 자전거안내사인, 장애이용자사인 등이 있다. 또한 영상관련 시각매체의 종류에는 교통상황 전광판, 대중교통정보, 디지털 영상매체, 옥외전광판 등이 있음을 알 수 있다.〈표 14-2〉

분류	종류
교통관련 시각매체	교통안내사인, 도로안내사인, 버스안내사인 등
보행관련 시각매체	건물번호판, 공공기관 안내사인, 공원안내사인, 관광안내사인, 문화재안내사인, 방향유도사인, 자전거안내사인, 장애이용자사인 등
영상관련 시각매체	교통상황 전광판, 대중교통정보, 디지털 영상매체, 옥외 전광판 등

표 14-2 공공사인의 유형별 분류

공공사인의 유형별 분류 중 보행관련 시각매체는 현대 도시가 추구하는 보행자 중심의 도시에서 원활한 이동과 위치 파악을 위한 공공안내사인을 포함하고 있어 그 역할과 중요성은 더욱 크다. 일반적으로 공공안내사인은 전반적인 정보를 제공하는 동시에 방향을 제시함으로써 이용자가 목적지로 이동할 수 있게 도와주는 중요한 기능을 한다. 이때 공공안내사인은 정보 전달의 역할뿐만 아니라 그 장소만의 이미지를 형성하는 데에 큰 역할을 한다.

공공사인의 조건

공공사인은 두 가지의 목적을 가지고 있는데, 이는 모든 사람들이 이해하기 쉬운 정보를 제공하는 기능적 측면과 도시미관 향상에 중요하게 작용하는 심미적 측면에서 살펴볼 수 있다.
공공사인의 기능적 측면의 조건으로는 1967년 뉴욕 근대 미술관에서 열린 교통표지회의 국제항공운수협회(IATA)의 통일성, 연속성, 단순성, 가독성의 4가지 원칙을 들 수 있다. 이 원칙들은 사인의 본질적 기능인 정보 전달에 초점을 맞추고 있다.〈그림 14-2〉

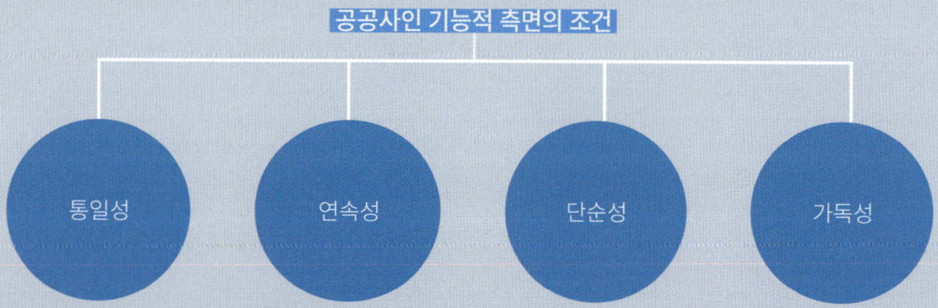

그림 14-2 공공사인의 기능적 측면의 조건

그중 통일성은 시각적으로나 기능적으로 사인의 통일성이 유지되어야 함을 의미하며, 연속성은 사인이 많은 이용자가 필요로 하는 장소에 설치되어야 하고 각 안내표지들 간에는 연속성을 지녀야 함을 의미한다. 또한 단순성은 사인의 기능적인 측면에 충실하기 위해 정보 전달 방식을 단순화해야 함을, 가독성은 문자의 크기와 읽는 위치 및 거리를 고려하여 모든 조건에서 명확히 판독할 수 있는 장소에 설치되어야 함을 의미한다.(윤종영 외, 2010)

심미적인 측면에서 공공사인은 설치 지역 및 공간의 환경과 조화를 이루기 위해 신뢰성, 아름다움, 쾌적성을 갖추고 있어야 한다.

공간의 환경과 조화로운 성질

첫째, 신뢰성은 도시환경에 체계적인 질서를 부여하여 인지성을 향상시킴으로써 알기 쉽게 정보를 전달하는 것을 의미한다.
둘째, 아름다움은 환경과 조화를 이룰 수 있도록 형태, 색채, 배치를 고려해 제작함으로써 아름다운 도시환경을 조성하는 것을 의미한다.
셋째, 쾌적성은 지속적인 유지관리를 통해 사람들에게 쾌적한 생활환경을 제공함으로써 도시환경의 질적 향상을 도모하는 것을 의미한다.

오늘날 각 도시에서는 복잡하고 불필요한 사인의 범람으로 인해 시각적 혼란 및 도시환경의 질 저하 문제가 나타나고 있다. 이에 공공사인은 도시환경과 조화를 이루는 동시에 도시의 정체성과 개성을 살리는 방향으로 제작되어야 하는데, 이를 위해 지녀야 할 심미적 측면의 조건은 인지성·조화성·지속가능성이다.〈그림 14-3〉

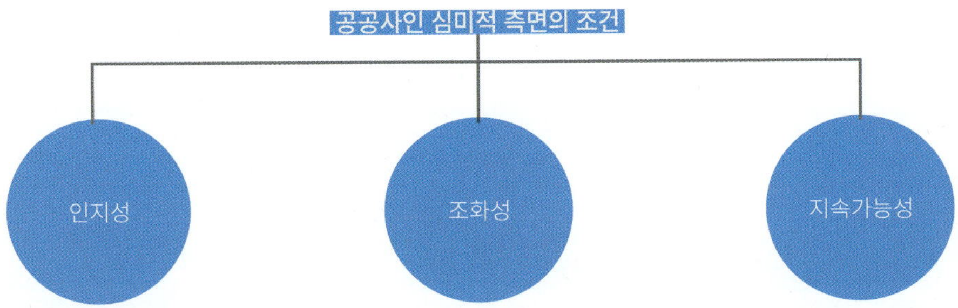

그림 14-3 공공사인의 심미적 측면의 조건

공공사인은 정보 전달을 위한 매체로서 기본적으로 기능적 측면의 조건을 지닐 필요가 있다. 이러한 기능적 측면과 더불어 시각적 요소인 색채에 많은 영향을 받는 심미적 측면에 중점을 두고 통일성, 연속성, 인지성, 조화성, 지속가능성을 공공사인의 조건으로 들 수 있다.〈그림 14-4〉

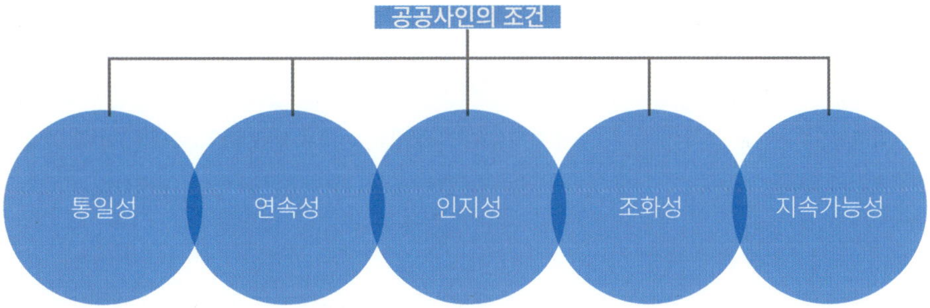

그림 14-3 공공사인의 조건

14.2 공공안내사인 색채

공공안내사인 색채의 기능

공공안내 사인에는 도시 생활에서 요구되는 주요 관광지와 상징 공간, 가로와 건물, 공공시설 및 편의시설 등에 대한 정보가 수록되는 것이 일반적이다. 복잡한 도시환경 속에서 공공안내 사인은 원활한 장소의 이동을 위한 정보 전달과 함께 위치 파악을 돕는 중요 요소로 작용한다.

우리가 대상을 바라볼 때 가장 먼저 지각하게 되는 요소는 바로 색채이다.
이는 인간이 시각 요소인 형태와 색채를 통해 주변을 인지해 정보를 취득하고 행동하기 때문이다. 그 중에서도 공공안내 사인의 색채는 도시환경에서 사람들의 커뮤니케이션을 원활하게 하는 기능적 측면과 심미적 측면에서 높은 비중을 차지하는 중요한 요소로 상징적이며 도시환경을 보다 안정되고 쾌적하게 만든다.

즉, 색채는 공공안내사인의 여러 가지 시각 구성요소들 가운데 가장 감각적이고 중요한 요소로 지역의 특성과 정체성을 반영하는 색채를 선정하여 통일성 있게 적용해야 한다.

또한,

단지 읽기 쉬운 디자인에서 그치는 것이 아닌, 건축물과의 미적 조화 등의 심미적 측면도 함께 고려되어야 한다. (니시가와 키요시, 2003)

공공안내사인의 색채는 전체적인 이미지를 좌우하는 바탕색과 정보를 제공하는 타이포/픽토그램의 그림색으로 구분할 수 있으며, 색채를 결정할 때는 바탕색과 그림색의 명도차를 크게 하는 것이 가장 중요하다.

일반적으로 공공안내 사인의 색채 중 바탕색은 전체 면적의 60~70%를 차지하는 주조색의 역할을, 타이포/픽토그램의 그림색은 전체 면적의 20~30% 보조색, 5~10%의 강조색의 역할을 한다고 볼 수 있다.〈그림 14-5〉

그림 14-5 공공안내사인 색채의 바탕색과 그림색

공공안내 사인은 일차적으로 색채의 기능적 측면에 대한 이해를 바탕으로 제작되어야 한다. 공공안내 사인이 반드시 갖추어야 할 색채의 기능으로는 미적 조화기능·상징기능·식별기능이 있으며, 이의 주요 내용을 살펴보면 다음과 같다.

1 미적 조화기능

색채는 공간에 특성을 부여해서 분위기를 만들 뿐만 아니라 이념을 상징하기도 한다. 공공안내사인은 도시환경에서 불특정 다수의 사람들이 사용하는 공공공간에 설치되기 때문에, 제작 시 주변환경과의 조화와 지속가능성을 고려해야 진정한 기능을 다할 수 있게 된다.

〈그림 14-7〉은 도시 전체가 유네스코가 지정한 세계문화유산인 톨레도의 공공안내사인이다. 주변 건축물과 경관을 고려하여 공공안내 사인의 색채를 적용하고 있으며, 특히 공공안내사인 배면의 색채도 미적 조화기능을 고려하고 있다.

그림 14-6 미적 조화기능을 고려한 요코하마의 공공안내사인

그림 14-7 미적 조화기능을 고려한 톨레도의 공공안내사인

이렇듯 일차적 기능인 정보 전달의 역할부터 시각적 요소인 색채를 통해 전달되는 미적 조화기능까지 고려된 공공안내 사인의 경우 도시를 더욱 아름답고 쾌적하게 만들 수 있다.

② 상징기능

심리활동을 통한 정서적 반응과는 달리, 상징기능은 사회적 규범 및 약속의 역할을 하며, 국가의 국기색 등에 사용됨으로써 지역을 구분하는 수단이 되기도 한다. 또한 기업이나 각 지방자체단체의 CI, BI 색채에 활용되어 각 단체만의 고유한 이미지를 나타낸다. 이러한 흐름에 따라 2008년 서울시의 상징색(대표색)을 시작으로 각 지방자체단체에서는 도시 브랜드를 확립할 수 있는 상징색을 개발하기 시작하였다.〈그림 14-8〉

그림 14-8 서울시 상징색(대표색)

지역의 특성과 이미지를 반영한 상징색을 개발하기 위해 각 지방자치단체에서는 계획 단계에서부터 도시의 역사, 문화, 환경에 대한 조사·분석을 체계적으로 실시함으로써 상징색이 본래의 의미대로 적극 활용될 수 있도록 힘써야 한다. 이러한 상징색은 공공안내사인의 색채에 적용되어 도시환경 전체에 통일감을 부여함은 물론, 다른 지역과는 차별화된 그 도시만의 색채 이미지를 표현하게 될 것이다.

❸ 식별기능

식별기능은 공공안내 사인에서 중요시되고 있는 색채 기능 중의 하나로 유니버설디자인 측면에서 고려해야하는 기능이다. 우리 주변에서 볼 수 있는 색채를 활용한 식별기능의 대표적인 사례로는 지하철 노선도를 꼽을 수 있다. 공공안내사인은 바탕색과 그림색의 색차를 이용한 배색 대비를 통해 식별성을 높일수 있으며, 이는 색의 명시성과 직접적인 연관성을 지닌다.

색의 명시성은 사인을 멀리서 바라보면 잘 보이는 색과 그렇지 않은 색이 있는것처럼, 두 가지 이상의 색을 대비시켰을 때 금방 눈에 뜨이는 성질을 말하며, 명시성을 높이기 위해서는 바탕색과 그림색의 명도 차이를 크게 하는 것이 가장 중요하다.〈그림 14-9〉

그림 14-9 식별기능을 고려한 공공안내사인

공공안내사인 색채의 필수조건

공공사인의 조건과 공공안내 사인 색채의 기능을 고려한 공공안내 사인 색채의 필수 조건은 〈그림 14-10〉과 같다.

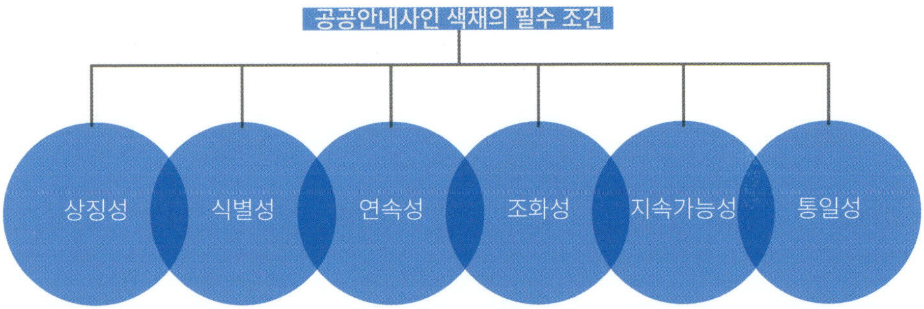

그림 14-3 공공사인의 조건

이러한 필수조건은 공간에 적합한 공공안내사인의 색채를 적용하고 개선하는데 활용할 수 있다. 또한 공공안내사인의 필수조건이 모두 충족된 공공안내사인은 이용자들에게 쾌적한 보행환경을 제공함은 물론, 도시 이미지 향상에도 큰 도움이 될 것이다. 공공안내사인 색채 필수조건의 주요 내용을 살펴보면 다음과 같다.

1 상징성

많은 사람들이 특정한 색에서 공통적으로 떠올리게 되는 연상은 그 지역의 이미지와 문화를 상징한다. 우리가 빨강색의 이층 버스를 보면 런던을 떠올리듯이, 색채의 상징성은 그 도시와 지역의 문화라고도 할 수 있다. 이러한 상징성은 지역의 특성과 이미지를 반영한 대표적인 색채를 사용하여 다른 지역과는 차별성 있는 정체성을 표현할 수 있다.

2 식별성

식별성은 같은 크기나 형태의 사물을 색채의 차이만으로 구별하는 것으로, 공공안내사인이 일차적 으로 갖춰야 할 가장 중요한 조건이라고 할 수 있다. 특히 이것은 주목성·명시성과 밀접한 관련이 있는데, 주목성의 경우 고채도의 난색일수록 효과가 좋으며, 명시성은 명도차·채도차·색상차의 순으로 영향을 받고 색차가 클수록 식별성이 더욱 높아지게 된다. 이러한 식별성은 고령자나 시약자에게 매우 중요하게 작용한다.

3 연속성

연속성이란 끊이지 않고 연속적으로 이어지는 상태를 의미한다. 공공안내사인의 색채에서 연속성은 도시경관에 있어 공공안내 사인이 적절한 간격과 배치를 유지하며, 주변 경관을 배려한 색채의 사용으로 표현할 수 있다.

4 조화성

조화성은 서로 잘 어울리는 성질을 뜻하는데, 공공안내 사인의 경우 불특정 다수의 사람들이 사용하는 공공 공간에 설치되기 때문에 조화성이 더욱 필요할 수밖에는 없다. 즉, 공공안내사인 제작 시 주변 환경과의 조화가 우선적으로 고려되어야 하는 것이다.

4 지속가능성

지속가능성은 '특정한 과정이나 상태를 유지할 수 있는 능력'이라는 사전적 의미를 갖는다. 공공안내사인은 한 번 설치되면 오랜기간 사용되기 때문에 유지관리에 용이한 소재의 선정 및 장기적으로 사용 가능한 색채의 적용과 관련된 지속가능성이 필수적으로 요구된다.

6 통일성

통일성은 하나의 이미지와 다른 것 간의 관계 정도를 의미하며, 공공안내사인에서 통일성은 일관된 색채 사용으로 표현된다. 이는 도시의 이미지를 명확히 하는데 효과적이며, 도시의 상징색 사용으로 표현할 수 있다.

공공안내사인 색채는 도시의 이미지를 표현하고 이용객들에게 원활한 정보 제공을 하기 위한 시각적 요소이다. 따라서 공공안내사인은 설치될 공공공간의 물리적 환경·비 물리적 환경과 연관성을 가질 필요가 있다.

V 또한 공공안내사인 색채의 필수조건인

「상징성 · 식별성 · 연속성 · 조화성 · 지속가능성 · 통일성」을 갖추고 있을 때 도시환경에서 본연의 역할을 충실히 할 수 있게 될 것이다.

14.3 공공안내사인 색채 관련 가이드라인

공공디자인은 현재 우리나라에서만 주로 사용되고 있는 용어로, 공공의 문화와 시민들에 중점을 둔, 공공의 가치를 강조하는 개념이다. 국내에서는 2007년 서울시에 디자인서울총괄본부가 신설되어 공공디자인 사업이 본격화되었다. 이후로 전국의 다른 지방자치단체에서도 공공디자인에 대한 인식이 높아짐으로써 공공디자인 가이드라인 개발 등 공공디자인 관련 사업이 확산되었다.

공공디자인 가이드라인이란 공공공간, 공공건축물, 공공시설물, 공공시각매체의 디자인 및 설치, 유지관리 시 고려해야 할 기본적인 요소들을 구체화시켜 제시한 기본 지침서이다. 공공디자인 가이드라인에 의해서 도시 환경의 여러가지 구성요소들이 결정되고 적용되기 때문에 그 역할과 중요성은 매우 크다.

국내에 디자인 가이드라인을 처음 도입한 서울특별시의 「디자인 서울 가이드라인(2008)」은 공공디자인 영역을 공공공간, 공공건축물, 공공시설물, 공공시각매체, 옥외광고물, 야간경관 등으로 분류하고 있다. 그러나 「서울 도시디자인 가이드라인(2017)」은 공공공간, 공공건축물, 공공시설물, 공공시각매체 4가지로 분류하고 있다.〈표 14-3〉

대분류	소분류	내용
Part 1. 공공공간 가이드라인 Part 2. 공공건축물 가이드라인 Part 3. 공공시설물 가이드라인 Part 4. 공공시각매체 가이드라인	Ⅰ. 현황 및 문제점 Ⅱ. 기본방향 Ⅲ. 디자인 10원칙 Ⅳ. 세부 가이드라인	1. 개요 [정의, 목표, 이용지침, 적용대상] 2. 기본방향 [현황 및 문제점, 개선방향] 3. 가이드라인의 10원칙 4. 세부가이드라인 [적용대상, 현황 및 문제점, 기본방향, 디자인 가이드라인]
Part5. 가이드라인 적용 및 기대효과		1. 가이드라인 적용 2. 기대효과

표 14-3 서울시 도시디자인 가이드라인 구성체계

이는 문화관광부(2005)의 공공디자인 영역과 대상의 분류에서도 알 수 있듯이 도시 환경을 구성하는 광범위한 요소들을 공공공간과 공공시설, 공공정보·사인 등으로 구분하는 것과 관련이 있다. 공공디자인 영역과 가이드라인의 구성체계 관계성은 다음과 같다.〈그림 14-11〉

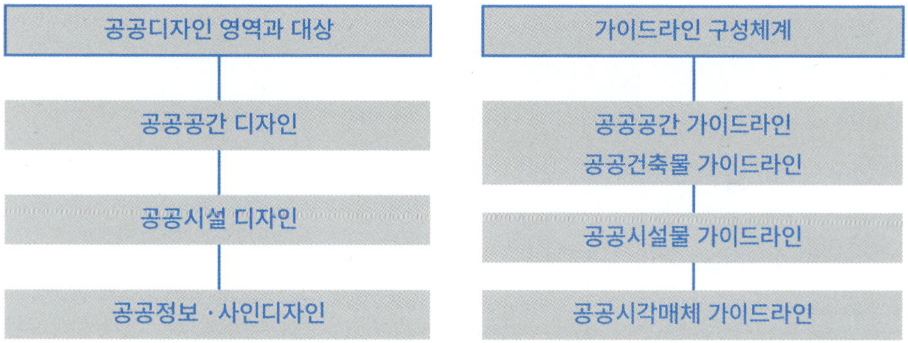

그림 14-11 공공디자인 영역과 가이드라인 구성체계

가이드라인의 내용에는 그 도시의 지역적 특성을 반영한 실행방안이 필수적으로 포함되어야 한다. 국내의 공공안내사인은 지방자치단체별 공공시각매체 가이드라인의 색채 규정 항목에 따라 색채가 결정되는 경우가 대부분이다. 이에 색채 규정 항목의 내용을 분석하여 살펴보면 다소 차이는 있지만 주변 환경과의 조화성을 특히 강조하고 있음을 알 수 있으며, 그 내용을 정리하면 다음과 같다.〈그림 14-12〉

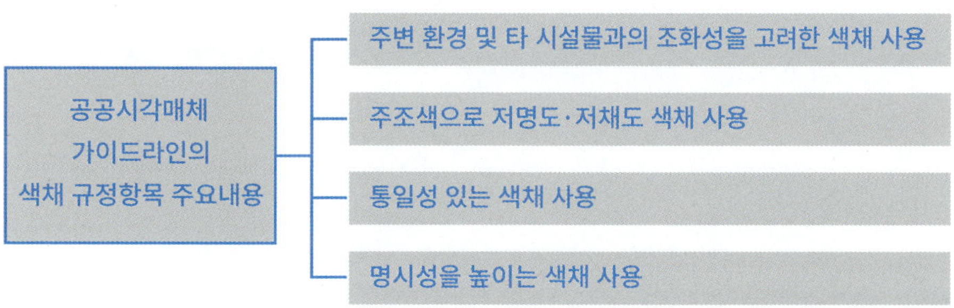

그림 14-12 공공시각매체 가이드라인의 색채 규정항목 주요 내용

색채 규정항목 주요내용

첫째, 주변 환경 및 다른 시설물과의 조화성을 고려한 색채의 사용이다.

둘째, 주조색으로 저명도·저채도의 색채 사용으로 조화성과 관련 있는 내용이다.

셋째, 통일성 있는 색채의 사용이다.

넷째, 명시성을 높이는 색채의 사용이다.

도시의 상징색 사용과 유니버설 디자인 색채 권장 등의 내용을 포함하고 있는 가이드라인은 많지 않았다. 전반적으로 포괄적이고 보편적인 내용 위주로 되어 있어 도시의 정체성이나 이미지 확립을 위해 상징성과 유지관리 측면에서 보완이 요구된다.

국내의 경관 및 도시와 유사한 곳이 많은 일본의 공공디자인 정책은 관민협동형 유형으로, 건교부(국토교통성) 산하 재단법인 UDC(Urban Design Center)가이를 위한 지원기관으로 있다. 일본에서 도시 디자인 정책과 사업에서 앞서 나가고 있는 대표적인 도시로 요코하마시와 고베시를 들 수 있다. 요코하마시와 고베시를 비롯하여 조후시, 후나바시 등은 독립적으로 공공안내사인 가이드라인을 계획 하여 체계적인 내용을 제시하고 있다.

일본 공공안내사인 가이드라인의 구성체계의 내용은 국내와 비교했을 때 일러스트·화살표·유니버설 디자인 규정항목이 추가로 제시 되어 있으며, 그 중 색채 규정항목 내용을 분석하여 그 내용을 정리 하면 다음과 같다.〈그림 14-13〉

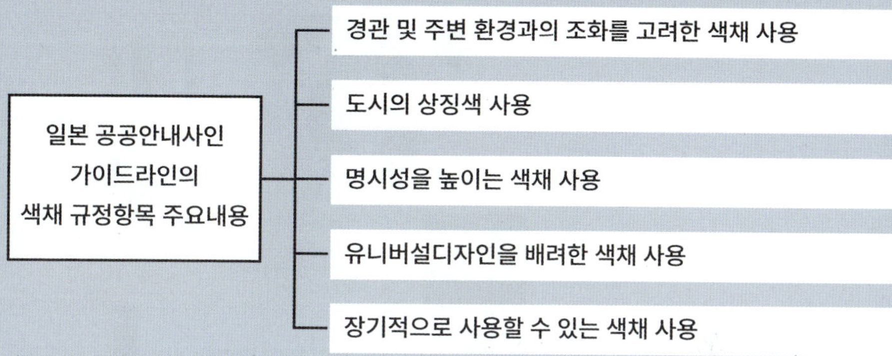

그림 14-13 일본 공공안내사인 가이드라인의 색채 규정항목 주요 내용

색채 규정항목 주요내용

일본 공공안내사인
가이드라인의
색채 규정항목 주요내용

첫째, 지역의 특징을 살릴 수 있는 색채를 주조색으로 적용하여 경관을 배려해 주변 환경과 조화를 이루는 색채의 사용이다.

둘째, 도시의 이미지를 반영한 상징색의 사용이다. 〈그림 14-14〉

셋째, 바탕색과 그림색의 명도차를 크게 하여 명시성을 높였다. 명도차를 5 이상으로 제한하는 등 구체적인 수치를 제시하고 있다.〈그림 14-15〉

넷째, 바탕색과 그림색을 검정과 파랑의 배색, 하양과 노랑의 배색은 규제하는 등의 유니버설 디자인을 적용해 시약자와 고령자를 배려하였다.

다섯째, 다양한 환경에 노출되어 색이 변색될 것을 고려해 장기적으로 사용할 수 있는 색채의 사용을 권장하였다.

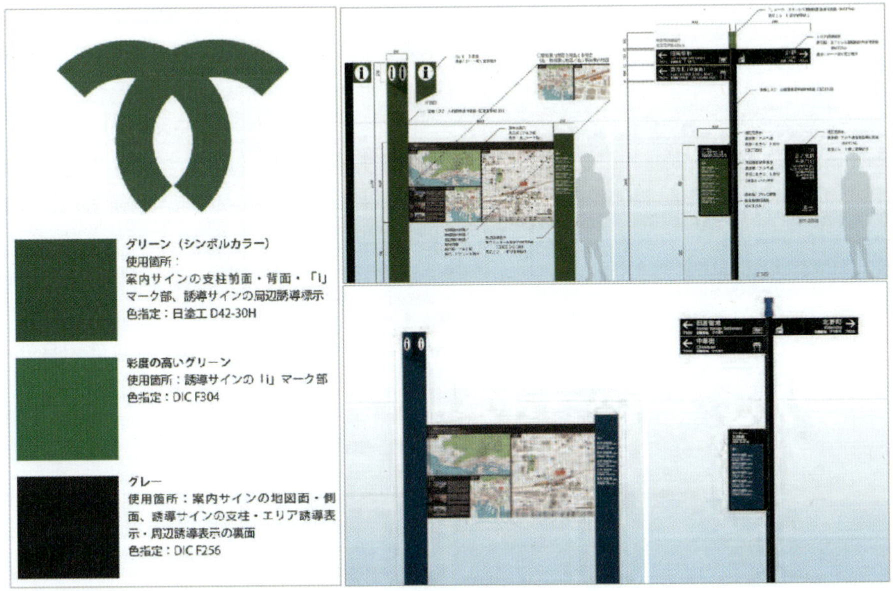

<출처 : 神戸市(2016). 神戸市案内サイン共通仕様書.>

그림 14-14 일본 공공안내사인 가이드라인의 색채 규정항목 주요 내용

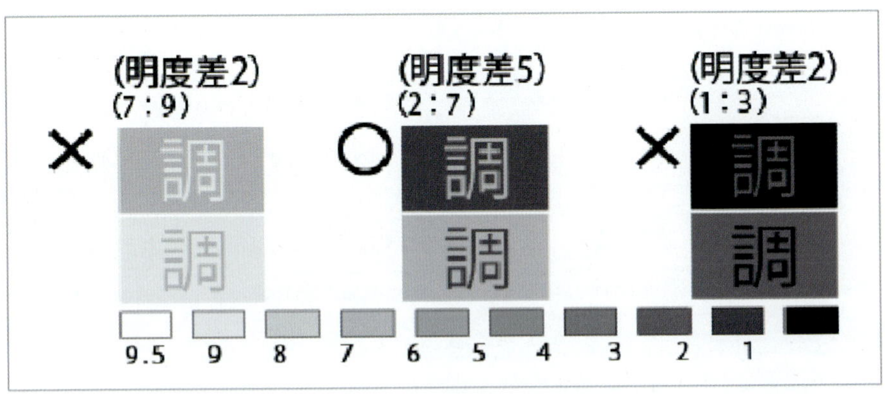

<출처 : 調布市 (2015). 調布市 公共サイン整備ガイドライン.>

그림 14-15 일본 공공안내사인 권장 명도차

국내와 일본의 공공안내사인 가이드라인의 내용을 정리하면, 지방자치단체별로 추구하는 목표에 따라 구체적인 내용에는 다소 차이가 있으나, 공통적으로는 색채 규정 항목의 주요 내용이 도시환경에서 공공안내사인이 갖추어야 할 기본 조건임을 알 수 있다.

또한 색채 규정 항목의 주요 내용은 주변 환경 및 경관과의 조화성을 고려한 색채 사용과 명시성을 높이는 색채 사용이 공통점으로 나타났으며 도시의 상징색 사용과 유니버설 디자인을 배려한 색채 사용, 색의 변색을 고려해 장기적으로 사용 가능한 색채 사용 등이 차이점인 것으로 드러났다.

이를 통해 일본의 경우 지역적 특성을 고려한 매력 있는 경관 연출을 위해 도시의 상징색을 적극적으로 사용하여 색채의 통일성을 높인다는 것을 확인할 수 있다.

14.4 공공안내사인 색채 개선방안

국내의 공공안내 사인은 공공디자인 가이드라인의 공공 시각매체 가이드라인에 따라 색채 및 형태가 규정되고 있다. 하지만 전국의 많은 도시에서는 해당 도시의 역사·문화·축제 등의 다면적인 요소들을 충분히 고려하지 않고 보편적인 내용 중심으로 이루어진 가이드라인을 바탕으로 획일적 디자인을 적용해 지역경관의 차별성을 갖추지 못하고 있다.

이러한 문제 해결을 위해 각 지방자치단체에서는 공공환경 개선사업을 통해 공공안내 사인 개선을 유도하고 있지만, 특정인의 선호나 일부 전문가의 선택에 의해서 결정되는 경우가 많아 도시 정체성이 저하되고 있다. 특히 기존의 공공안내사인은 정보 전달의 기능적인 측면만 중요시하다 보니 어느 도시나 유사한 색채를 사용하는 문제점도 나타나고 있다.

도시의 긍정적인 이미지를 주기 위해서는 각 지역과 장소의 경관 특성에 부합되는 체계적인 색채 적용 방안이 요구된다.

이로 인하여 공공안내사인의 색채가 획일화되어 지역 경관의 특성과 매력이 약화되고 있다.

지역의 역사적 배경과 색채 특성을 공공안내사인에 반영하는 것은 도시의 정체성 형성과 매력적인 경관 연출에 있어 중요한 역할을 하는데, 이는 도시 이미지 향상으로까지 이어진다.
따라서 공공안내사인의 색채를 개선해 도시의 긍정적인 이미지를 주기 위해서는 각 지역과 장소의 경관 특성에 부합되는 체계적인 색채 적용 방안이 요구된다.

영국과 일본의 국외 사례를 살펴보면 정책적 측면이 도시의 활성화와 이미지 형성 등 많은 부분에 깊이 관여하고 있음을 알 수 있다. 또한 역사적 건축물이나 주변 경관이 지역을 대표하는 경우 이를 도시의 상징색으로 선정하여 도시의 색채 정체성을 나타냈으며, 공공안내사인을 도시의 첫인상을 좌우하는 중요한 시설물 중 하나로 인식하고 있다.

이는 단순히 디자인과 색채의 개선에서 그치는 것이 아닌, 삶의 질적 수준 향상을 목표로 변화해가고 있음을 보여준다. 이러한 흐름에 따라 국내의 공공안내사인 색채개선과 수준 향상을 위해서는 일차적으로 공공안내사인 색채의 필수조건인 「상징성, 식별성, 연속성, 조화성, 지속가능성, 통일성」이 모두 충족되어야 하며, 이를 바탕으로 한 객관적인 평가 기준의 제시가 필수적이다. 이러한 평가 기준은 공공안내사인 색채 계획 단계에서부터 공공안내사인의 적절성 검증단계로 활용될 수 있으며, 나아가 이용자들에게 쾌적한 보행 환경을 제공할 수 있게 될 것이다.

PART 5 생활편의 공공디자인

15. 지하철 역사공간 안내체계 디자인

15.1 지하철 역사공간 안내체계 디자인 개요

표준 디자인 개발

인천도시철도 1호선 통합 안내사인 표준 디자인 개발은 유니버셜 디자인 관점에서 이용자의 편의 증진을 위한 통합 안내체계의 리뉴얼 프로젝트로서 읽기 편하고 찾기 쉬운 안내사인 개발에 목적을 두고 진행되었다. 이를 위해 표준 디자인 개발 방향 및 기본계획 부분에서는 추진체계를 기반으로 인천도시지하철도의 현황 조사, 문제점 도출, 개선 방향 제시, 시민(사용자)의 참여 유도 등의 과정으로 진행하였다.

디자인 개발 및 가이드라인 구축 부분에서는 개발 대상 시설물별 디자인 제시, 기능성과 안전성을 고려하여 일관성 있는 사인체계 개발, 각 분야별 전문가 자문을 통한 실효성 있는 디자인 개발, 소재 및 구조 관련 설계기준 검토, 개발된 통합안내사인 시뮬레이션 제시 및 새로운 사인체계에 대한 시민 안내 홍보방안 마련을 주된 목적으로 진행되었다.

2018년도 인천광역시 '표준디자인 5차_인천도시철도 1호선 통합안내사인' 최종보고서를 바탕으로 작성

1 이용자 편의 증진을 위한 통합적 안내체계 리뉴얼

통합적인 안내체계 리뉴얼을 위해서는 다음과 같은 내용의 검토가 필요하다.

첫째, 안내사인 표준 디자인 개발 및 교체 정비의 물리적인 면에서 전면적인 디자인 제고가 필요하다.
둘째, 변화된 다양한 환경에 부합된 안내사인의 시인성·구별성·정확성에서 최신화가 이루어져야 한다.
셋째, 유니버설 디자인, 범죄예방 안전디자인의 기법을 적용한 실효성 있는 통합적 안내체계 디자인이 요구된다.

이에 본 프로젝트에서는 조사 분석 과정에서 보다 다양한 관점의 관찰방안이 프로세스에 요구되었다. 따라서, 현황조사, 문헌조사 DDI 이용자 심층 인터뷰, 관계자 그룹 인터뷰, 공모전 및 포럼, 이용자 설문조사 진행을 통해 다양한 시민의 참여를 고려한 소통 방안을 마련하였다.

1 타 지자체 사례 및 관련 문헌, 각종 연구자료, 상위계획 등 문헌 조사

인천 1호선 통합안내사인 디자인 개발을 위해 기존 연구 및 용역 분석을 통한 공통 적용 사항 도출

타 지자체 지하철 안내사인 매뉴얼 및 관련 논문 검토 → 방향성 분석 → 공통 적용사항 도출

2 공모전 및 포럼

인천 지하철1호선을 이용하는 시민의 직접적인 의견수렴으로 문제점을 파악하고, 개선하는 통합안내사인 공론화의 장 마련

인천시민과 함께하는 지하철 안내사인 및 환경개선 → 시민 관심 유도 → 시민 공론화의 장 마련

3 D.D.I. 이용자 심층인터뷰

노약자, 장애인, 외국인, 일반인 등 지하철 이용 행태 및 안내사인 이용 현황을 분석하여 특화 디자인 방안 도출

지하철 이용자의 안내사인 이용 현황 파악 및 인터뷰 진행 → 이용행태 분석 → 특화 디자인 도출

4 안내사인 현황 조사

기존 1호선 안내사인을 정보·안내체계 유형에 따라 현황 조사하여 문제점을 도출하고 개선 방안 마련

지하철안내사인 정보안내체계 유형에 따른 현황 리서치 → 문제점 도출 → 체크포인트 발굴

5 이용자 설문조사

인천시민 대상으로 설문조사를 통하여 이용자 중심의 현황 및 문제점 확인 및 실질적인 핵심이슈 도출

안내사인 활용에 대한 설문조사 진행 → 현황 및 문제 확인 → 핵심이슈 도출

6 관계자 그룹 인터뷰

지하철 안내사인 발주처 및 관계자 대상으로 인터뷰를 진행하여 통합안내사인 디자인의 지향점 도출

지하철 안내사인 정보·안내체계 유형에 따른 현황 리서치 → 문제점 도출 → 통합안내사인 지향점 도출

그림 15-1 기초조사 수행방법

안내 정보 체계의 원칙은 보행자에게 필요한 정보를 정확하게 제공해야 하며, 안내 시설물을 효율적으로 통합하여 전체적인 시설물의 수량과 유지비용을 최소화해야 한다. 또한 정보의 위계와 중요도에 따라 강조할 것과 생략할 것의 명확한 구분으로 정보의 가독성을 향상시켜야 한다.

동시에 교통약자나 어린이 및 외국인에게도 정보전달이 가능하도록 보편적인 관점에서 배려가 필요하다. 따라서 안내정보체계에는 기능성, 가독성, 통합성, 안전성, 보편성, 국제성, 환경성, 정체성의 8원칙의 관점이 고려되어야 한다.

원칙	문제점	개선 방향
기능성	중복 및 과다 설치로 명확한 정보 전달 미흡	심미성보다 기능성을 우선으로 디자인
가독성	시인성과 가독성이 부족하여 정보의 이해도 저하	체계 정립과 일관성, 질서를 통한 가독성 향상
통합성	설치 및 관리 주체가 통일되지 않아 일관성 저하	연계가능한 시설물과통합하여 효율성을 높이고, 도로 점유 면적을 축소
안전성	시민 안전에 미흡으로 보행 및 이동 환경 훼손	디자인의 안전성 증진과 유지·보수, 철거 관리
보편성	다양한 연령과 신체적 조건을 배려하지 않아 편의성과 보편성 저하	누구나 쉽게 사용할 수 있는 유니버설디자인, 배리어 프리디자인을 도입
국제성	한글 단독표기, 일관성 없는 픽토그램 사용으로 국제적인 이해도가 제한	체계적인 다국어 표기방법을 도입하고, 국제 표준 픽토그램을 사용
환경성	지나치게 복잡하고 자극적인 형태와 색채로부터 주변 환경과 불화합 유발, 시각 공해 발생	도시 경관과 조화를 고려하여 크기와 효율을 최적화
정체성	형태 및 재료의 표준화된 규정이 미흡하여 정체성 표현이 부족	색, 서체 등 디자인의 기본 요소를 표준화하여 지역의 정체성을 존중하고 구현

<출처: 안상락 (2008) "유니버설 디자인 관점에서의 공공사인 커뮤니케이션 지각효과 연구">

표 15-1 안내 정보 체계의 원칙

15.2
조사 및 분석
D.D.I 사용자 심층 인터뷰

3가지 관점의 관찰을 위해 D.D.I 이용자 심층 인터뷰, 관계자 의견수렴, 시민 공모전 및 토크 콘서트를 진행하였다. 전략적인 이용자 행위 분석을 위한 방안은 물론 F.G.I 및 설문조사를 통해 관련 부서와 관계자로부터 현실적인 의견 수렴이 가능하였다. 또한 다양하고 새로운 아이디어 도출을 위해 시민을 대상으로 시민 공모전과 토크 콘서트를 준비하였고, 공론화된 의견수렴 과정을 거쳐 통합적이며 체계적인 조사 및 분석을 진행하였다. 이와 같은 다각도의 관찰 분석 과정을 거쳐 지속 가능한 문제해결 방안에 보다 근접한 기반이 마련되었다.

PART1
D.D.I.이용자 심층인터뷰

[액션캠을 활용하여 안내사인 이용행위 분석 결과물을 담아 특화전략 도출]

읽기 쉽고 찾기 편한 철도이용 환경 조성하는 「인천 도시철도 1호선 통합 안내사인 표준디자인 개발」 사업의 일환으로 지하철을 이용하는 인천시민을 대상으로 사용자 관점의 안내사인 체계분석 및 개선점 보완을 위하여 D.D.I(Diary Depth Interview)사용자 분석을 진행하여 보다 다양한 이용자를 배려하는 유니버설 디자인을 도출하고자 함

이용자 경험과 교통약자의 경험을 통한 인천 지하철도 1호선 통합안내사인 특화방안 도출

PART2
관계자 의견수렴

[관계자 및 관련 부서로부터 현실적이고 지속가능한 방안 수렴과 문제해결]

인천지하철 이용자들, 교통공사 실무자들 대상으로 진행한 설문조사를 통하여 인천지하철도 1호선에 대한 사람들의 인식과 문제점을 알아보고, 서울시, 인천시 지하철안내사인 관련 담당자들과 통합안내사인 정보체계 및 표준디자인 가이드라인의 활용에 대한 현황과 개선사항에 대하여 공유함

유지관리 담당자, 타 지자체 디자인 담당자와 개선사항 분석을 통한 특화방안 도출

PART3
시민공모전 및 토크콘서트

[인천지하철을 이용하는 시민 대상으로 새로운 아이디어 도출]

인천 지하철을 이용하는 시민, 지역 대학생들을 대상으로 인천지하철 안내사인에 대한 아이디어 발굴 및 시민 공론화의 장을 마련하기 위하여 공모전 및 토크콘서트를 진행하여 시민들의 다양한 의견과 시민참여를 유도하여 인천 지하철도 공공디자인 개선점 도출

시민들과 통합안내사인 개발에 대한 토론을 통해 통합안내사인에 대한 공론화의 장 조성

D.D.I 사용자 심층 인터뷰

D.D.I(Diary Depth Interview) 이용자 심층 인터뷰는 액션캠을 활용하여 이용자의 시선과 관점에 따른 행위를 관찰·분석하는 방법이다. 『인천 도시철도 1호선 통합 안내사인 표준디자인 개발』 사업에서는 읽기 쉽고 찾기 편한 철도이용 환경을 조성하기 위해 지하철을 이용하는 인천시민과 방문객을 교통약자, 노약자, 외국인, 방문객, 인천시민의 다섯 이용자 그룹을 나누어 D.D.I 사용자 심층 관찰 및 분석을 진행하였다.

이를 통해 사용자 관점의 안내사인 체계분석 및 개선점이 보완되어 보다 다양한 공공 이용자를 배려하는 유니버설 디자인이 도출되었다.

교통약자

본 조사에서는 목발 및 휠체어 이용자등의 교통약자의 관점에서 인천 지하철의 안내 사인 이용행태 분석과 문제점 관찰로 특화디자인의 중요 요소를 도출하였다. 교통약자의 기본 행동 패턴의 분석결과에서는 기본적으로 수동 휠체어의 자력 이동을 염두에 둔 계획이 요구되었다. 전동 휠체어 사용자는 스스로 조작이 곤란한 중증 장애인 등 대상 범위가 보다 넓었다.

시각 장애를 가진 사용자에게는 현재 위치나 장애물 인지 및 방향 등 정보가 부족하여 보행이 곤란한 경우가 많았으며, 약시와 색각장애인은 명암이나 색을 식별하는 데 개인차가 큰 것으로 나타났다.

교통약자 D.D.I 심층 인터뷰

열차 이용시

“ 전철에 탈때 교통약자를 위한 표시가 없어서 탈때 힘들어요 ”

화장실 이용시

“ 화장실 안내사인은 잘되어있지만 개찰구 밖에 있는 곳이 있어서 불편했어요 ”

엘리베이터 이용시

“ 작전역에서 밖으로 나갈때 엘레베이터 찾기가 힘들었어요 ”

화재시설 이용시

“ 소방방재시설등 위치 안내사인이 안보여서 돌아보다 찾게 되었어요 ”

열차 이용시

“ 승강장에서 띠형으로 연결되는 안내사인이 있으면 잘 보이고 좋아요 ”

환승시

“ 처음 와보는 역에서 환승을 하는 것은 불가능에 가까워요 ”

안내도 이용시

“ 점자 안내도가 있어도 찾기가 힘들어 거의 사용하지 못해요 ”

발권시

“ 발권기는 소리를 듣고 찾아가죠 예전처럼 매표소가 있을때가 편했어요 ”

화장실 이용시

“ 화장실 멀리서 부터 유도블럭이 끊겨서 방향 안내방송을 해줬으면 좋겠어요 ”

환승시

“ 엘레베이터를 이용하고 싶어도 찾기가 힘들어 그냥 지나칠 때가 많아요 ”

또한 목발 사용자를 위해서는 원활한 이동을 위해 문턱과 단차를 제거하고, 완만한 동선의 확보가 필요하였다. 따라서 지하철 역사공간의 교통 약자를 위한 안내체계 개선은 다음의 항목을고려해야 한다.

① 휠체어의 원활한 이동을 위해 문턱이나 단차를 제거하고 완만한 동선을 확보
② 일반인에 비해 시야가 낮으므로 가이드라인에서 설치 위치를 고려
③ 교통 약자용 리프트 보다는 엘리베이터나 경사로를 이용해 수직이동이 가능한 동선을 확보
④ 인지성 향상을 위해 바닥을 이용한 안내 사인의 개발이 필요
⑤ 시각을 대신할 수 있는 음성 유도나 점자블록 등과 같이 청각과 촉각 등 다양하게 지각할 수 있는 정보를 제공
⑥ 보행 시 발 밑 안전을 위해 상부 돌출 구조물 미적용
⑦ 안내 사인의 문자를 크게 하며 명도, 채도, 휘도 차이에 유의하여 계획
⑧ 방향과 목적지를 알 수 있게 하는 유도 블록이나 음성 사인 또는 공익요원 배치 필요

노약자

노약자 관점의 조사에서는 인천 지하철 이용 시 나타나는 안내사인 이용 행태분석, 현황과 문제점 관찰로 특화디자인의 중요 요소를 도출하였다. 노약자는 일반적으로 나이가 들면서 신체적 기능이 저하되고 감각이 무뎌짐으로써 쉽게 피로해지며, 변화에 대한 반응속도가 느려져 환경의 변화에 적응하기가 어렵다.

따라서 자력보행이 곤란하거나 관절염, 뇌졸중 등의 노인성 질환을 가진 경우가 많아 지체 장애인, 시각 및 청각 장애인과 동일한 수준의 배려가 필요하다.

노약자 D.D.I 심층 인터뷰

화장실 이용시

" 화장실 사인이 너무 높이 있고 글씨가 작아서 잘 안보여요 "

화장실 이용시

" 화장실 사인이 정확하지 않아서 더 헷갈릴 때가 있어요 "

화장실 이용시

" 역마다 남녀 화장실 위치가 달라서 일관성이 있으면 좋겠어요"

엘리베이터 이용시

" 환승은 불편없이 하지만 엘리베이터가 몇 대 더 있으면 좋을거 같아요 "

승강장 하차시

" 조명이 색다르고 승강장이 밝아보여 좋아요 "

환승시

" 간판이 너무 많고 화려해 안내사인이 보기 힘들어요 "

화장실 이용시

" 내려서부터 화장실까지 안내사인이 연결되지 않아 힘들어요 "

출구 확인시

" 나가는 곳에 번호만 쓰여있으면 목적지를 찾기 힘들어요 "

환승시

" 여기 안내사인은 잘 되어 있는데 왜 다른 역은 적용이 안되어 있을까요 "

소방시설 이용시

" 화재시설 안내사인이 눈에 잘 들어 왔으면 좋겠어요 "

타는곳 / 나가는곳

" 광고판이 많아 안내사인을 찾기 혼란스러워요 "

따라서 지하철 역사 공간의 노약자를 위한 안내체계 개선은 다음의 항목을 고려해야 한다.

① 보행로에 100m 간격으로 잠시 걸터앉아서 쉴 수 있는 벤치, 의자, 휴게 장소 등을 설치
② 보행보조기 등의 이용을 고려하여 보행로나 문 등의 폭을 여유 있게 제공
③ 화장실 사인의 개선 및 엘리베이터 등 동선의 개선 필요
④ 가독성을 고려한 사인의 색채, 서체, 크기, 위치 및 배치 재고 필요
⑤ 간판 제한 구역(광고 클린존) 설치 및 안내사인 통합시스템 마련 필요

외국인

외국인 관점의 조사에서는 인천 지하철 이용 시 나타나는 외국인들의 안내사인 이용 행태 분석 및 현황과 문제점 관찰로 특화 디자인의 중요 요소를 도출하였다.

외국인은 일반적으로 자국어 이외의 다른 언어와 정보에 대한 이해가 부족하고, 여행용 가방 및 지도 등을 휴대하며 이동하는 경우가 있어 양손에 제약이 있는 경우가 많다. 따라서 환승구간과 같은 주요 변환지점의 외국어 표기 누락 개선 및 정보전달의 효율성을 위해 다국어(열차이용과 소방방재 구역_4개 국어/기타 편의시설_2개국어) 표기구역 설정과 외국어 표기 다이어트를 통한 사인체계의 재정비가 요구되었다.

외국인 D.D.I 심층 인터뷰

화장실 이용시

" 화장실이 지하철 탑승하는 층에 없다는 것을 대부분의 외국인이 모르고 있어요 "

화장실 이용시

" 화장실이 탑승하는 곳 위 층에 있다는 사인이 지하철 내리는 장소에서 잘보이는곳에 있었으면 좋을 것 같아요 "

환승사인

" 지하철을 내리는 층에서는 환승이 한국어로만 써있어요"

환승사인

" 지하철을 내리는 층에도 환승이 영어나 외국어로도 같이 있으면 더 알기 쉬울것 같아요 "

환승사인

" 환승 이동경로에도 중간중간 외국어들이 없어 불편해요 "

주변안내지도

" 외국인이 지도를 도움없이 보기에는 너무 불편해요 "

주변안내지도

" 지도에도 외국어로 간략한 설명이 있으면 좋을것 같아요 "

주변버스 이용시

" 인근 버스를 이용하고 싶지만 버스 설명은 한국어로만 되어있어요 "

보관함 이용시

" 가까이 가지 않는 한 물품보관함인지 몰랐어요 멀리서도 외국어로 보였으면 좋겠어요 "

티켓 사인

" 티켓 표지판은 크게 잘 보여서 너무 좋았어요 "

티켓 구매시

" 티켓 매표소에 4개국어 외에 다른 외국어도 추가해주세요 "

지하철 역사 공간의 외국인을 위한 안내체계 개선은 다음의 항목을 고려해야 한다.

① 안내 사인은 한글을 모르는 외국인 관광객을 위해 쉽게 이해할 수 있는 국제통용 시각정보 (픽토그램, 방향지시 화살표 등) 및 영문, 일문, 중문 등 4개 국어를 표기하는 것이 바람직함
② 외국인이 많이 이용하는 시설에는 그림과 다국어로 표기된 안내 사인 위주 설치 필요
③ 보관할 장소 표기 등에는 외국어를 표기 필요
④ 사인 가독성 향상을 위해 4개 국어/2개 국어 사용구간에 따른 외국어 표기체계 필요

방문객

본 조사에서는 외부 방문객 관점에서 지하철을 이용하며 나타난 안내사인 이용 행태 분석과 이에따른 현황 및 문제점을 특화 디자인의 중요 요소로 도출하였다.

방문객은 일반적으로 주변 지리와 시설에 대한 인지가 없어 안내사인에 의지해서 이동하는 특성을 가지고 있다. 지역주민은 물론 다른 지역 거주민의 경우 사인의 디자인 요소뿐만 아니라 사인의 연속성을 고려한 통합적인 사인 체계를 통해 효율적인 공간 이동을 가능 하도록 돕는다.

방문객 D.D.I 심층 인터뷰

환승사인

" 환승할때 벽면에 색있는 띠처럼 끊기지 않고 안내해줘서 좋았어요 "

화재도구

" 멀지 않은 곳 여러군데 소화기가 있어서 찾기 쉬웠어요 "

안내표지판

" 인천시청역 새로 생긴 2호선의 안내표지판들은 불빛이 나서 기존 표지판 보다 더 깔끔하고 잘보였어요 "

스크린 도어

" 스크린도어에 주변 명소 소개가 되어있어서 좋았어요 "

출구 이용시

" 인천시청을 가고 싶은데 가까이 다가가야만 확인할 수 있어서 불편했어요 "

출구 앞 역간판

" 출구 안내사인과 달리 출구 앞 역간판은 크고 높게 되어있어서 멀리서 보기도 쉽고 찾기도 쉬웠어요 "

엘레베이터 사인

" 부평역은 계단 옆에 엘레베이터가 있어 찾기 쉽고 이용하기도 쉬웠어요 "

이동시

" 환승시 벽면에 안내사인들이 많아서 어렵지 않게 찾아갔지만 연계성이 떨어지는 지점이 많아요 "

주변지역 이용시

" 작전역은 개찰구 바로 앞에 종합 주변지역 안내도가 있어서 가야할 지역을 찾기 편했어요 "

엘레베이터 사인

" 역안에서 밖으로 나가는 엘레베이터를 찾기가 어려웠어요 "

화장실

" 개찰구 안쪽에도 화장실이 있고 다른역보다 찾기 쉬웠이요 "

지하철 역사공간의 방문객을 위한 안내체계 개선은 다음의 항목을 고려해야 한다.

① 안내사인 정보의 구체적이고 정확한 표현이 필요
② 안내사인 간의 연결이 자연스럽게 유도 되도록 배치
③ 역사 및 주변 지역에 대한 정보를 볼 수 있는 통합사인 필요

인천도시철도 1호선 통합 안내 사인 표준 디자인을 위해 실시된 일반인 351명 대상의 설문조사에 따르면, 인천 지하철 안내사인의 가장 큰 문제점은 '사인 시설물의 일관성 부족(36%)'을 가장 불편한 점으로 대답 하였다. 그리고 가장 시급하게 개선되어야 할 사항은 '안내 사인의 정보 구체화(38%)'로 선택하였다. 따라서 정보의 구체화·체계화된 안내 사인과 이를 반영한 일관된 사인시설물의 디자인 개선이 시급히 요구되고 있었다.

지하철 이용시 안내 사인의 이용에 관하여 불편하게 느끼신 경험이 있다면, 그 이유는 무엇입니까?

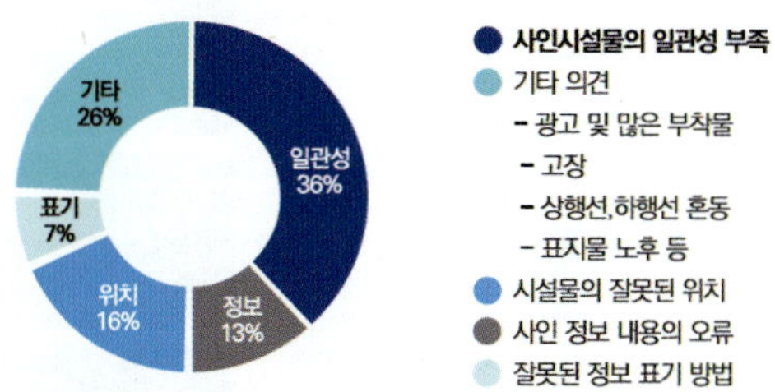

인천지하철 1호선 안내 사인에 있어서 가장 시급히 개선해야 될 사항이 무엇이라고 생각하십니까?

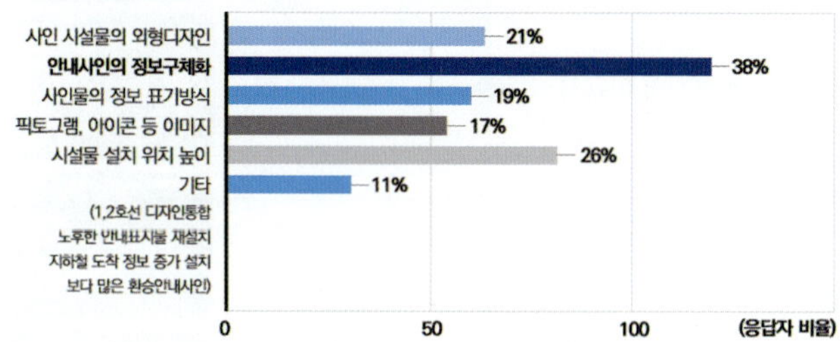

그림 15-2 인천도시철도 1호선 통합안내사인 표준디자인을 위한 설문조사 2/5번 문항(일반인 351명)

15.3
통합 안내사인 표준 디자인

의견 수렴 및 방향성 도출

특화 디자인 전략에서는 도출된 조사 분석내용을 바탕으로 인식하기 쉬운, 연결이 되는, 누구나 알기 쉬운, 일관성 있는 사인으로서 그 방향성과 구체적인 세부방안을 구축하였다.

그리고 누구나 쉽게 알 수 있는 배려 디자인 구축을 위해 다음과 같은 방향을 제시하였다.

첫째, 면, 선 등의 공간적 스케일을 가진 정보인지영역을 구축하는 사인의 역할
둘째, 지속적으로 방향을 유도할 수 있는 정보 네비게이터로서의 역할
셋째, 픽토그램의 강조와 외국어 표기 정제화로 정보를 도식화하는 역할
넷째, 일관성 있는 디자인 요소를 통합하고 유지하여 이용자 경험 디자인을 담아내는 역할을 구현하기 위한 안내 사인 체계를 구축하고자 하였다.

소결 (내용 총정리)

문헌조사 (국내 가이드라인) : "일관성 있는 디자인을 위한 요소 도출 필요"

문헌조사 (해외 가이드라인) : "적극적인 색채 활용 및 정보 최소화"

D.D.I. 심층인터뷰 (방문객) : "다른 노선의 안내사인에 비해 일관성이 부족하다"

D.D.I. 심층인터뷰 (외국인) : "안내사인의 외국어 표기가 연결이 되지 않는다"

D.D.I. 심층인터뷰 (노약자) : "안내사인의 인지가 어렵다" / "안내사인 크기가 크면 좋겠다"

설문조사 (이용객) : "정보가 부정확한 안내사인이 있다" / "안내사인의 일관성이 부족하다"

심층인터뷰 (인천교통공사) : "서울~경기~인천 지하철 간의 일관성 있는 안내사인 디자인 필요"

인식이 쉬운 사인	연결이 되는 사인	누구나 알기 쉬운 사인	일관성 있는 사인
"공간적인 사인을 통한 명확한 안내사인"	"동선에 흐름에 따라 지속적인 유도가 일어나는 사인"	"규정 색채 및 픽토그램을 활용한 단순 명확한 사인"	"기존 디자인과 일관성이 유지되는 사인체계 개발"
보기 명확한 배려디자인	안내하는 배려디자인	이해하기 쉬운 배려디자인	누구나 사용편한 배려디자인
정보인지 영역 Info-zone	정보네비게이터 Navigator display	정보의 도식화 Info-language	이용자 경험 디자인 UX Design

정보를 쉽게, 누구에게나, 정확히, 보이는 **배려디자인**

01 정보 모듈화

"가독지수향상" 보기 명확한 디자인

정보 체계에 따라 표기 위치를 모듈화하여 정보 인지성을 향상시킨 사인디자인
- 사인계의 일관성을 유지하도록 정보 체계에 따른 표기 위치, 크기 지정
- 신설, 교체가 많은 인천시 도시철도 환경을 고려하여 정보들의 교체, 추가 기입 등이 용이한 디자인 개발

02 정보 통합화

"인지지수향상" 안내하는 디자인

동선에 따른 배치를 계획하여 사인유형별 정보를 통합할 수 있는 체계디자인
- 사용자의 예상되는 여정을 고려하여 보행방향 안내 및 편의시설 안내 기능의 강화
- 길찾기 안내 및 보행지수 향상을 위한 정보의 상세화 및 통합화

03 정보 이미지화

"이해지수향상" 이해하기 쉬운 디자인

색채, 픽토그램을 특화하여 언어 중심의 사인에서 정보기호 중심으로 디자인
- 다국민이 거주하고 있는 인천광역시의 특성에 맞도록 픽토그램 이미지 강조 디자인
- 편의시설군 색채를 특화하여 정보의 이해를 도울 수 있도록 사인디자인에 적용

04 정보 매체 다양화

"사용지수향상" 누구나 사용하기 편한 디자인

보행약자를 위한 사인 위치, 형태, 방식을 다양화한 사인 디자인
- 일반적인 안내사인 뿐만이 아닌 돌출사인·바닥면 등 보행약자 사용성에 적합한 정보 표기방식 적용
- 인지성을 강화하고 많은 사용자가 정보를 습득할 수 있도록 사인 위치, 기능별 디자인 특화요소 고려

안내사인 디자인

공공장소의 에스컬레이터 안내 사인에서는 시인성 향상을 위한 디자인 가이드를 수립하고, 캐노피 입구사인의 경우 노선색 및 역명에 4개 국어를 표기하여 인지성 향상을 시도하였다. 승강장 역명판의 경우는 인천 1호선 고유 색상을 강조색으로 사용하여 노선정보 전달을 상징화하였으며, 경로 결정지점에서 편의시설 이용자들의 동선을 안내하도록 편의시설 통합 안내사인을 마련하였다.

또한 출구안내는 모두 같은색으로 통일하여 인지성을 향상 시켰고, 광고게시판은 주요 안내사인과 3m 간격을 두고 설치하도록 가이드를 마련하였다.

그림 15-3 나가는 곳 / 광고게시판

그림 15-4 승강장 역명판 / 편의시설 통합사인

환승구간에는 천정형·벽부형·바닥형 사인을 설치하고, 이용 동선을 나타내는 사인은 강화 갯벌색을 배경색으로 사용하였다. 공공성을 가지고 있는 지하철 공사 및 공공기관에서 사용되는 임시 부착물은 현재 사용되는 노선의 색상을 기준으로 사용하며, 다른 노선 및 안전색채 사용은 지양 하였다. 〈그림 15-5 갈아타는곳/ 임시 부착물 가이드 이미지〉

PSD 역명판은 4개 국어 사용으로 외국인 사용성을 향상시켰으며, 출구안내는 모두 같은 색으로 통일하여 인지성을 향상시켰다. 또한, 정보전달의 효율성을 위해 4개 국어 /2개 국어 표기구역의 설정으로 외국어 표기 다이어트를 통한 사인체계를 재정비하였다.
〈그림 15-6 역명판/ 나가는 곳(천정형) 가이드 이미지〉

그림 15-5 갈아타는곳/ 임시 부착물 가이드 이미지

그림 15-6 역명판/ 나가는 곳(천정형) 가이드 이미지

안내사인 10원칙

유니버설 관점에서 고려된 도시철도 안내사인 10원칙을 제안하기 위한 3가지의 주요 개념은 다음과 같다.

첫 번째, 광고 클린존영역의 설정으로 광고 제한영역을 지키고, 광고물 설치규정을 운영하여 안내사인의 영역을 침해 받지 않도록 기본적인 안전원칙을 지키는 것이다.

두 번째, 정보시설에 대한 배치 존의 설정에 대한 것으로 정보의 가독성 및 경로 결절지점 설치를 통해 이용자의 입장에서 인지하기 쉽도록 사인물의 위치와 형태에 대한 가이드를 제시하였다. 또한 시각정보인 색채와 픽토그램을 우선 사용하여 편의성을 높이고, 소방안전시설 영역을 강조하여 공공공간으로서의 안전성도 확보하였다.

세 번째, 안내시설 통합 및 다이어트를 적용하였다. 천정형 사인과 바닥사인등 교통 약자를 비롯한 모든 사용자를 위해 안내 사인을 통합하고 외국인이나 교통약자 등 한국어 인지에 어려움이 있는 이용자들의 이용 혼란을 줄이기 위한 부역명 최소화 및 색채와 정보의 통일성을 유지하도록 하였다.

광고 클린존 영역 설정

❶ 제1원칙 광고 제한영역 지키기

주역명 주변 | 주요사인 주변 | 광고규제 구역

• 지하철 탑승관련 사인물이 부착되는 PSD 역명 주변 (좌우 프레임 1칸)은 외부 광고 부착 제한

• 안전 시설물, 나가는 곳 사인이 설치된 곳에서는 반경 5m 이내 광고 내용에 사용되는 색채는 안전색채의 적용을 제한

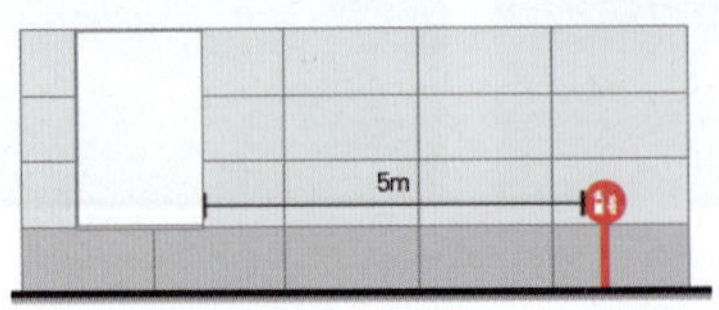

SAFETY COLOR

EXIT	SOS	EMERGENCY
Pantone 102C C0 M0 Y95 K0	Pantone1797C C0 M100 Y99 K4	Pantone369C C59 M0 Y100 K7

정보시설 배치 존 설정

2 제2원칙 광고 설치규정 운영

기본원칙

가시 범위와 설치환경을 고려한 광고 규격 적용
공공정보와 구분이 되도록 배치
보행자의 안전을 위하여 마감부 및 돌출부 최소화
간결한 형태의 광고 시설물 디자인 계획
적정 휘도를 유지하여 눈부심 현상 최소화
안내사인 주요 색상과 중복되는 색상은 사용은 규제

통로 폭 별 규격

통로 구분	통로 폭	허용 광고 규격
소로	5m 미만	1500X1800
중로	5~8m	3000X1800
대로	8m이상	4000X2250

적정 간격

광고물 간의 간격은 광고물 폭의 1.5배 이상 유지
광고물의 설치는 적정 간격의 적용을 원칙으로 하며 이용율이 높은 역사(환승역 등)적정 간격을 완화하여 광고물을 설치 가능
적정 간격을 완화하여 광고물을 설치할 경우, 관리주체의 심의를 통하여 적용 여부를 결정

가로형 광고

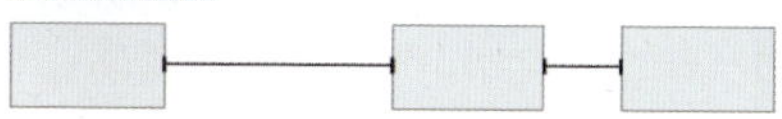

세로형 광고

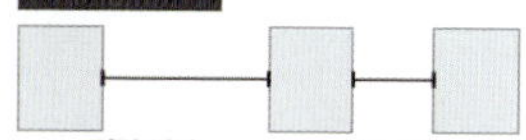

색채

프레임의 색채는 설치 벽면의 마감재와 조화되도록 디자인
프레임은 무광택 소재를 권장
역사 환경과 강한 대비를 주는 고채도의 색채 지양
반경 5m이내 광고 내용에 사용되는 색채는 안전색채의 적용을 제한

SAFETY COLOR

EXIT	SOS	EMERGENCY
Pantone 102C C0 M0 Y95 K0	Pantone1797C C0 M100 Y99 K4	Pantone369C C59 M0 Y100 K7

3 제3원칙 정보는 크고 잘 보이게 하기

계단 **경로결정지점** **입구 반경 3m**

• 이용자 입장에서 인지하기 쉽도록 계단과 경로결정 지점을 고려한 사인물의 형태와 위치 설정

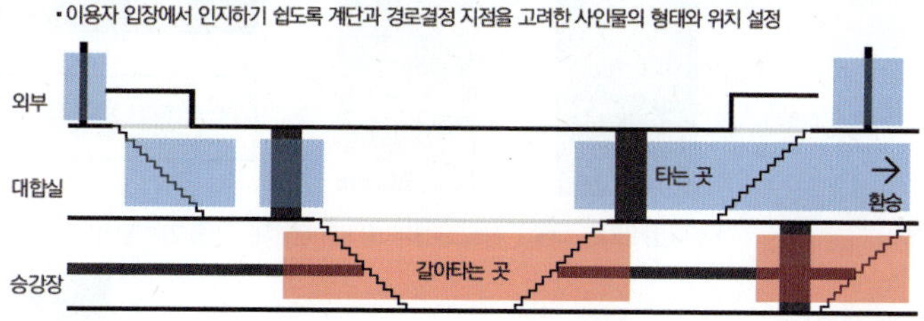

• 입구로 부터 3m 이내 / 보행자의 인지 편의성에 기준을 둔 배치 형태

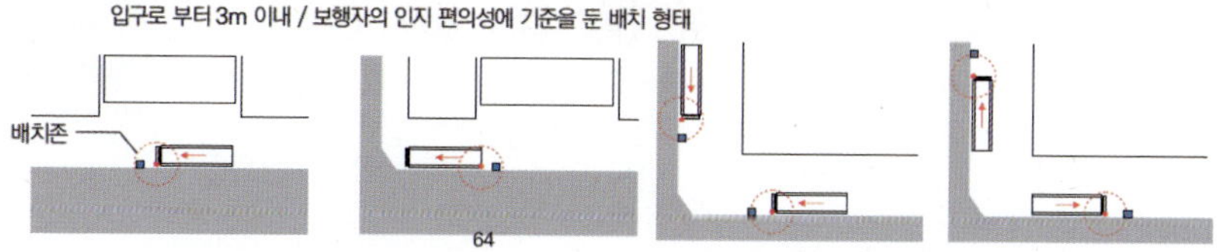

④ 제4원칙 결로 결정지점에 설치

90도 배치	명확한 방향성	시야확보시 설치 X

- 천정형은이용자의 인지편의성을 위하여 동선과 90도 배치
- 경로결정지점에서는 명확한 방향성을가지도록 4개방향(+)로 배치
- 개찰구 까지의 시야가 확보되면 개찰구 결정지점까지 탑승유도사인은 설치하지 않음

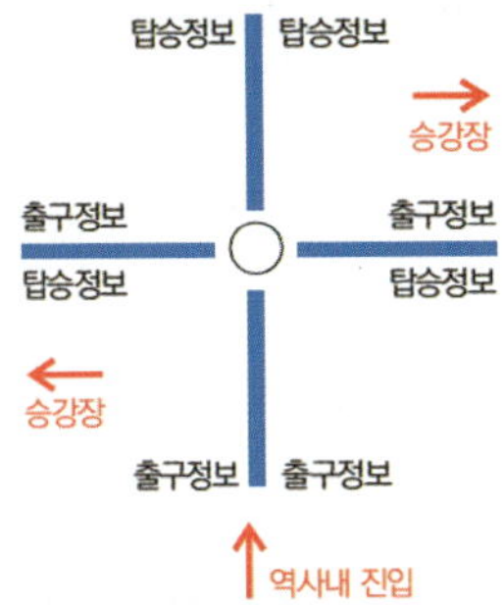

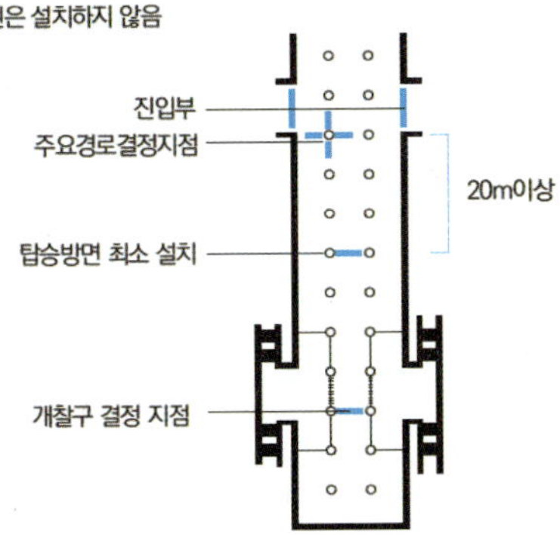

⑤ 제5원칙 시각정보 우선적용

색채	픽토그램	우선 사용

- 지하철 이용동선과 나가는 동선에서는 색으로 차이를 두어 인지성 향상

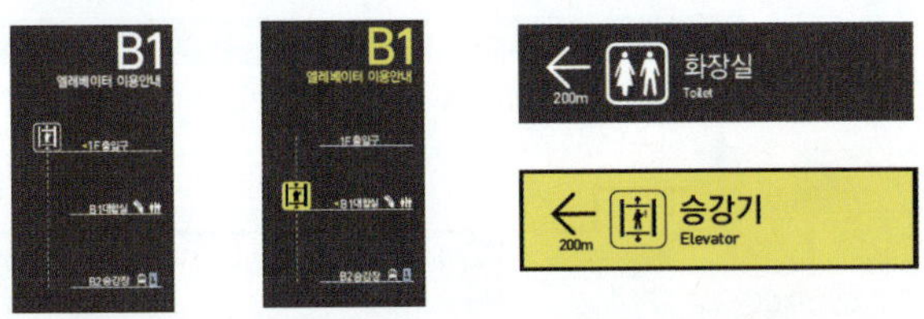

- 주의 및 안내는 내용은 픽토그램을 이용하여 전달하는 것을 기본 원칙으로 설정

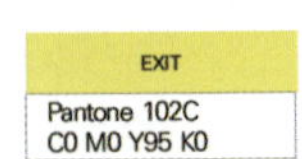

6 제6원칙 소방안전시설 영역 강조

안전 강조 | 화재시 시인성 | 대피중 접근가능

• 소방방재시설은 언제나 눈이 띄기 쉬워야하며 화재시 연기 및 시각적인 한계에도 눈에 잘 띄는 곳에 있어, 피난 혹은 대피중인 사람들에게 쉽게 접근할 수 있도록 낮은 곳에 설치

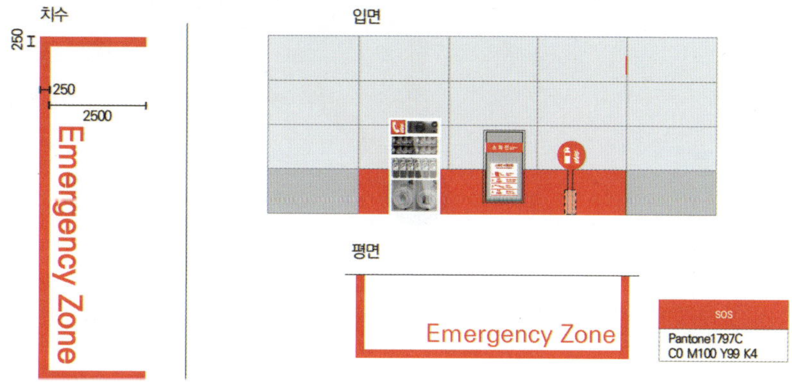

안내시설 통합 및 다이어트

7 제7원칙 천정형 사인 기준

색채 통일성 | 정보 통일성 | 열차 내부 사용 권장

• 공공성을 가진 정보를 표기하는 임시부착물 (ex. 포스터, 임시 사인물)에 대하여 인천1호선의 색채를 배경으로 권장
• 다른 노선색상 및 안전 색상의 배경색 사용은 지양

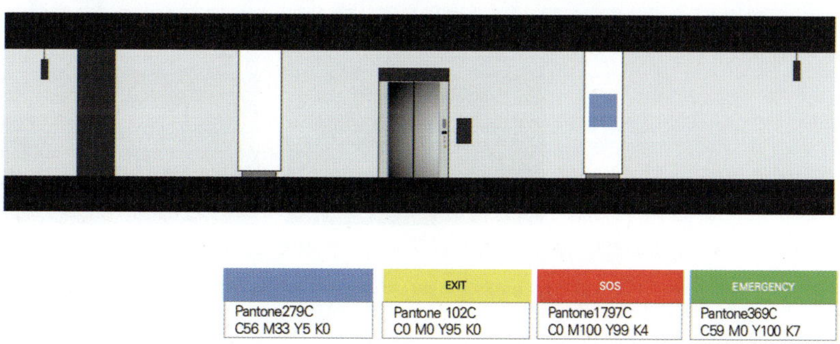

8 제8원칙 바닥사인 적용

바닥방향사인 | **3차원 공간활용** | **헤드업방향시스템**

- 승강장 내 갈아타는곳/ 나가는곳의 방면을 구분하기 위해 교차점에 설치

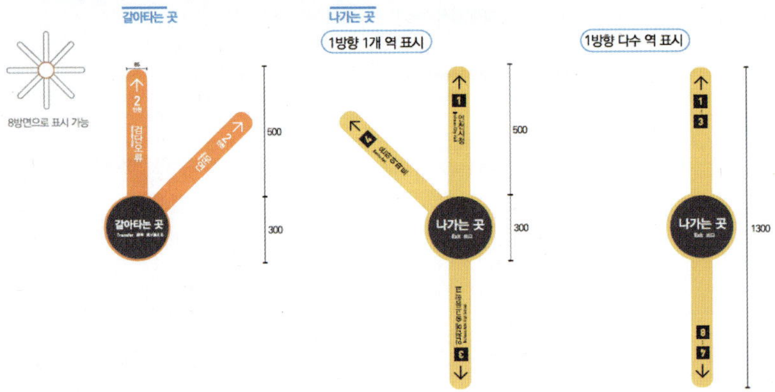

9 제9원칙 부역명 최소화

정보 혼란 야기 | **유지관리 문제** | **열차 내부 사용 권장**

- 외국인, 교통약자 등 한국어 인지에 어려움이 있는 이용자들은 역명판 내 부역명은 큰 혼란을 야기
- 주기적으로 교체가능한 내용을 사인에 삽입할 경우 유지관리에 문제 발생 가능성 상승
- 기존 부역명 기입을 유지할 수 있는 디자인과 차후 협의를 통해 제거되었을 때의 디자인 제시

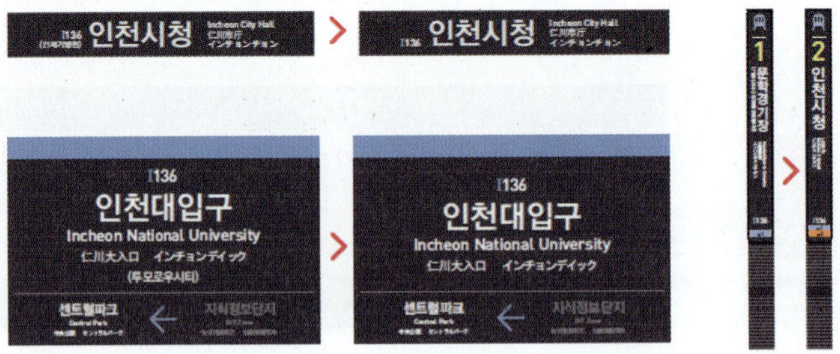

- 향후 부역명 사인은 열차 내부 안내방송과 내리는 곳 승강장 내 역명판에서 사용 하는 것을 권장

⑩ 제10원칙 기타 부착물 가이드라인

천정형 기본	20m 간격 기준	시종점 설치

- 천정형을 기본적으로 모든 정보가 제공
- 천정형 사인은 20m 기준 간격으로 설치
- 중간에 추가 출입구가 없으면 시종점에만 설치

- 경로결정지점 및 교통약자 고려장소에 설치

실효성 있는 역할 기대

지하철 역사공간 안내체계 디자인 파트를 끝맺으며

이처럼 인천 도시철도 1호선 통합 안내사인 표준 디자인 개발을 위해 제안된 내용들은 앞으로도 지속적인 연구와 개발을 통해 '정보를 쉽게, 누구에게나, 정확히, 보이는 유니버설 배려디자인'으로서 실효성 있는 역할을 할 것으로 기대한다.

PART 6

참여 공공디자인

16. 주민참여를 통한 공공디자인

16.1 '참여를 통한 공공디자인'을 왜 해야 하는가?
16.2 퍼실리데이터로서의 디자이너
16.3 참여를 원활히 하기 위한 전략
16.4 참여과정을 디자인하기
16.5 주민 참여 기법

17. 커뮤니티 활성화 전략

17.1 참여자 모집
17.2 찾아가는 워크샵
17.3 역할 바꾸기
17.4 도시재료
17.5 시범사업

18. 공공 소셜 플랫폼 디자인

18.1 "공공"과 "디자인" 사이
18.2 커뮤니티 재생
18.3 커뮤니티 속성 재규정
18.4 융복합 혹은 플랫폼
16.5 융복합 플레이스 플랫폼

Community Design, Resident Engagement, Social platform, A Visiting Workshop, Participating Public Design

PART 6 참여 공공디자인

16. 주민참여를 통한 공공디자인

16.1 '참여를 통한 공공디자인'을 왜 해야하는가?

'참여를 통한 디자인'이라고 할 때, 보통 '주민들의 의견을 들어 디자인하는 것'이라고 생각하기 쉽다. 물론지역사회의 정보와 그들이 필요로 하는 사항과 요구를 듣는 것은 주민들의 생활에 밀착한 디자인을 하는 데 도움이 된다. 그러나 참여를 통한 디자인은 궁극적으로는 디자인의 목표를 "결과물 산출"에서 "관련자들 간의 상호 주관성 획득의 과정"으로, 주민을 "이용자"에서 "주체"로 전환하는 디자인 패러다임의 변화를 전제로 한 것이다. 그리고 문화를 "커뮤니케이션이고, 여러 종류의 상충된 원리를 포용하고 있으며, 각기 다른 이해관계를 가진 구성원들에 의해 끊임없이 새롭게 만들어지는 개방된 불안정 체계" [1] 라고 한다면 결과물뿐만 아니라 '과정 자체를 문화로 이해하자.' 라는 것이기도 하다. '걷고 싶은 도시 만들기 시민연대'라는 시민단체의 김은희 정책 센터장은 참여 디자인을 다음과 같이 정의한다.[2]

① 참여 디자인은 단지 주민들의 '의견을 수집하거나, 디자이너들이 이용자의 의견을 취합하기 위한 과정'이 아니라, 디자인의 전 과정에서 참여하는 모든 이가 적극적으로 관점을 생산하고 이를 조율해 실현할 수 있도록 '주체를 형성하는 과정'이다.

[1] 조혜정 "탈식민지시대 지식인의 글 읽기와 삶 읽기 3" (서울: 또 하나의 문화 , 1998), p.235.

[2] 통합놀이터만들기 네트워크 "무장애통합놀이터 매뉴얼"(2015), p. 47.

② 참여 디자인 과정 중의 프로그램은 '목적, 참여주체, 참여단계, 지원 네트워크'가 어떻게 형성되고 어떻게 변화하는가에 따라 단계별로 다르게 기획되고 운영되어야 한다.

③ 참여 디자인 과정에서 도출된 결과물들은 재가공을 통해 디자인 단계마다 구체적으로 실현되어야 하며, 각 과정마다 실현된 결과물에 대해서 반드시 '참여자'들과 되먹임(Feedback)하는 과정을 거쳐야 한다.

④ 참여 디자인에서는 '지속적으로 참여하는 집단'이 필요하며, 이것이 가능하게 하기 위해서는 '지원 네트워크'의 역할이 매우 중요하다. 지원 네트워크는 단순하게 의견을 취합하는 퍼실리테이터(facilitator, 촉진자)나 시민단체 및 전문가 등을 지칭하는 것이 아니라 '모든 과정에서 참여자에게 끊임없이 정보를 제공하고, 참여자들의 의견을 분석하여 다시 정보화하는 주체'를 말한다.

16.2 퍼실리테이터로서의 디자이너

참여를 통한 디자인이 디자인 패러다임의 전환이라고 한다면, 디자이너의 역할 또한 변화되어야 한다. "문제 해결자"에 한정되었던 기존의 역할에서 퍼실리테이터로서의 역할도 필요해졌다고 할 수 있다.

그러나 퍼실리테이터로서의 역할에 대한 요구는 단지 디자인 분야에만 적용되는 것은 아니다. 복잡하고 다변화되는 사회에서 전문가는 사회적 성찰을 촉구하는 퍼시리테이터로서의 역할이 필요하다.

피셔(Frank Fischer)는 전문가의 분석과 지식에 대한 사회적 판단은 시민의 역할이며 전문가는 이러한 판단을 촉구하는 역할, 즉 사회적 성찰을 촉진시키는 역할에 대해 고민할 것을 요구한다. 여기서 퍼실리테이터로서의 전문가는 주민들에게 질문을 하여 그들 스스로 자신들의 이익을 검토하도록 하는 것이다. 그리고 주민들이 자신들의 언어로 전문가들이 제시한 질문에 대한 답을 할 수 있도록 정보를 제공하고 스스로 학습할 수 있도록 도와주는 것이다. [3]

[3] Frank Fischer, "Citizens, Experts, and the Environment"(London: Duke University Press,2000), pp.1-67.

그렇다고 디자이너가 중립적인 태도를 취해야 한다는 것은 아니다. 디자이너는 전체 과정을 이끌고 중재하기도 하지만 어엿한 참여자이기도 하다. 따라서 전문가적 입장에서 자신의 주관적인 관심이나 이해 사항을 설명할 수 있다.

디자인 단계에서의 퍼실리테이터로서의 역할을 다음과 같이 정리할 수 있다.
① 지역민들과 프로젝트 관련자들 간의 파트너십을 발전시킨다.
② 정보와 다양한 전문가 의견을 제공한다.
③ 지역민들의 기대를 조절한다.
④ 프로젝트를 넓은 맥락에서 인식한다.

16.3 참여를 원활히 하기 위한 전략

참여를 통한 공공디자인에서는 주민들의 "관심"이 주요한 동인이 된다. 관심에 따라 문제에 대한 진단도 다르게 나타나고 참여도도 달지기 때문이다. 따라서 퍼실리테이터로서의 전문가는 참여자들에게 끊임없이 질문함으로써 상황을 다시 보게 만들면서 관심을 형성시켜야 한다. 더불어 전문가는 참여자들의 이야기를 들음으로써 스스로도 성찰하는 기회를 가져야 한다.

1. 관심 형성하기[4]

주민들은 디자인의 결과가 자신의 삶에 어떤 영향을 줄 것인지 예측하기 어렵다. 이에 시공이 완료되고 난 후 자신과의 관련성을 발견하고 반응을 나타낸다.그러므로 디자이너는 주민들이 미리 디자인이 실현되었을 때 자신의 삶과 어떤 연관성을 갖는지 예측하고 대응하도록 도와주어야 한다. 과정 중에 타나나는 의견 충돌은 심하면 프로젝트 자체를 깨뜨릴 수도 있으나, 역동적인 변화를 일으키는 힘이 될 수도 있다. 또한 공사 후에 갈등이 드러나는 것보다 미리 드러나는 하는 것이 나을 수 있다. 그러므로 갈등을 누르기보다는 명확하게 드러나게 하고 인식하게 하는 것이 바람직하다.

[4] '관심 형성하기', '질문하기', '듣기'라는 세 가지 전략의 제시와 구체적 내용은 '김연금, 소통적 조경계획 및 설계에 관한 연구(2004), 서울시립대학교박사학위 논문'을 참조하였다.

2. 질문하기

또한 참여 과정 중에 끊임없이 물음으로써 사람들의 관점과 입장을 확장시키는 것이 필요하다. 물어본다는 것은 단지 정보에 대한 것만은 아니며 그 이상의 기능을 한다. 질문이 갖는 기능을 정리하면 다음과 같다.

① 질문은 보다 깊은 관심을 이끌어 내는 것이다.
② 질문은 사람들에게 주장할 수 있는 기회를 주는 것이다.
③ 질문을 통해서 견해의 차이와 갈등을 드러낼 수 있다.
④ 질문은 다른 질문을 끌어낼 수 있는데, 다른 사람들이 어떤 견해를 갖고 있는지 뿐만 아니라 왜 그들은 그런 식으로 보는지도 이해할 때 가능하다.
⑤ 질문을 받은 이들은 생각을 하고, 걱정을 하거나 화를 내거나 노력을 하거나 건설적 반응을 한다. 그러므로 질문은 추후 행동에 대한 가능성을 열수 있다.
⑥ 또한 질문은 성찰과 심의의 가능성을 높일 수 있다.
⑦ 따라서 질문은 드러내고, 열어 놓고 찾는 것이며 대응에서 행위를 요구하는 것으로, 의도나 실천에 있어서 분석적이면서도 종합적이라고 할 수 있다.[5]

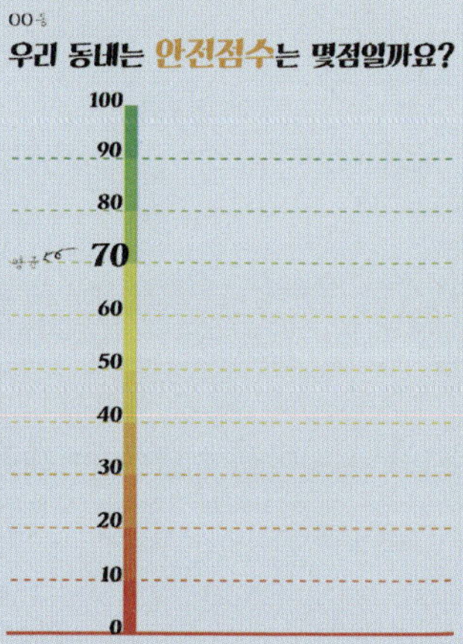

그림 16-1
마을의 안전에 대한 본격적 논의를 촉진하기 위해 던질 수 있는 질문

이와 같은 기능을 효율적으로 끌어내기 위해서는 잘 기획된 주민 참여 기법이 필요하다.

[5] John Forester, "Critical Theory, Public Policy, and Planning Practice"(New York: United States of America, 1993), pp.52-53

3. 듣기

여기에서의 듣기는 영어의 listening을 의미한다. hearing이 소리나 단어적 의미에 주의를 귀 기울이는 것을 말한다면 listening은 단어를 '듣는 것' 이상을 말한다. 우리는 직접적 의미뿐만 아니라 의도도 듣는다. 따라서 우리가 상대방을 얼마나 잘 아는가에 따라 이해의 정도도 달라진다. 듣기의 기능을 정리하면 다음과 같다.

① 대화를 촉진한다.
② 참여하고 있다는 것을 명백히 하여 공유감을 만들어 낸다.
③ 명확한 표현을 독려시킨다.
④ 관심을 드러낸다.
⑤ 애매한 의미와 가치를 탐구하도록 도와준다.
⑥ 의도와 맥락적 의미를 이해할 수 있도록 도와준다.
⑦ 환상과 자기 기만을 막는다.
⑧ 듣는 것은, 우리는 누구이며 우리가 할 수 있는 것은 무엇이며 우리는 무엇이 될 수 있는가에 대한 진실을 찾는 것이다.

또한 듣는 것은 해석학적 실천으로 왜곡된 의미나 대화를 바로 잡기 위해서 듣는 능력이 필요 하다. 이를 키우는 방법이나 주의해야 할 바를 정리하면 다음과 같다.

① 말만을 듣는 것이 아니라 사람에 대해서 들으려고 해야 한다. 정보 처리에 대해서만 관심을 가져서는 안 된다.
② 공유된 언어가 필요하다.
③ 사실만이 아니라 의도도 들으려고 해야 한다.
④ 맥락을 인식하지 않는다면 잘못 인식할 수 있거나 잘못 이해할 수 있다. 말뿐만 아니라 맥 락, 역사적 상황을 이해해야 한다. 그런데 맥락은 바뀌므로 맥락 변화에 민감해야 한다.
⑤ "증거","옳은 이유"에만 관심을 가져서는 안된다. 듣는 것은 논쟁에 대한 평가 이상이다. 듣는 것은 사람에게 관심을 기울이는 것이다.
⑥ 사람들의 성향을 파악하여 초기 대화의 주 제를 잘못 선택하면 관계 형성이 어려워질 수 있으므로 주의가 필요하다.
⑦ 말하는 사람의 신뢰성과 성실성에 대한 평가는 듣기의 기본이다.
⑧ 말하는 사람의 개성과 실수를 존중하지 않으면 듣기는 실패할 수 있다.

16.4 참여과정을 디자인하기

주민들과 잘 소통하기 위해서는 물리적 환경만을 디자인하는 것이 아니라 과정도 디자인해야 한다. 사회적 가치들은 복합적이고 유동적이기에 공공디자인이 이루어지는 상황 또한 불확실하고 애매하다. 따라서 먼저 상황을 제대로 진단하고 문제를 규정한 후 각각의 경우에 맞는 진행 과정을 디자인해야 한다.

과정의 디자인을 위해서는 해당 프로젝트의 성격과 시간적·공간적 범위, 전문가적 지식, 기존 사례에 대한 검토가 필요하다. 이러한 것들을 토대로 "전체 기간, 필요 활동, 절차" 등이 설정되어야 한다. 보통 공공디자인의 단계는 시작, 현황 읽기, 디자인, 시공, 운영, 관리·모니터링으로 구분된다. 참여 또한 이 모든 단계에서 가능하다. 표 16-1과 같이 각각의 단계별로 '무엇을? 누가? 어떻게? 언제?' 를 정할 수 있다.

구분		현황분석	디자인	시공	운영관리/모니터링
무엇을?	각 단계의 목표는 무엇인가?				
	무엇이 만들지거나 달성될 것인가?				
누가?	이 단계에서 어떤 개인이나 그룹이 참여해야 하는가?				
어떻게?	목표 달성에 참여자를 참여시키기 위해 어떤 방법을 사용할 것인가?				
여건?	장소, 진행자, 자료, 자금 및 기타 자원이 필요한가?				
언제?	그 단계는 언제 시작되고 끝날 것인가?				

표 16-1 단계별 목적 정하기

이러한 질문에 대한 답이 이루어졌다면 단계별로 공감대가 이루어지도록 적절한 주민 참여 기법이 도입되어야 한다. 주민 참여 기법은 뒷부분에서 설명하도록 하겠다.

그림 16-2는 마을 단위에서의 범죄예방 디자인 사업 초기에 작성한 참여 과정의 디자인 예시이다.

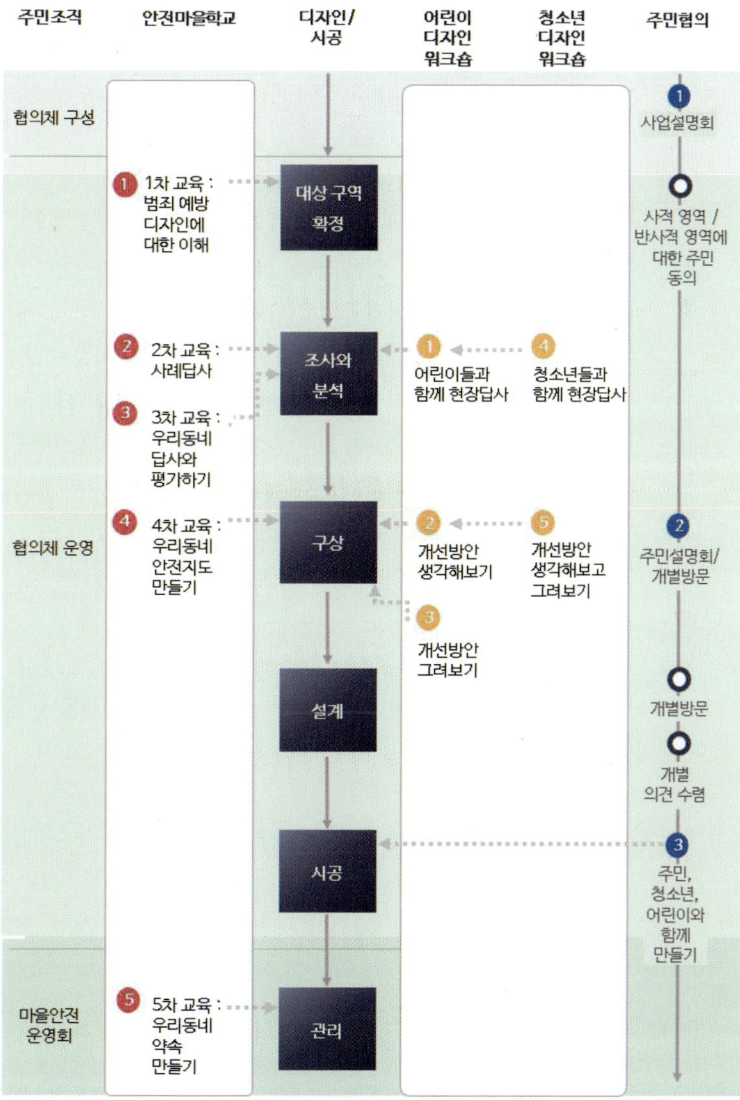

그림 16-2 참여 과정을 디자인하기(예시)

16.5 주민참여 기법

디자인 과정 중의 의사소통은 말(verbal)뿐만 아니라 육체, 지도, 그림 등의 물리적 도구를 통해 이루어질 수 있다. 그리고 다양한 "참여 기법"은 효과적으로 관심을 모으기, 질문하기, 답하기를 가능하게 한다. 햄디와 고덜트 (Hamdi & Goethert)의 제안을 수용하여 주민 참여 기법선정 시 고려 사항을 다음과 같이 정리할 수 있다.[6]

① 이해하기 쉽고 사용하기 편리한가?
② 상황에 따라 융통성 있게 적용이 가능한가?
③ 경쟁보다는 협동과정을 강조하고 있는가?
④ 외부의 도움없이 활용할 수 있는가?
⑤ 모든 관심있는 사람들과 관련자들을 포함시킬 수 있는가?
⑥ 단기간에 집중적으로 실행할 수 있는 방법이면서, 장기적인 효과를 기대할 수 있는가?
⑦ 즉각적으로 눈에 보이는 결과물을 만들어 내는가?
⑧ 전문가에 대한 의존도는 어느 정도인가?
⑨ 프로세스에 교육과정이 포함되어 있는가?
⑩ 현장 경험이 있는 방법론인가?

1970년대 말 로제너(Rosener)는 39가지의 주민 참여 기법들을 정리하였고 윌콕스(Wilcox)는 커뮤니티 디자인에 있어서의 주제들과 기법들을 이름에 따라 A에서 Z까지 정리하였다. 이를 종합하여 다양한 주민 참여 기법을

1. 주민에게 정보를 전달하는 방법
2. 정보를 주민에게서 얻는 방법
3. 실행에 주민을 참여시키는 방법으로 나눌 수 있다.[7]

[6] 햄디(Nabeel Hamdi)와 고덜트(Reinhard Goethert) 커뮤티니 디자인에 있어서 주민 참여 기법 선정 시 고려해야 할 바를 13가지 제시하고 있다. Nabeel Hamdi & Reinhard Goethert, Action Planning for Cities (New York: John Wiley & Sons, 1997), p.68-71.

[7] '주민에게 정보를 전달하는 방법', '주민에게서 정보를 얻는 방법', '프로젝트 실행에 주민을 참여시키는 방법' 이라는 주민참여 기법의 구분 방식과 내용은 '김연금, 소통적 조경계획 및 설계에 관한 연구(2004), 서울시립대학교박사학위 논문'을 참조하여 작성되었다.

주민에게 정보를 전달하는 방법

적절한 시기에 주민들에게 해당 프로젝트에 대한 정보, 진행과정, 주요 행사를 알리므로써 주민들의 관심을 높이고 참여를 독려할 수있다. 참여 과정에 있어서 공통적으로 나타나는 비판이 "아무도 나한테 이야기를 해주지 않았다."라는 것이다. 따라서 다양한 방법을 통해서 주민들이 정보에 접하도록 해야 한다. 말로 전달하기, 전시, 매스미디어에서의 알림, 웹상에서의 알림 등이 구체적 방법이 된다.

POINT

공공디자인 참여 프로젝트에 대해 "아무도 나한테 이야기를 해주지 않았다." 라는 비판이 공통적이였다.

❶ 말로 전달하기

① 비영리로 운영되는 미국의 커뮤니티디자인 센터 중의 하나인 NRF(Northwest Regional Facilitators)는 입으로 정보를 전달하는 것이 가장 강력한 방식이고 주민들은 직접 대면을 통해서 정보를 전달받을 때 감격한다고 본다.
② 주민 조직을 통해서 말로 정보를 전달할 경우 의도 및 내용이 와전되지 않도록 해야 한다.

❷ 전시

① 알리고자 하는 내용들을 포스터로 작성하여 버스 정류장, 쇼핑몰, 도서관 등 주민들이 많이 모이는 공공공간에 전시한다.
② 전시물 옆에 이를 안내하는 사람이 있다면 효과적이다.

❸ 매스미디어를 통한 알림

① 프로젝트의 성격에 따라 신문이나 TV 방송 등을 통해서 주민들에게 진행되는 바를 전달할 수 있다.
② 관심을 끌기에 좋은 방식이되, 시기 적절성·사실성·객관성들이 고려되어야 한다.

그림 16-3 주민행사가 이루어지는 곳 한 쪽에서 설계안에 대한 전시를 할 수 있다.

❹ 웹사이트나 SNS에서의 알림

인터넷의 발달로 웹사이트나 SNS를 사용해서 주민들에게 정보를 전달할 수있다. 이러한 매체는 정보의 전달뿐만 아니라 상호 의견 교환과 토론도 할 수 있는 등 다양한 가능성을 갖고 있다.

주민에게서 정보를 얻는 방법

주민들이 필요로 하는 것을 알아내고, 재검토하고, 해결 방안을 선택할 때도 주민들을 참여시켜야 한다. 지역민들이 스스로 문제점과 자신들의 중요한 자산이 무엇인지를 이해하고 의견 차이를 만들어 내는 요소들을 검토하는 데 효과적인 창의적 방법들이 필요하다.

POINT

지역민들 스스로 문제점과 자신들의 중요한 자산이 무엇인지를 이해하고 의견차이를 만들어 내는지 검토할 수 있는 방법이 필요하다.

❶ 문제 인식 답사

주민들과 함께 답사하며 주민들이 관찰하고 경험한 것들을 직접적으로 기록할 수 있다. 그리고 여기에 물리적, 사회적인 이슈들뿐만 아니라 감정적이고 심미적인 인식의 내용도 포함된다.

❷ 면담

지역사회의 숨겨진 사회, 경제적 구조를 알 수 있다.

① 공식적 인터뷰 : 보통 설문지를 통해 이루어진다.

② 비공식적 인터뷰: 스스럼없는 방식으로 친숙한 환경에서 이루어지며 개방 질문을 포함한다.

그림 16-4
주민들과 함께 그리며 현황 파악을 할 수 있다.

❸ 지도 만들기

지도 만들기는 주민들이 공간을 어떻게 인식하고 있는지를 알아내는 시각적 방법으로 공간에 대한 정보와 공간 인식에 있어서 주민들 간의 차이점을 이해하는 데 효과가 매우 높다.

❹ 사진 조사

주민들이 스스로 대상지에 대한 사진을 찍고 토론을 하도록 하는 것으로, 지도에 사진을 붙이고 찍은 이유 등에 대한 의견을 첨부·전시하는 과정을 거친다.

그림 16-5 주민들과 진행한 사진 조사 결과물

5 상호작용적 전시

미리 준비된 전시물에 주민들이 추가될 내용이나 변경돼야 할 내용들을 적는것을 말한다. 몇 개의 질문과 빈 칸을 두는 방식이 있고 그림과 모델을 설치하는 방식이 있다. 일례로 "이 지역에서 당신이 좋아하는 것은 무엇인가? 싫어하는 것은 무엇인가? 무엇이 개선되었으면 좋겠는가? 당신은 무엇을 도와줄 수 있는가?" 등과 같은 질문이 적힌 게시판을 사람들이 자주 모이는 공간이나 자주 지나는 길목에 설치할 수 있다.

6 공청회

설계안에 대한 주민들의 의견을 듣기 위한 방법이다. 보통 프로젝트 진행 발미에 이루어신다.

프로젝트 실행에 주민을 참여시키는 방법

이 방법은 결과물을 만들어내고 최종 결과물을 결정하는 과정에 주민들을 참여시키는 것을 말한다. 가능한 한 많은 아이디어들을 쏟아내는 것이 필요하며 이 과정 속에서 주민들 간의 견해차가 확인되고 조절될 수 있다. 워크숍 같은 토론, 샤렛 같은 브레인 스토밍, 주민들이 직업 설계안을 작성해 보는 기법, 설계안을 평가하는 기법 등이 있다.

POINT

주민들이 스스로 결과물을 만들어내고 자발적인 아이디어 도출로 주민들간의 견해차이를 확인되고 조절될 수 있다.

1 워크숍

워크숍은 임상 심리학의 한 가지 방법으로 시작해서 댄스나 연극 등 폭넓은 창조활동에 쓰이게 되었고 환경 계획 및 설계 분야에서는 '60년대 미국의 조경가 로렌스 핼프린(Lawrence Halprin)이 처음으로 시도하였다. '워크숍'이란 단어 자체가 시민들이 인간관계에 대하여 배울 기회가 되는 경험을 갖게 한다는 것을 의미하므로 성찰적 사고와 아이디어의 개발 및 새로운 시각의 실험 그리고 문제해결에 효과적이다.

① 디자인 워크숍

일반 사람들에게 그리기, 콜라주, 그리고 모델 작업을 할 기회를 줄 수 있다.

그림 16-6 디자인 워크숍 장면

② 디자인 게임 워크숍

많은 사람들이 실제 디자인에 참여할 수 있는 기회를 제공한다. 구체적 순서는 다음과 같다.

디자인 게임 워크숍 진행 순서

대상지에 대한 베이스맵basemape을 미리 준비 → 구체적인 디자인 요소들을 나타내는 조각들을 미리 준비 → 개인들과 그룹은 자신들이 원하는 디자인이 나올 때까지 조각들을 움직이며 사진을 찍음 → 최종 배치도를 도출 → 다른 사람 혹은 다른 팀이 만든 최종 결과물에 대해서 토론하고 분석

③ 필드 디자인 게임 워크숍

참여자들이 현장에서 직접 공간을 느끼면서 자신들의 의견을 표현해 보도록 하는 것이다. 순서는 다음과 같다.

필드 디자인 게임 워크숍 진행 순서

실제 시설물을 대체할 수 있는 것들을 준비(일례로 간이 의자, 모래사장 대신 매트, 안내 표지판 등) → 참여자들에게 대체 시설물들을 나누어 주고 자신이 원하는 곳에 배치하도록 함 → 결과물을 사진으로 찍고 도면에 위치를 표시.

② 샤렛

원래 샤렛(Charrette)이라는 말은 프랑스의 에콜데 보자르(Ecole de Bozzare)에서 마감 시간에 맞추어 작품들을 수거하러 돌아다니는 마차에서 유래된 말이다. 현대에서는 단기간에 강도 높은 과정을 통해 결과물을 생산하는 방식을 일컫는데 다른 분야 간의 문제 해결에 있어서 성공적인 접근 방법으로 인식돼 오고 있으며 문제가 명확할때 성공적이다. 전형적인 샤렛 과정은 3~5일 동안 집약적으로 진행하여 참여를 극대화 시키는 것이다.

③ 디자인 평가

디자인 평가에 참여자는 전문가와 비전문가 모두를 포함한다. 시각적 이미지를 사용할 경우 사람들이 가상 경관과 실제 경관을 혼돈할 수 있으므로 유의해야 한다. 전문가는 원활한 평가가 이루어질 수있도록 평가 항목을 미리 정해서 제안할 수 있다.

PART 6 참여 공공디자인

17. 커뮤니티 활성화 전략

요즘 공공기관에서 진행하는 사업들은 주민 워크숍, 아카데미, 도시재생대학 등 주민 참여형 프로그램을 대부분 운영하고 있다. 필자는 본 장에서 그동안 20년 가까이 공공디자인 및 도시재생 사업의 주민참여 프로그램을 진행하면서 고민하고 적용했던 방법 중 나름 효과적인 방법이라고 생각하는 몇 가지 아이디어를 공유하고자 한다. 필자가 공유하는 방법에 동의해 주는 사람도 있을 테고 아니면 더 좋은 방법으로 진행하고 있는 사람도 있을 듯하다. 우리가 함께 사는 동네나 마을을 좋은 방향으로 만들기 위한 방법으로 더 좋은 방법을 공유한다면 커뮤니티 활성화에 도움이 될 것이다.

17.1 참여자 모집

요즘은 주민 참여형으로 계획을 수립하는 경우가 점점 더 많아지고 있다. 그러나 의견 수렴을 위한 예산과 사업기간이 충분하지 않은 경우가 많다. 안타까운 현실이기도 하지만 또한, 기간과 예산이 충분이 제공되면 주민들이 많이 참여를 할까?

우연한 기회에 '2015 마을 국제 컨퍼런스'에서 마더센터 협의회 활동가인 독일 '힐데가르드 쇼쓰(Hildegard Schooß)'의 강의를 들은 적이 있다. 함께 살기 좋은마을을 만들어 보자고 마을 주민들과 모임을 만들었는데 아이들을 돌보느라 모임이 제대로 되지 않자, 주민들에게 밥을 만들어 주었다고 한다.

마더센터 협의회 활동가의 좋은마을 만들기 주민 참여유도 방안

함께 밥을 나누어 먹으면서 아이들을 돌보다 보니 점차 여유가 생겼고, 그제서야 "우리가 여기 왜 모인 거지?", "이제 무슨 이야기를 하면 돼요?" 등의 대화가 시작되어 현재의 마더센터가 생기는 계기가 되었 다는 것이다.

필자도 얼마 전 경기도 OO시 도시재생 대학을 진행하면서 밥상의 힘을 느껴본 적이 있다. 원도심에 있던 젊은이들이 주변 아파트로 빠져 나가 대상지에는 주로 노인들만 있었기 때문에 도시재생 대학 프로 그램에도 노인회를 중심으로한 노인들만 참여하게 되었다. "우리가 할 줄 아는 게 뭐가 있어?", "우리가 참여한다고 뭐가 바뀌겠어?", "다음 주부터는 안 나올 거야", "힘든 데 자꾸 뭘 시키지 좀 말아" 등 부정적인 의견들이 많았다.

디자인 이야기가 아닌 일상에서 접근해보자!

그래서

정성들여 준비한 도시락과 식사시간을 이용한 주민참여 유도

그래서 선택한 방법이 워크숍 시간대를 식사 시간대로 맞추고 2회 프로그램 때부터는 정성들여 도시락을 준비했다.

그러자, 참여자가 조금 늘기 시작하더니 참여하지 않던 사람도 소문을 듣고 모여들었고 막걸리를 좋아하는 노인들과는 한 잔하며 동네 이야기를 나누기도 했다.

이렇게 정겨운 분위기로 진행되다 보니 예기치 않게 마지막 졸업식 때는 노인들이 직접 파전이나 빈대떡을 준비해 주어서 마치 잔칫집 같은 분위기로 마무리 되었다. 역시 사람이 모이는 자리는 밥이 정말 중요한 것 같았다.

사람이 관계를 맺을 때 한두 번은 차도 마셔 보고 식사도 해보고 술도 한잔 하면서 친해져야 함께 무언가를 할 수 있지 않을까? 그래서 영업사원들에게는 고객과의 식사시간이 무엇보다 중요한 것이다. 누군가에게 무엇을 부탁하려면 평소에 좋은 관계를 유지해야 가능한 일이다. 관계가 전혀 없으면서 부탁하였을때 주민들이 싫어하는 것은 어쩌면 당연한 것인지도 모른다. 동장의 말이 주민들 참여율에 엄청난 영향을 미치는 건 동장이 그동안 쌓아 온 좋은 관계 덕분인 것처럼 말이다.

서울시에서는 도시재생 사업을 진행하기 전, 청년 활동가를 지역에 보내 주민들과 함께 공동체를 만드는 '희망지 사업'을 진행하고 있다. 주민들을 도시재생사업에 **참여시키려면 관계를 먼저 만드는 것이 중요하고, 함께 모여 놀 수 있는놀이의 공간 및 프로그램도 필요하기 때문이다.**

목적과 형식이 아닌

여러가지 방법으로 고민해 보는 주민모집 방법이 필요하다.

공동체가 살아 있던 80년대 이전에는 주민 참여가 더 쉬웠겠지만 아파트 위주의 주거생활로 가속화된 개인주의 문화에서 주민들의 참여를 이끄는 건 정말 쉬운 일이 아니다. 워크숍의 목적과 형식만 생각하지 말고 주민 모집 방법부터 여러 가지 방법으로 고민해 보면 어떨까?

얼마 전 모 지차체에서 공청회 발표를 마치고 질의응답 시간에 "도대체 주민들의 의견은 듣고 진행하고 있는 것이냐?"라는 질문을 받은 경우가 있다. 작년에 도시재생대학을 운영하였고 현재 별도의 용역업체를 선정하여 2차 도시재생대학을 운영하고 있는 상황인데도, 이 사람은 전혀 모르고 있는 것이다. 홈페이지에 공지를 하였고 동네에 현수막을 붙였는 데도 말이다. 현수막을 몇 장 붙이고 홈페이지에 공지를 해도 못 보는 사람들이 상당히 많은 것이다.

이런 반면에 오렌지를 활용하여 주민들에게 홍보를 한 경우도 있다. 오렌지에 스티커를 붙여서 행사를 알리는 것이다. 방법이 독특해서 사람들에게 관심을 끄는 데는 상당한 효과가 있어 보이고, 독특한 방법에 주민들의 호기심 유발 효과도 있는 듯했다.

요즘 도시재생 현장지원센터가 동네에 많이 만들어지고 있다. 사업 추진도 좋지만 주민들을 위한 다양한 프로그램들을 진행하다가 보면 주민들의 관심은 자연스럽게 높아질 것이다.

17.2 찾아가는 워크샵

주민들과 함께 워크숍을 진행하려고 하는데 참가자가 적은 경우가 많다. 주민들의 관심이 적은 경우가 많고, 간혹 참여하려다가도 주민 단체 간의 이해관계로 인하여 참여를 꺼려 하는 경우가 있다. 또한 워크숍 진행이 특정 시간대에 진행되다 보니 시간대가 맞지 않아 참여를 못하시는 사람도 있다.

이러한 경우, "찾아가는 워크숍"을 추천한다. 유치원, 학교, 상인회, 청년모임, 노인회, 주민자치회의, 문화단체, 공무원, 경찰서, 소방서 등 별도로 시간을 잡아서 진행하는 것이다. 이 단체를 전부 개별적으로 하기 힘들다면 몇 개 단체를 모아서 진행해도 된다.

유치원이나 초등학교 저학년의 경우는 워크숍을 진행하기보다는 주로 가정통신문을 활용한다. 유치원 학교 주변 안전지도와 '어두운 곳, 위험한 곳, 더러운 곳' 등이 표시된 스티커를 동봉하여 아이와 부모가 함께 우리 동네 안전지도를 만들어 보도록 하는 것이다. 아이들과 안전은 밀접한 관계가 있어 의외로 가정통신문 회수율이 높다. 유치원 원장이나 초등학교 교장의 관심이 더해진다면 더 높은 효과를 얻을 수 있다.

가정통신문에 진행하려고 하는 사업설명문을 동봉하고, 학부모를 대상으로 하는 설문지도 함께 활용한다면 어린 학생을 위한 의견과 30~40대 학부모의 의견도 함께 얻을 수 있다. 의견수렴이라는 목적도 달성하고 사업이나 전체 워크숍 홍보 등의 수단으로도 효과가 있다.

초등학교 고학년이나 중·고등학교·대학교의 경우는 학생회 프로그램으로 요청할 수도 있고, 학생대표나 학부모들과 별도로 워크숍을 진행할 수 있다. 대학교의 경우 적극적인 교수 한 둘만 만나게 된다면 학교 수업 프로그램으로 지역문제를 해결할 수 있다. 이미 선진국들의 몇 개 대학에서는 수업시간에 지역문제 해결을 위한 수업을 진행하고 있다.

노인회나 부녀회 및 동네회의 등 정기적인 회의를 이용할 수도 있는데, 이 때 동장이나 면장의 역할이 상당히 중요하다. 간혹 사업부서 담당자와 동장·면장의 협조가 잘 되는 경우가 있는데, 동네 주민단체의 참여도가 상당히 높을 뿐더러 때로는 마을잔치까지 이루어지는 경우가 있다.

실례로 송파구 마천동에서 안전마을 만들기 사업을 진행한 바 있는데, 그 당시 동장의 적극적인 참여로 동네 모든 단체뿐만 아니라 학교 교장을 비롯한 학생·학부모, 지역 내 경찰서·소방서 담당자, 주민대표, 마을기업이 사업에 참여하였다. 또한 시청 내 여러 유관부서와 함께 추가 사업이 진행되었으며 준공식 및 마을잔치가 열리고 진행 주체로서는 처음으로 감사패를 받은 짜릿한 경험도 하였다.

사업이 성공하는 경우는 발주처 담당자의 역량과 의지가 상당히 중요한 부분을 차지하는 것 같다. 이렇게 각 단체별 워크숍을 진행한 후, 각 단체별 대표들이 참석하는 합동 워크숍을 통해 전체 의견을 조율해서 마무리 하면 된다. 이렇게 하면 시간이 맞지 않아서 참석하지 못했다는 불평도 줄어들 것이다. 반면에 진행하는 연구진에서 많은 시간과 노력이 소요되는 어려움이 있다.

국토계획 표준품셈에 도시계획 퍼실리테이션 항목을 적용하면 도시재생 대학 등의 워크숍을 진행하는 데 충분한 용역비를 확보할 수 있지만 실제로는 반영이 잘 되지 않는 현실이 아쉬울 따름이다.

17.3 역할 바꾸기

주민들과 함께 워크숍을 진행하려 하였으나 정작 모인 인원은 10명 내외, 게다가 계층이 다양하지도 않고 비슷한 사람들만 모이는 경우가 많다. 이러한 경우는 동네 전체를 위한 의견이 나오는 건 물리적으로 불가능하다. 때로는 주민들이 많이 모인 경우에도 각 집단 위주의 이야기나 민원성 이야기들이 나오는 경우가 많은데 이 때 활용할 수 있는 방법으로 "역할 바꾸기"를 추천한다. 이 방법을 사용할 경우 개인이 속해 있는 가정이나 회사, 모임에서도 개인 간의 갈등을 해결하는 데 도움이 될 것이다.

사람들은 자신의 이야기만 하기 바쁘고 다른 사람들의 이야기를 듣지 않는 경우가 많다. 조금만 상대방의 입장에서 생각해 보면 그리 다툴 일이 많지 않은 데 말이다. 이러한 심리를 마을 워크숍에 적용을 해보면 어떨까?

2012년 상주시 『어린이와 약자를 위한 안전하고 흥미로운 스쿨존 조성사업』 디자인계획 수립 중 주민 워크숍 때 "역할 바꾸기" 프로그램을 연구진들과 함께 진행하였다. 학생·학부모·선생님·공무원·소방관·경찰관·노인·상인 등 다양한 계층으로 구분한 후 '자전거로 등교를 하는 중 3 남학생', '5살 유치원 다니는 딸을 둔 엄마', '동네를 청소하시는 청소부 아저씨', '거동이 불편하여 지팡이를 사용하는 80대 할아버지', '야근이 늦어 밤늦게 귀가하는 경우가 많은 20대 여성' 등 역할을 보다 구체적으로 작성하여 실시하였다. 이렇게 작성된 역할 이름표를 워크숍 참여자가 부여받아 마치 배우가 된 듯 '역할 바꾸기' 워크숍을 진행하였다. 한 주는 그 배역이 되어 동네에서 살아가는 데 불편한 점을 이야기하는 시간, 한 주는 동네를 둘러보고 관찰하는 시간, 한 주는 동네의 미래를 이야기하는 시간 등으로 진행을 하였다.

그림 17-1 '역할바꾸기 ' 워크샵

연극을 하듯 진행된 '역할 바꾸기' 워크숍이 낯설어 처음에는 조금 어색한 부분도 있었지만, 여기저기서 웃음이 넘쳐 나오는 재미있고 의미 있는 워크숍으로 마무리 되었다. 본 워크숍은 결과물에 대한 만족도도 높았으며 이웃에 사는 다른 사람의 입장을 이해해 볼 수 있는 의미있는 시간이었다.

17.4 도시재료

사람은 직·간접적으로 경험했던 것들을 생각하고 이야기할 수 있다. 혹자는 세상에 없는 것을 만들어 내는 창조의 영역은 신의 영역이며, 인간의 창의 영역은 경험했던 것들을 연결하여 새로운 무언가를 만들어 내는 것이라고 한다. 많이 경험할수록 많은 이야기를 할 수 있는 있는데 경험한 것을 그대로 이야기하면 그저 남의 이야기가 되고, 경험한 것들을 서로 연결하면 새로운 나의 것이된다. 많이 경험한 사람이 많은 아이디어를 낼 수 있기 때문에 많이 경험하기 위해서 책도 읽고 여행을 하는 것이다. 돈을 벌 때도 마찬가지로, 산업화 시대에서는 선진국에서 본 것을 그대로 들여와서 성공한 사람이 많은데, 요즘은 선진국의 것들이 대부분 국내에도 있기 때문에 단순히 그 아이디어를 가져와서는 성공하는 경우가 드물다.

국내에 없는 것을 해외에서 개발했을 때 발 빠르게 움직여 먼저 선점하여 들여오면 모를까, 이젠 딱히 들여올 아이템도 없어 보인다. 이제는 우리보다 앞선 선진국뿐만 아니라 후진국을 포함하여 다양한 나라의 문화를 경험하고 그것들을 연결하여 새로운 것들을 만들어내야 하는 시대가 된 것이다.

주민들의 입장에서 워크숍을 진행해 보면, 주민들이 내가 살고 있는 동네에서 불편한 것들을 이야기하는 것은 그리 어렵지 않다. 그러나 해결책을 제시하는 것은 쉬운 일이 아니다. 만약 해결책을 제시한다고 해도 그저 그 분이 본 것 정도의 해결책일 뿐이다. 다양한 해결책을 낼 수 있는 주민들은 항상 소수이다.

최초 원도심의 문제 중 가장 많이 이야기하는 것이 주차 문제이다. 대부분의 마을에서 주차문제 해결을 요청한다. 공유지를 활용하거나 사유지를 매입해서라도 주차장을 만들어 달라고 한다. 주민들은 다양한 주차문제의 해결방법을 모름으로 인해 이전에 보았던 주차장 건설 이야기만 할 수밖에 없는 것이다.

주차장이 없으면 차를 살 수 없는 일본의 제도라던가, 학교 운동장을 지하로 만든 사례, 가로주택·자율주택 정비사업을 통한 주차장 확보 사례, 일방통행과 ICT 공유주차 시스템을 적용한 사례, 스마트폰 앱을 이용하는 공유주차 시스템 등 다양한 해법을 주민 스스로 만들어 내는 일은 쉬운 일이 아닐 것이다.

이런 경우 진행자 또는 보조자의 역할이 상당히 중요하다. 특히 여러 팀을 나눠서 진행할 경우, 각 팀을 맡고 있는 보조자는 그 팀의 토론 등을 원만하게 진행되도록 한다. 따라서 보조자는 다양한 아이디어를 끌어 낼 수 있도록 다양한 사례에 대한 이야기를 해주어야 한다. 그러나 안타깝게도 진행자나 보조자 또한 다양한 아이디어를 가지고 있을 확률도 높지 않다. 그런 실력있는 진행자·보조자를 여러 명 포함시킬 예산의 문제도 있을 뿐만 아니라, 실제로 많은 경험과 높은 실력을 가진 진행자를 여러 명 확보하는 것은 쉬운 일이 아니기 때문이다.

다행인 것은 작은 경험과 작은 경험이 만나면 큰 경험이 만들어진다는 것이다. 내가 경험한 것들과 다른 사람이 경험한 것들을 연결하면 다양한 경험 은행을 만들 수 있다. 필자는 그것을 도시재료 또는 도시재료 은행이라고 이름 붙여 활용하고 있다. 내가 경험한 다양한 사례를 차곡차곡 저축해 두고, 다른 사람이 경험한 것을 빌려와 저축해 두고, 함께 토론하며 새롭게 만들어 놓은 재료들을 또다시 저축해 두었다가 주민들과 워크숍을 할 때 아이디어를 연결하기 위한 재료들로 사용하는 것이다.

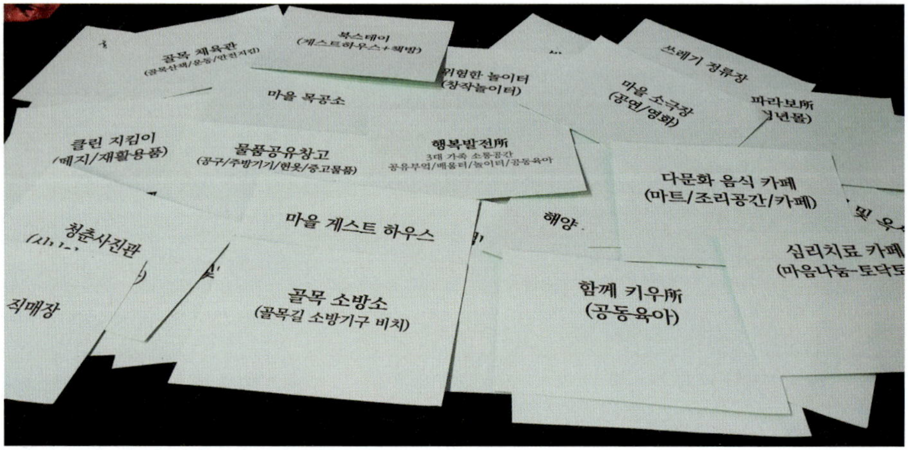

그림 17-2 주민들과 워크샵 시 아이디어 연결을 위한 재료

우리 동네의 불편한 점을 개선할 다양한 방법을 도시재료에서 고르기만 하면되는 것이다. 한 가지 해법을 고를 수도 있고 두 가지나 세 가지 해법을 골라서 연결할 수도 있다. 요리를 할 때 재료가 많으면 다양한 요리를 할 수 있듯이 도시 재료도 풍부한 경우 다양한 해법을 만들어 낼 수 있는 것이다.

진행자·보조진행자는 이 도시재료를 잘 활용할 수 있도록 안내만 잘 해주면된다. 이렇게 하면 주민들의 경험이 많지는 않더라도 다양한 방법을 찾아낼 수 있지 않을까?

17.5 시범사업

담장개선사업이나 집수리 사업 등 종종 민간의 부분 참여가 필요한 사업이 있다.

담장을 개선하고 지붕 및 집수리를 통하여 깨끗하고 아름다운 동네를 만들 수 있지만, 실제로는 참여자가 적은 것이 현실이다. 공공부분 예산을 들여서 개인 재산을 수리를 해준다고 하는데도 10%라도 자부담을 해야 하면 참여자가 떨어진다. 주인이 직접 살지 않고 세입자가 사는 경우가 대부분 그러하고, 그냥 허름한 대로 살다가 개발되어 팔고 나가면 그만이라는 사람들도 다수 있기 때문일 것이다.

대구 북성로에는 일본식 적산가옥 리모델링 사업을 통하여 지역 활성화를 성공적으로 이루어 냈다는 평가를 받고 있다. 주민들과 함께 북성로 답사를 다녀온 적이 있는데, 설명회 중 강한 인상으로 남은 이야기가 있었다.

적산가옥의 소유주는 개인이고, 적산가옥을 리모델링했을 때 어떠한 효과가 나올지 상상할 수 없는 건물주들은 대부분 개선 계획에 반대를 하였다. 경험해 보지 못한 새로운 것에 두려움을 느끼는 것처럼 말이다. 소유주가 2명인 한 건물이 있었는데, 한 건물주는 사업에 찬성을 하고 한 건물주는 사업을 반대하였다고 하여 어쩔 수 없이 건물의 절반만 리모델링을 하였다. 사람의 얼굴에 비유하자면 반쪽만 화장을 하고 반쪽은 화장을 안 한 것이다. 한 건물에서 동시에 리모델링 전·후를 비교해 보게 되자, 주변 적산가옥 건물주들은 신선한 충격을 받았던 것 같다. 이 이후로 사업에 적극적으로 참여하는사람이 많아졌다고 한다.

사람은 글로 이해하는 것보다 직접 말로 들었을 때 이해가 잘 되기 때문에 강의를 듣는 것이며, 글보다는 이미지를 보았을 때 이해하기 쉽다. 따라서 책에 그림을 넣거나 발표 자료에 사진 또는 다이어그램 등을 넣는 것은 주민의 이해에 효과적이며, 2D보다는 3D를, 더 나은 영상 자료의 활용이 필요하다.

글보다, 말보다, 영상보다
더 좋은것은
실물을 보는것이다.

그런데 영상자료보다 더 좋은 것은 실물을 보는 것이다. 그래서 선진지 견학을가는 것이 아닐까.

담당개선 사업을 하자고 모든 주민의 동의서를 받느라 애를 쓰기보다 한두 집의 동의서를 받아 실행한 후 다시 동의를 받는 과정을 거치면 어떨까?

요즘 도시재생 사업에서 가로·자율주택 정비를 위하여 도시기금을 저리로 융자해 주는 제도가 있다.

도시재생 뉴딜 사업지역으로 선정되지 않더라도 각 지자체 도시재생 활성화 지역으로 선정되면 이 제도의 혜택을 받을 수 있다. 게다가 건물 신축 시 법적 한도 최대치 용적률의 혜택까지 보게 된다. 그러나 주택을 주거가 아닌 재산 증식의 수단으로 인식하고 있는 한국 사람들의 정서상, 자신의 집을 돈을 들여 고치거나 새로 지어서 살아야하겠다는 생각을 하는 데까지는 다소 시간이 걸릴 듯하다.

정비구역이 해제되어 개발이 불가능한 지역은 이제는 고쳐서 쓸 수밖에 없는데 이런 해제지역 마저도 자율주택사업이 생소한 탓인지 사업을 신청하는 경우는 많지 않다. 빌라 업자들이 정비구역 해제 지역에 주택사업을 하는 경우가 대부분이다. 건물주가 본인의 건물을 새로 지어 임대수익을 올리고 임대가 되지 않는 부분은 공사에서 매입을 한다고 해도, 본인이 경험해 보지 못한 영역이기 때문에 남들이 먼저 하기 전에는 선뜻 하겠다고 나서기가 쉽지 않을 것이다.

한, 두 명만 동의하면 나머지 사람들도 동의할 텐데 **그 일부를 설득하기가 참으로어렵다.**

이런 경우 자율주택 실물 하우스는 효과적인 대안이 될 수 있다. 1층에는 자율주택 지원시설 및 공유공간, 2층부터는 1인실, 2인실, 다인실 등 다양한 구성의 자율주택 실물하우스를 만드는 것이다. 토지 매입 부분만 해결한다면 건축비는 도시기금을 활용하고 실력 있는 건축가를 참여시켜 정말 멋진 자율주택을 지을수 있다. 그리 고는 1년 정도 모델하우스처럼 이용하는 것이다. 아파트에 '구경하는 집'처럼 말이다.

글과 그림보다는 실물을 보여 주며 이렇게 만들 수 있는 방법과 지원제 등을 설명하면 훨씬 효과적이지 않을까?

계획을 다 세운 후

전체를 실행할 수도 있겠지만

그 계획이 잘못되면 전체를 망치기도 한다.

그래서 요즘은 하나를 만들어 본 후에 장·단점을 파악하여 다음 것을 실행하고자 하는 사람들도 꽤 있다. 한 번도 경험 해보지 못한 상황에 참여할 때, 주민들이 겁을 먹는 것은 당연하다.

좀 더 시간을 가지는 방법도 있겠으나 먼저 만들면서 보여주고 설득하는 방법도 좋지 않을까?
지금까지 주민 참여형 커뮤니티 프로그램을 운영하면서 고민하고 시도해 보았던 다양한 방법들을 설명했다. 전문가는 주민들의 다양한 의견들을 바탕으로 주민들이 생각하지 못한 부분까지 포함하여 최적의 결과물을 만들어 내는 것이 본연의 역할이다.

전문가 위주로 계획을 수립하던 방식보다 주민들이 참여하여 계획을 세우는 방식이 좀 더 번거롭고 어렵다. 그러나 최종 사용자가 주민이기에 사용자의 의견이 반영된 결과물이어야만 제대로 활용하게 된다. 주민들의 적극적인 참여를 이끌어 내거나 주민들이 잘 하지 못하는 부분도 잘할 수 있도록 다양한 방법들을 활용한 프로그램을 운영하는 것은 어려운 일이다. 그러나 그러한 노력이 지속가능한 도시만들기에는 필수적이며, 지금은 책임감과 역량을 가진 전문가의 확산이 더욱 절실한 시기이다.

내가 사는 마을이라는 마음가짐으로 계획을 세우는 전문가들이 많아지기를 희망한다.

PART 6 참여 공공디자인

18. 공공 소셜 플랫폼 디자인

18.1 "공공"과 "디자인" 사이

공공디자인 영역에서 "공공"과 "디자인" 사이에 참여가 있다. 디자인과 참여를 잇는 것이 바로 공공이다. 공공디자인의 시작은 필요이고, 끝은 사용이며 우리는 그 사이를 접속할 뿐이다. 그래서 공공디자인에서 가장 중요한 지점은 "공공"(PUBLIC)이다. 다시 말해서 공공디자인의 공간이 공공장소라기보다 디자인을 퍼블릭하게 풀어야 한다는 의미에서 공공이 주요하다는 말이다.

공공디자인을 퍼블릭하게 풀려면 우선 어떤 상상의 무리를 상정하게 된다. 해석의 공동체나 취향의 공동체 등 일종의 커뮤니티가 있어야 한다. 마을을 오가다 동선이 겹쳐 마주치는 사람들, 같은 공간에 들고나는 손님들, SNS 혹은 MCN의 팔로워들에게는 어떤 장(場)이 있다. 옆집 이웃, 벽을 함께 쓰는 공동주택의 입주자들, 우물을 공유하는 동네, 규모의 경제가 가능한 마을, 물리적인 공간을 초월한 사이버 공간, 그저 같은 채널을 오고 가는 플랫폼, 그리고 "상상의 공동체"인 민족까지.

이처럼 "공공"과 "디자인" 사이의 참여가 일어나는 공동체는 다양한 규모가 있다. 그 중에서 집단적 힘을 발휘하는 정도는 우선 동질적이고 이질적이기도 한 구성원들의 구성체(formation) 단위를 설정할 수 있다. 구성체는 공통의 지리적 기반 이외에 공유하는 이데올로기와 '정서의 구조'(structure of feeling) 등을 갖추어야 한다. 하지만 하나의 구성체로는 커뮤니티 전체의 동적인 구성역학을 수행할 수 없다. 여러 구성체들이 모여 더 큰 단위의 커뮤니티를 이루기 때문이다.

따라서 이해를 달리하는 구성체 간에 갈등과 조정이 필요하다. 이 지점에서 가장 중요한 것이 공공성이다. 갈등을 해결하는 방법은 상호 상생을 통한 이익의 제공뿐만 아니라 연대의식과 공동선을 향한 의지가 필요하다.

문제는 이러한 공공의식이 붕괴되었다는 것이다. 특히 근대 이후 역사적으로 공공성에 대한 경험이 약화되고 공동의 의식(rituals)과 죽은 자에 대한 메모리얼이 사라졌다. 대신 그 자리에 개인주의와 가족주의 및 황금만능주의가 들어섰다. 붕괴된 공동체의 부활은 위기의 순간 때때로 빛을 발한다. 요즘은 도시재생사업이 한 몫하고 있다. 왜냐하면 도시재생의 주체로 주민 공동체가 전제되기 때문이다.

18.2 커뮤니티 재생

따라서 커뮤니티의 재조직은 재생의 관점이 필요하다. 사회적 재생은 모임이 가능한 공공 공간뿐만 아니라 교류와 공유 및 공동성의 향상이 관건이다. 정책적으로는 공동성에 기반한 안전과 편의 및 복지 등의 공공서비스를 포함한다.

커뮤니티의 재생은 결국 가치를 공유하는 구성원 개개인의 상호성이 중요하다. 커뮤니티가 활성화되기 위해서는 구성원으로서 인적 자원의 발굴과 육성이 필요하다. 인적 자원을 기반으로 공유가치와 공동의 자산을 창출하고 이를 커뮤니티가 관리하는 경제적 재생 또한 필요하다. 커뮤니티의 관리 시스템은 지속적인 사회적 자본을 증진시키는 데 관건이 된다.

커뮤니티의 재생을 위해 전략적으로 고려할 수 있는 것은 공/사 영역의 새로운 배치다. 공익과 공공성을 확보하는 조건에서 공공영역과 민간영역의 통합적 관리가 필요하다. 공공/민간영역이 잘 구분되지 않는 것은 주로 사이영역이다.

공공/민간 영역이 잘 구분되지 않는 것은 주로 사이영역이다.

예를 들어 외부인에게 개방된 접대공간이나 도로와 접한 건물의 익스테리어,건축선과 대지선 사이, 전면공지와 공개공지 사이, 비영리와 영리 사이, 소셜과커머스 사이 등이다.
노점은 원칙적으로 불법이지만 일정하게 디자인된 시설을 설치하여 관리하고 있다. 도로를 점유한 골목시장의 경우 서민경제 활성화 차원에서 대부분 용인되고 있다.

분당 정자동의 카페거리의 경우 건물과 인도 사이 대지 (전면공지)에 줄지은 기존의 목재 데크 영역은 지역 활성화 차원에서 비법화하고 신설을 금하였다. 모두 경제적 공공성의 차원이 불법적인 사적 시설들을 공공공간에 허용하는 근거를 갖고 있다.

문제는 공공성이다.
필자가 책임 연구한 골목길재생사업 기본계획에서는 공공영역과 민간영역의 통합적 관리를 위해 공/사 영역 외에 공적 민간영역을 설정하였다(〈서울시 골목길 재생 기본계획〉 2018).

그래서 골목길변의 저층주택의 경우는 공적 영역, 공적 민간영역, 사적 민간영역으로 세분화하고 공사 영역의 새로운 배치를 시도하였다. 담·전면공지·대지 내 공지/외부공간 등 공적 민간영역을 공적 대상으로 하고, 사도나 지붕의 영역까지 공적 대상화 과정을 제시하였다.

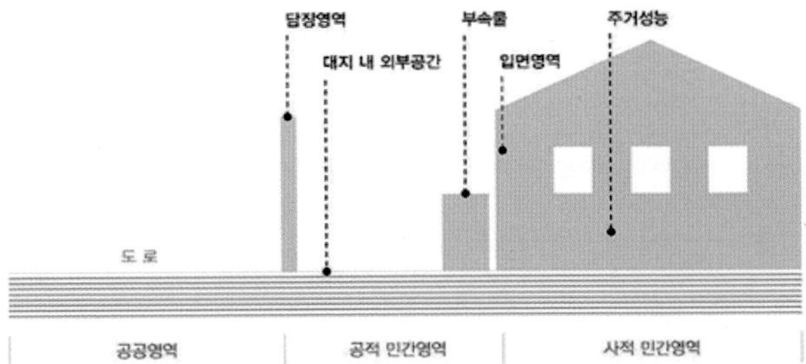

출처 : 안병식, "저층주거지 재생을 위한 지원사업의 과제 및 개선방안 연구", 2012, 28쪽
그림 18-1 저층주거지의 공공영역과 민간영역

이렇게 되면 그동안 사적 영역이라는 이유로 공공이 접근하지 못하던 영역이 포함되고 통합적인 주거환경의 관리가 가능해진다.

다만, 공공성을 담보해야 한다.
이로인해 담과 대지 내 공지를 보다 개방적으로 만드는 방식이 도입되었다.

18.3 커뮤니티 속성 재규정

이제 다시 근본으로 돌아가 전통적인 커뮤니티의 관념적 구성요소들을 디자인 과정의 관점에서 재정립해야 할 필요가 있다. 시공간이 변하였고 사회적인 연결망이 달라졌기 때문이다. 먼저 다음의 전통적인 커뮤니티의 속성들을 살펴보자.

정주성	"우리" 집 혹은 고향 주거의 불변성은 귀소본능의 원천이다.
이웃성	옆집과 건너편 집과의 관계는 실제 사촌이거나 교류를 통해 이웃사촌을 구성한다.
동네성	"동네"는 우물과 같은 자원을 공유하는 생활 단위의 구성체다.
소속감	소속감은 집단적 소망과 신념의 공유와 결속에서 나온다.
공공성	공적 영역의 활동들은 마당과 숲 및 길과 다리 등의 공공공간에서 벌어진다.
공동성	모든 공동 활동들은 공동선의 윤리에 기초한다.
조직성	커뮤니티는 리더와 지도층 및 일반 구성원으로 조직된다.
정체성	마을의 특성은 안골과 주변부, 이질적인 동네들, 기념과 의식을 반영한 의미체계다.

표 16-1 단계별 목적 정하기

달라진 세계, "견고한 모든 것들이 공기 속으로 녹아버리는" 시대에는 기존의 수직적 위계질서가 수평적으로 네트워킹하고 만날 수 없는 평행선이 무한원점에서 만나고 모든 것은 다른 모든 것과 연결되어 일상의 커뮤니케이션이 작동한다.

지속적인 주거를 말하는 정주성은 더 이상 장소 기반이 아니며 우물을 중심으로 모여드는 전통적인 동네는 익명의 새로운 관계에 마주한다. 따라서 공공성에 기초해서 공사의 영역 모두를 통합적인 디자인으로 개방적인 공간을 창출할 필요가 있다. 마지막으로 정체성은 다양한 이질성을 포괄하는 미래적 단계로 나아가야 한다.

커뮤니티 속성들을 도시재생과 통합디자인 관점에서 수행항목을 설정하면 다음과 같은 5개의 항목들이 도출된다. 커뮤니티 구성, 공공/민간 재배치, 거버넌스 구축, 가로관리체계, 서비스 영역이다.

공공/민간 재배치는 공공성·공공 공간·공적 민간영역의 재배치이며,

가로 거버넌스 구축은 지역의 주민과 전문가 (현장 활동가, 건축가, 도시계획 전문가 등)와 민간단체 및 행정의 협치 체계를 구축하는 것이며,

가로관리체계는 가로관리조직(협의체 혹은 운영회)과 가로지원센터다. 서비스 영역에는 사회적 서비스, 공공서비스, 가로지원 서비스 등이다.

05

커뮤니티 5가지의 수행항목

- 커뮤니티 구성
- 공공/민간 재배치
- 거버넌스 구축
- 가로관리체계
- 서비스 영역

18.4
융복합 혹은 플랫폼

"융복합"(convergence) 개념이 학제 간 연구를 넘어선 지 오래다. 그렇다고 순수학문이나 실용학문 혹은 응용과학 및 현실 구현의 횡단이 자유로운 것도 아니다. 그래서 융복합은 특정 분야에서만 통용되는 듯하다.

필자는 서울시의 도시 갤러리 프로젝트를 책임연구하면서 시각예술, 디자인, 건축을 융합하는 공공미술 프로젝트를 진행한 바 있다. 프로젝트의 프로세스 디자인도 기존 방법과 완전 다르게 진행하였다. 기존 실적에 관계없이 각 대상자마다 3배수의 후보를 뽑아서 샤렛(charrette) 과정을 거쳐서 최종 한 팀을 선정하였고 나머지 탈락한 팀에게 보상금을 주었다. 이러한 기존과 다른 과정은 다른 결과를 낳았다.

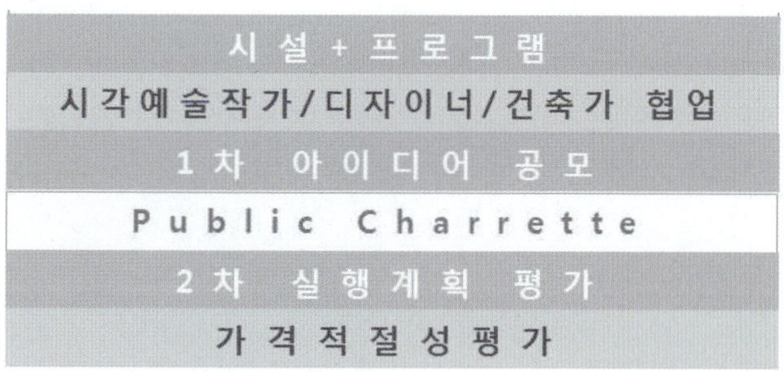

그림 18-2 도시갤러리 프로젝트(Seoul Urban Gallery Project)

오토메타(automata)와 같이 철학과 서사, 예술과 엔지니어링이 결합된 명실공히 융복합의 전형적 사례

오토메타(automata)와 같이 철학과 서사, 예술과 엔지니어링이 결합된 명실공히 융복합의 전형적 사례도 있다. 하지만 복합학문의 융합 연구도, 개발 프로젝트도, 예술 프로젝트도, 오토메타도 참여의 차원은 다소 거리가 멀다.

멋진 디자인이 소비자들의 많은 호응을 가져올 것이라는 디자이너의 기대는 시장에서 여실히 무너지기 마련이다.

새로운 시대, 소위 4차 산업혁명 시대의 새로운 참여의 방식은 오히려 최첨단 자본주의를 추구하는 기업 메이커로부터 탄생했다. 예를 들어 제품 디자인 분야의 새로운 기업형태를 지닌 퀄키(Quirlky) 같은 기업의 시도를 훌륭한 시사점을 가진다. 그들은 매주 두 개의 커뮤니티 회원의 아이디어를 선정하여 컨셉 디자인부터 시제품 제작과정까지 계속적으로 예비 소비자들의 의견을 반영하였다.

그래서 일단 상품이 출시되면 상당한 매출이 보장된다.

그만큼 시장은 냉정하다. 디자이너 자신의 감정에 충실하게 임하는 것 자체가 문제는 아니지만, 일방적인 생산자 관점은 소비자와의 관계에서 실패하기 십상이다. 디자인 과정에서 융복합적인 콜라보가 이루어진다 하더라도 결과는 비슷하다.

그래서 신진 디자이너를 지원하는 정책은 실패로 이어지는 경우도 많다.

18.5
융복합 플러스 플랫폼

현재 한국의 많은 도시와 지역에서 도심재생사업이나 공간활성화 사업이 진행되면서 주민참여 혹은 커뮤니티의 중요성이 크게 대두되고 있다. 하지만 커뮤니티의 재생 및 재구성을 위한 방법과 전략의 측면은 부족한 상황이다. 특히 이해관계가 첨예하게 대립하는 상업공간의 다양한 주체들을 참여시켜 디자인 과정을 진행하는 데는 보다 전문적인 커뮤니티 디자인 방법론이 필요하다.

결국 물리적 디자인을 하기 전에 공간의 사용자들이 참여하는 디자인 방향을 정하는 것이 우선이다. 다음은 실질적인 디자인 단계다. 커뮤니티 디자인에서 무엇보다 중요한 점은 디자인된 시설과 공간을 관리하고 활용하고 운용하는 디자인 후반 과정이다.

문제는 주민참여의 방식이 설문에서 워크숍으로 심화되었지만 여전히 참여 인원이 적어 도시재생사업 규모가 커서 만 명 이상의 주민 의사를 반영하기에는 역부족이라는 것이다. 사업 진행의 방식은 기획과 계획 및 실행과 관리의 영역들이 복합화되어 있고 건축, 디자인, 예술, 경영 등 여러 분야가 융합되어 있다. 참여 주체도 커뮤니티 내부의 주민과 외부의 기획자, 전문가, 행정가, 잠정 소비자 등을 포함한다. 그럼에도 한계는 분명하다.

문제의 출구는 플랫폼 전략에서 찾을 수 있다. 디자인의 결과는 기차역의 승강장처럼 그때그때 많은 사람들이 승하차하는 공간에서 사회적인 방식으로 구성된다. 온/오프 라인 플랫폼이 모두 가능하다.

다만 플랫폼의 성격이 공동의 선을 실천하는 사회적 측면이 강해서 "소셜 플랫폼"(Social Platform) 방식이 커뮤니티의 지속 가능성을 확보하는 한 형태가 될 수 있다.

오프라인 플랫폼의 경우는 "장소 만들기 운동"(Placemaking Movement)의 일환으로 진행되었던 "장소 만들기 엑스포"(Placemaking Expo)와 같은 과정 중심의 일시적인 행사 사례가 있다.

아르메니아의 "귬리 자유공원"(Gyumri's Freedom Square)에서 열린 장소 만들기 엑스포는 주말에 텅 빈 광장을 대상으로 시민들과 민간단체들이 원하는 프로그램들을 기획하고 배치하여 방문자들의 반응을 살피는 행사로서 반응에 따라 임시시설, 중간시설, 영구시설로 디자인해 가는 과정 디자인의 좋은 사례다.

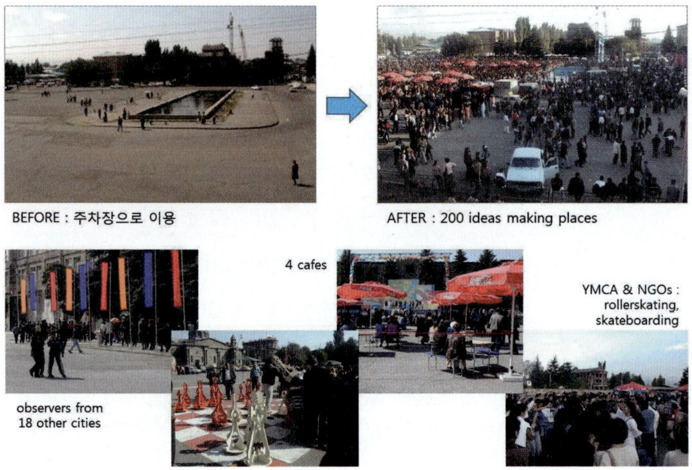

그림 18-3

국내에서 필자가 구성했던 "아이디어 스토어"(Idea Store)라는 오프라인 플랫폼은 50명 정도의 시각 예술가, 디자이너, 건축가, 조경가 풀을 구성하여 지치구가 해결하지 못했던 숙원사업과 방치된 공간들을 대상으로 문제해결 디자인의 관점에서 해결책을 제시하였다.

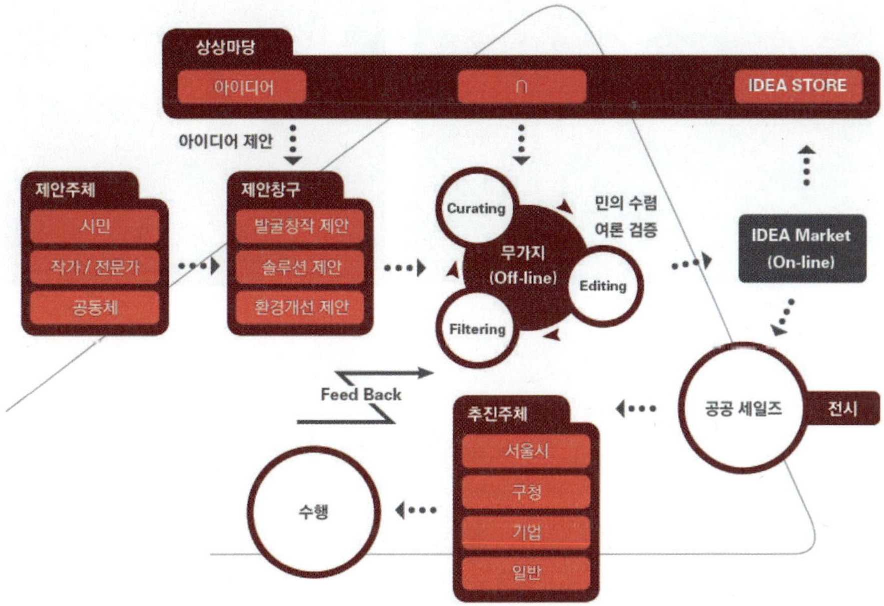

그림 18-4 진행개념도

마지막으로 베를린 버디베어 프로젝트나 샌프란시스코의 하트 조형물 사업은 모두 다양한 작가들이 참여할 수 있도록 설계된 공공조형물 사례다. "아름다운 버디베어"(United Buddy Bears)는 세계 140여 개 국가의 작가들이 참여한 국제적인 공동예술작품으로서 베를린의 상징 동물인 곰의 형태에 기반을 두면서도 "장소 특정적인"(site-specific) 작품이 아니라 세계 각지를 돌아다니는 "비장소"(non-place) 작업이다.

샌프란시스코의 하트 조형물의 경우 "내 사랑을 두고 나는 샌프란시스코를 떠났네"(I left my heart in San Francisco)라는 유명한 노래를 기반으로 한 감동적인 작품이다. 먼저 하트 조형물의 형태를 작가들에게 분양하고 분양권을 산 작가들이 주어진 하트 주조물에 그림을 그리는 방식으로 진행된다. 샌프란시스코시는 이 수익금으로 예술지원정책을 벌인다.

이상의 사례들은 4차 산업혁명 시대에 공공디자인이 갈 방향에 대한 단편적인 시사점을 준다. 진행과정에서 3-D 프린터를 이용하여 조형물의 소스 코드를 공개하고 세계 각지의 디자이너들에게 참여할 수 있는 방법이 기획되었다. 이러한 개방적이고 사회적인 참여방식은 참가자의 관심을 높이며, 실행력도 높다.

이는 디자인의 결과를 제시하는 방식이 아니다. 과정을 디자인하되, 플랫폼의 방식으로 참여를 재조직하는 방식을 제시하는 것이다. 이것이 새로운 시대에 걸맞게 사람들 간의 관계를 진화시킴으로써, 물리적인 것에 국한되지 않고 삶의 방식을 바꾸는 사회적이고 민주적인 과정으로 공공디자인을 확대하는 이유이다.

이제 공공디자인은 모두를 위한 창조이자 민주주의의 씨앗이 되어야 한다.

PUBLIC DESIGN

참여 공공디자인

PART 7

공공디자인 진흥전략

19. 공공디자인 진흥을 위한 전략

19.1 다시 공공디자인이다
19.2 공공디자인의 진흥전략
19.3 공공디자인 진흥의 실현

20. 공공디자인 행정과 거버넌스

20.1 공공디자인 행정
20.2 공공디자인 정책
20.3 공공디자인 법규와 제도
20.4 공공디자인 거버넌스

21. 공공서비스 디자인 전략

21.1 서비스디자인의 등장
21.2 공공서비스디자인
21.3 공공디자인 전략의 필요성

Public Design Strategies, Governance Design, Design Policy, Design Law System, Service Design

PART 7 공공디자인 진흥전략

19. 다시 공공디자인이다

19.1 다시 공공디자인이다

공공디자인의 재생

비단 공공디자인뿐만 아니라 '디자인'이라는 보편적 개념에서도 산업화가 도래 되었던 시대의 디자인은 그 역할이 명확했던 것 같다. 기능적·합리적·효율적 생산과정에서의 디자인은 데코레이션과 시감적 매력을 지니게 하여 상업적 가치를 올리는 수단으로 그 역할을 수행하였고, 비록 폭은 좁았지만 확실한 자리를 잡고 있는 듯했다.

그러나 토마스 쿤의 패러다임(Paradigm)의 개념이 그렇듯이[1] 영원한 정설은 없다. 시대의 가치가 변해 가며 정답도 달라지게 된다. 기능·합리·효율이라는 모더니즘적 가치의 사회는 사람, 과정, 가치 등을 위시한 새로운 패러다임 중심의 탈-구조적 개념의 목적을[2] 향해 나가고 있다. 작금에 이르러 디자인, 더 나아가 공공디자인을 다시 회자하며 다양한 비평들을 쏟아야 할 이유가 바로 여기에 있는 것이다.

공공디자인이라는 정치계나 실무계에서 아젠다가 던져진 지 벌써 10여 년이 넘어간다. 그간의 스토리와 수많은 해프닝 그리고 흔적들은 이제 하나의 일장춘몽처럼 또는 하나의 시청률 높은 드라마처럼 사람들의 기억에 남아 있게 되었다.

세상의 모든 일들이 의도한 대로 흘러가는 관념적인 것이 아니라 실재 속에 서의 변수에 대응하며 실현되고 해석되듯 바로 '공공디자인'도 이제 그 실재 속에서의 치열했던 실현과 대응 등을 다시 살펴보며 사회를 위한 방법적 가치로서의 포스트-퍼블릭 디자인(Post-Public Design)을 마련해야 한다.

우선 공공디자인이
만들어 놓은
궤적과 가치에 관해 논해 보자.

공공디자인의 가치

첫째, 표상적일지라도 공공디자인은 한국 근대 디자인계의 고민 속에 탄생한 '한국형 디자인'의 가능성을 보여주었다. 우리가 배우는 수많은 디자인 이론들과 실무들은 모두의 태생이 바다 건너 이다. 건축학이나 시각디자인 등 유형적 디자인 영역부터 유니버설 디자인 (Universal design)이나 인클루시브 디자인(Inclusive Design) 등 무형적 개념들까지 모두가 외국의 원서를 기반으로 한 데이터를 근거로 하고 있고, 늘 외국의 내용들을 벤치마킹부터 해야 하는 종속적 디자인의 현실이 존재한다.

건축과 디자인계에서의 한국적 모더니티의 발현은 없었다는 비판이 많이 쏟아지는 이유도 우리 스스로 만든 내용들이 아니었기 때문일 것이다.

공공디자인은 우리가 만들어낸 용어이다. 물론 이탈리아를 중심으로 퍼블릭 디자인 페스티벌(Public Design Festival) 이라는 연례적 행사가 2000년 중반부터 행해져 오고 있지만 이는 행사중심의 이벤트이고, 이보다 국가 정책차원과 학제차원에서 조직적으로 수행된 우리나라의 공공디자인 탄생은 더 큰 가치가 있다고 본다.

지금까지 우리 스스로 만들어낸 근대적 디자인의 개념 또는 용어가 있었던가? 용두사미가 되었다고 용의 머리까지 버린다는 것은 어리석은 일이다. 공공디자인이라는 '기호'의 탄생은 비록 그 '내용'에 대해 부족하다 폄하하여도 우리도 스스로의 디자인 개념을 가질 수 있고 또 남의 자료에만 근거를 두어야 하는 디자인 식민지의 한계를 극복할 수 있는 기회라고 생각된다.

둘째, 다양한 사회적 관심을 유도하는 이슈로서의 '디자인' 문화가 생성되었다. 예전에 '디자인'하면 무엇이 떠오르는가에 대한 설문조사 결과를 본 적이 있다. 70%가 넘는 시민들이 답한 내용은 바로 앙드레 김이었다. 우리의 보편적 인식은 디자인하면 패션이고 대중적 인기를 받는 앙드레 김이라는 것이다. 하지만 시대가 흘러 2000년대 중반 자동차 번호판의 디자인 문제가 제기되고 여권이나 주민등록증 등 공공영역의 디자인의 문제가 제기되면서 이러한 설문조사의 결과는 달라지게 되었다. 그때부터 지금까지 이토록 '디자인'이라는 말이 많이 회자된 시대가 있었을까?

디자인이라는 용어의 수많은 노출과 사용은 디자이너들에게 물론 반가운 일이다. 비록 전문적 내용으로 디자이너들을 대해 주는 것은 아니지만 어찌되었든 디자인을 하나의 문제 해결방안으로 생각하려는 의식이 생긴 것은 자명한 일이다.

사회문제를 해결하는 디자인, 공공디자인

이제 추후의 문제는 '디자인'을 산업화 시대의 그 개념으로 바라봐서 형이하학적 해결에만 집중되었던 것을 앞으로 얼마만큼 형이상학적 가치의 방안을 보여 줄 수가 있느냐가 '디자인'이라는 용어의 사용빈도를 낮추지 않게 하는 엔진이 될 것이다. 공공디자인의 가치는 바로 이러한 앙드레 김을 대체하는 새로운 디자인 개념이었고 문제 해결 방안으로서의 디자인 인식을 심게 한 주체였다.

셋째, 공공디자인은 독자성(Originality)에 대한 일말의 희망을 보여주었고 이제 후자에게 역할을 남기고 장렬히 전사하는 파이오니어로서의 역할을 충분히 했다. 앞서 얘기했지만 우리만이 가진 전문 개념과 영역으로서의 가치를 제공했고 그 희망을 보았다. 이는 한국 디자인의 독자성을 지니게 하여 '최고'가 아닌 '다른' 개념이 존중받는 시대가치에 맞는 대안의 가능성을 만들게 하였다. 그 독자성이 더욱 전문적이고 더 발전되기 위해서는 몇 가지 실천적 과제가 있다.

03

공공디자인의 3가지 실천적 과제

① 한국형 공동체 회복을 위한 과정으로서의 방법론 제공

② 다양한 사람이 주체로 참여하는 디자인 민주화의 실천

③ 학제적 가치를 지닐 수 있는 연구 분야로서의 확립

매력있는 디자인이 되기 위해서는 지금 당면한 사회, 문화, 환경, 경제적 문제에 대한 대안 방법으로 많은 증거들과 방법들을 보여줘야 한다. 요컨대 공공디자인의 출현을 통해 우리는 상기에서 얘기한 3가지의 가치 외에 **3가지 실천적 과제의 의무를 찾았다** 고 생각되며 또 공공디자인의 가치를 실현시킬 수 있는 미래적 대안을 마련해야 한다.

상기의 3가지 대안은 현재 진행형으로 공공디자인이라는 '기표'를 지니고 있지 않아도 과정적·의미적 차원에서 공공디자인의 씨앗을 모태로 탄생되었거나 그렇게 되어야 할 당위성을 가지고 있다. 이는 곧 우리 디자인계의 발전과 앞서 얘기한 독자성을 통한 실질적인 가치향상을 만들어 낼 것이다.
디자이너는 그림을 그리는 사람이 아니라 생각을 하는 사람이다. 사회에서 무엇이 문제인가를 생각하고 그 해결을 제시하는 '도시의사'이다. 우리 사회는 범죄가 많은 공간이 있다면 범죄가 일어나지 않는 방법에 대한 것을 디자인을 통해 제시받고 싶어하고 을씨년스러운 어항의 활성화를 디자인이 해결해 주기를 바라고 있다.

디자이너는 엔지니어와 다르다. 엔지니어는 검증된 데이터와 공학적 접근방법 위주로 문제를 해결한다면, 디자이너는 새로운 개념을 만들어 내어 그 문제를 해결하려고 한다. 공공디자인의 생명이 연장될 수 있는 방법 중 하나는 바로 그 사회의 문제를 해결하고 공헌할 수 있는 다양한 창의적 방법론 등을 실천하는 것이다. 이러한 해답과 고민의 연구는 결코 외부에 있는 것이 아니라 바로 우리 자신들에게 있다. '위기는 곧 기회이고 기회는 위기가 될 수 있다.' 라는 말이 새삼 몸으로 느껴지는 시기이다.

공공디자인이라는 초신성의 탄생은 커다란 후폭풍을 동반하였지만 외부에 의해 종속된 디자인의 개념과 형이하학적 해결에만 머물렀던 우리 사회의 디자인 인식을 높여 주는 큰 역할을 수행하였다. 이제 공공디자인이 사회를 위해 공헌할 수 있는 전문적 과정의 제시와 실현들은 디자인 영역이 명확한 산업영역과 학제적 영역으로 위치할 수 있게 할 것이다.

노벨상을 받은 사회학자이며 인지과학자인 헐버트 사이먼(Herbert Alexander Simon)은 '기존의 상황을 더 바람직한 상황으로 바꾸기 위한 일련의 행동을 고안해 내는 사람이라면 누구든지 디자인을 한다고 말할 수 있다.'라고 하였다.

여러 사람이 함께 만든 디자인 정의를 살펴볼 수 있는 위키피디아에서는 'Design thinking is a process for practical, creative resolution of problems or issues that looks for an improved future result - wikipedia-' 라는 정의를 볼 수 있다.

모두가 문제해결과 과정 및 방법론의 중요성을 역설하고 있다.

공공디자인은 편식되고 종속되었던 우리의 디자인 개념을 시대의 흐름에 맞게 다시 제 위치를 잡게 해 준 계기가 되었으며 이제 사회문제 해결의 대안을 보여줘야 할 실천적 시기에 접어들었다.

19.2
공공디자인의 진흥전략

공공디자인의 법정 계획

공공디자인의 진흥에 관한 법률 제2장제5조에는 공공디자인 진흥 종합계획에 관한 내용을 담고 있다. 문화체육관광부장관은 공공디자인의 진흥을 위하여 관계 중앙행정기관의 장과 협의를 거쳐 5년마다 공공디자인 진흥 종합계획을 수립·시행하여야 한다는 내용이며 계획의 내용 안에는

① 공공디자인 정책의 기본 목표와 방향에 관한 사항
② 공공디자인의 종합적·체계적인 관리에 관한 사항
③ 공공디자인 전문인력 육성에 관한 사항
④ 공공디자인 관련 법·제도에 관한 사항
⑤ 공공디자인 진흥을 위한 관련 분야와의 협력 및 국민 참여에 관한 사항
⑥ 그 밖에 공공디자인의 진흥에 관한 중요 사항 등 공공디자인의 문화적 공공성과 심미성 향상을 위한 기본목표와 전략개발 및 실천계획 수립을 계획의 주요 내용으로 하고 있다.

국민의 일상적 삶의 질을 제고하는 '공공디자인'의 진흥의 실질적 수립을 위해 공공디자인의 비전과 중장기 방향을 제시하고, 생활안전 마을 35곳, 생활편의 도시 67곳, 품격도시 30곳 구축 등 실천목표과 단계별 실천과제를 발굴하는 목표를 지닌다.

공공디자인 진흥 종합계획이 담아야 할 구체적 내용은 첫 번째로는 공공디자인 관련 법령, 정책, 공공디자인 관련 조례 및 지침과 정책 및 실행사례 등을 조사하고 문제점 등을 파악하여 계획에 반영할 수 있는 공공디자인의 현황 조사가 있다. 그리고 공공디자인 관련 주요 선진국의 최신 법령, 정책, 실행사례 조사 등이 있다.

법규	목적	주요 내용	소관부서
문화산업 진흥기본법	삶의 질적 향상과 문화 발전	'산업디자인진흥법'에 거론되는 산업디자인을 제외한 디자인을 문화산업으로 간주하고 있어 디자인계의 혼선 발생의 가능성 있음	문화체육관광부
문화예술진흥법		명시된 '응용미술'에 대한 정확한 해석이 없어 현재의 복합적이고 포괄적인 디자인의 개념으로 해석될 가능성 있음	
저작권법		저작권의 권리와 이에 인접하는 권리를 보호하는 취지에 제정된 법률로 제2조 15항 "응용미술저작물"내에 디자인 포함	
산업디자인 진흥법	지식기반의 경제적 발전	'산업디자인을 제품디자인, 포장디자인, 환경디자인, 시각디자인, 서비스디자인 등 5가지로 분류하여 디자인의 전반적인 분야를 포괄하지 못함	산업통상자원부
산업융합촉진법	지식기반의 경제적 발전	디자인에 대한 직접적인 언급은 없으나 디자인이 타 기술과 분야에 융복합하는 현 산업의 경향에 적합하게 맞물리는 법률로 디자인의 역량과 발전에 밀접한 관계와 영향을 주는 법률임	
건축기본법	지역성, 공공성, 기능성 창출을 통한 국토환경 개선	지역의 정체성, 기능성 및 공공성 등의 가치 창출을 위해 건축 영역에서 기획 및 설계하는 행위인 '건축디자인'에 한하여 디자인을 언급하고 있음	국토교통부
경관법		명시된 해당사업의 목적, 특성에 따른 디자인적요소가 내포되어 있음	
옥외광고물 등 관리법	건강하고 쾌적한 거주생활환경 개선	사업내용에 따른 관할기관의 중복 및 혼선 발생가능성 있음	행정자치부
디자인보호법	창작활동환경의 투명성 제고	디자인의 산업적 정의에 따른 법령으로 20세기 디자인 관점에 묶여있음	특허청

표 19-1 국내 디자인관련 법규 사항과 주요 내용

두 번째로는 공공디자인 정책의 기본 목표와 방향, 종합적·체계적인 관리 전략계획으로 이는 공공디자인이 담아야 할 기본 목표와 방향구상, 공공디자인의 실천전략, 정책과제, 세부실천 과제제안 등을 수립하는 계획인데 국가가 수행하는 공공디자인의 연차별 사업 계획 및 예산 계획을 포함하고 있다.
행정적·제도적 전략으로는 공공디자인 계획의 적용과 실행을 위한 관리 및 평가체계와 법 제19조에 근거한 공공디자인 전담기관 구성에 관한 계획이 담겨 있다.

세 번째로는 관리와 운영에 관한 부분으로, 공공디자인 전문인력 정의, 체계, 관리에 관한 전략과 이를 수행하기 위한 중앙부처, 지방자치단체, 공공기관 전문인력 육성방안과 기관 및 민간인력 육성 방안의 계획이다.

마지막으로는 제도와 참여에 관한 부분으로 공공디자인 관련 중앙정부와 지방자치단체의 법령 및 제도 등과 관련 방향성을 제시하고 관련 분야와의 협력, 국민 참여 사항, 이해관계자들의 의견 수렴 및 협력방식 그리고 공공디자인 사업협의체 구성 등 공공디자인 거버넌스에 관한 내용이 담겨 있다.

공공디자인 기본계획과 진흥계획

공공디자인 기본 계획 공공디자인 조례 근거

1. 공공디자인의 기본 목표와 추진 방향
2. 권역별·지역별 및 가로별 특성을 반영한 공공디자인 구축·관리
3. 기본계획의 목표와 개념을 반영한 공공시설물 등 표준디자인 및 공공디자인 가이드라인을 마련
4. 공공디자인에 관한 제도개선과 주요 시책

공공디자인 진흥 종합계획 공공디자인 진흥법 근거

1. 공공디자인 정책의 기본 목표와 방향에 관한 사항 (실태조사 포함)
2. 공공디자인의 종합적·체계적인 관리에 관한 사항
3. 공공디자인 전문인력 육성에 관한 사항
4. 공공디자인 관련 법·제도에 관한 사항
5. 공공디자인 진흥을 위한 관련 분야와의 협력 및 국민 참여에 관한 사항

시장·군수·구청장은 종합계획에 따라 지역 여건을 고려한 지역 공공디자인 진흥계획 을 별도로 수립·시행하여야 한다.

표 19-2 공공디자인 진흥 종합계획과 공공디자인 기본계획

공공디자인 진흥 종합계획

생활속에서 체감하는 공공디자인

생활안전디자인 / 모두를 위한 디자인 / 생활편의 디자인 / 품격제고 디자인

범죄예방 협력체계 디자인
교통안전 디자인
재난대비 안전 디자인
누구나 걷기편한 거리조성
장애인-고령자를 위한 문화생활,유니버설디자인
길찾기 쉬운 도시 만들기
교통거점지 안내체계 개선
이용하기 쉬운 체육관광시설디자인
이용하기 좋은 공공공간,용품디자인

우리동네맞춤형 디자인
도시 품격저해 시설개선 디자인
도시 틈새공간 활성화디자인
밤에도 품격있는 문화관광 조명디자인
공공시각이미지 품격제고 및 관리
공공디자인 교육 및 참여확대
공공디자인 전문인력 역량강화
공공디자인 R&D 기반조성
공공디자인 관리 및 검수체계 구축

공공디자인 진흥종합계획의 단계별 구상

- **1단계(2018-2022)**
  - 공공디자인법 시행 이후의 새로운 공공디자인 방향 제시
  - 국민이 생활 속에서 체감할 수 있는 공공디자인 사업과 정책을 통해 공공디자인의 기능과 역할 재정립
  - 지속적 공공디자인 발전을 위한 기반 구축
- **2단계(2023-2027)**
  - 국민이 체감하는 공공디자인을 발전시켜 공공의 문제를 발굴하고 해결하는 방향 제시
  - 통합과 효율을 추구하면서 국민이 참여하는 프로세스를 통해 가치 재정립
  - 공공디자인의 확산을 위한 기반의 확장

시기		중점 영역	확산 영역
중점 과제	o 생활안전 디자인	- 치안 안전(범죄 및 폭력예방 등) - 교통 안전 - 재난 안전	- 재난 및 보건 안전 - 시설 안전 - 산업 안전 - 환경 안전 등
	o 모두를 위한 디자인	- 가로 환경 - 행정서비스 - 문화재 및 관광지 - 교통 시설 - 문화예술·체육시설	- 교육 시설 - 의료 시설 - 유통 시설 등
	o 생활편의 디자인	- 교통 편의 - 관광 편의 - 의료 편의	- 의료 편의 - 마을 편의시설 이용 편의 - 주거 편의 등
	o 품격 제고 디자인	- 마을(동네) 품격 - 도시 품격	- 국가품격

표 19-3 공공디자인 진흥 종합계획 주요 내용

이처럼 공공디자인 진흥 종합계획은 중앙부처 차원에서 공공디자인의 큰 틀을 세우고 진흥을 위한 정책적 관점의 계획을 수립하는 데 초점이 맞추어졌다. 또한 이를 통해 4개 전략 19개 실천 세부 사항들이 수립이 되었는데 다만 17개 시·도 및 226개 시·군·구 지역 공공디자인 계획에 대해서는 특정 가이드를 제시하지 않고 방향성만을 제시함으로써 지자체의 수립 권한을 대폭 부여하고 있으며 이는 지역마다 특성에 맞는 계획을 수립하게 하는 기회를 제공하고 있다.

공공디자인 기본계획	공공디자인 진흥계획
제안 개요 및 과업의 이해	시책 및 정책 조사
대내외 현황조사 분석 등 기초조사	행정 이해관계자 의견 수렴
공공디자인 기본계획 수립	공공디자인 진흥계획 수립
공공디자인 권역별 계획 수립	사업 추진 행정/정책/제도 전략 연구
공공디자인 가이드라인 수립	공공디자인 진흥 위한 사업 주제 선정 및 계획
표준디자인 개발	관련 조례의 제(개정) 및 체크리스트

그림 19-1 공공디자인 기본계획과 진흥계획 방향

공공디자인 진흥을 위한 전략

공공디자인 기본계획이 공공디자인의 기본 비전과 기본구상 및 계획, 권역별 시설 요소별 기본 방향, 공공 디자인 가이드라인 등에 대한 내용적 측면을 연구한다면 진흥계획은 기본계획에서 제시한 내용의 실행을 위한 기획, 사업, 제도, 절차, 지원 등에 관한 방법론적인 전략과 공공디자인 진흥 시범사업 및 로드맵(전략 관리 및 운용) 인적 인프라와 행정제도 등 공공디자인의 통합관리 체계 등을 연구하는 개념과 같다.

공공디자인 기본계획 " 기획 및 계획 "

1. **공공디자인의 기본 목표**와 추진 방향
2. **권역별·가로별** 특성을 반영한 공공디자인 계획
3. 기본계획의 목표와 개념을 반영한 **표준디자인** 및 공공디자인 **가이드라인**을 마련
4. 공공디자인에 관한 **제도 개선과 주요 시책**

기본구상 및 계획 / 공공 디자인 가이드라인
권역별 기본 계획 / 디자인 세부 계획

공공디자인 진흥계획 " 실행 및 관리 "

1. 공공디자인 **정책의 기본 목표**와 방향
2. 공공디자인의 종합적·**체계적인 관리**
3. 공공디자인 관련 법·**제도에 관한 사항**
4. 공공디자인 진흥을 위한 관련 분야와의 **협력 및 참여에 관한 사항**

공공디자인 진흥 시범사업 및 로드맵 (전략 관리 및 운용)
인적 인프라와 행정제도 등 공공디자인의 통합관리 체계

그림 19-2 공공디자인 기본계획과 진흥계획 주요 과업 비교

'공공디자인 기본계획에서 수립된 계획과 지침 등이 어떻게 도시 공공공간에 실현되게 할 것인가'에 대한 고민이 진흥계획에서 주로 다루어야 할 내용이며, 공공디자인 관련 행정, 제도, 경영, 정책, 전략 등 다관점에서의 실천 방법론의 수립이 포함되어 있다. 이는 기존 계획 관점에서 다루어지던 공공디자인이 실질적 실행과 실현을 위한 디자인 경영 관점의 계획이라고 볼 수 있다.

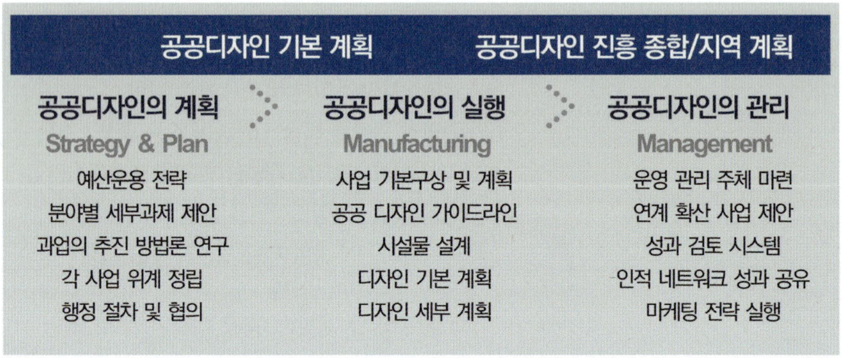

그림 19-2 공공디자인 기본계획과 진흥계획 주요 과업 비교

공공디자인 진흥을 위한 실천 방안

1 공공디자인 진흥 클러스터 지정 운영

진흥조례 또는 법정 계획인 진흥계획 통해 공공디자인 진흥 특화 지구를 지정하여 주민과 지역특성에 맞는 공공디자인 주제 특화 및 실천 프로세스를 수립하여 지속적 연속적 정책과제로 진행될 수 있도록 지정하는 개념이다.

공공디자인 대상 적합 일정구역을 **공공디자인 진흥 특화 클러스터** 로 선정 및 추진전략 수립

· 주민과 지역특성에 맞는 공공디자인 주제 발굴, 유지 및 실천 프로세스 수립
· 공공디자인 특화 주제에 맞도록 사업비 통합 사용 및 사업간 연계 관리
· 중앙 부처 연계 사업 발굴로 진흥 지구의 마중물 사업으로 진행
· 공공디자인 진흥 시범사업 및 단계별 로드맵안 마련
· 공공디자인 진흥 특화 사업 운영 지침서 마련
· 공공디자인 진흥 지구 사업 권고 및 규제 제도 개선안 마련
· 공공디자인진흥위원회에서 진흥 클러스터에 대한 사업내용을 사전 심의

공공디자인 진흥 **사업 관리 매뉴얼**

· 주요 전략적 관리 사업 디자인매뉴얼 개발
· 공공디자인 진흥 사업 부문별 매뉴얼 자체개발을 통한 통합 관리

① 진흥 특화 클러스터 모니터링 운영

• 객관적인 모니터링을 실시하기 위하여 지자체 공공디자인 관련 담당자, 공공디자인 전문가, 시민 등 다양한 주체들이 구성원이 되어 성과 모니터링단 구성

② 진흥 특화 클러스터 연차별 모니터링 보고서 발간 및 공개

• 연차별 모니터링 보고서는 공공디자인 진흥 사업 전후의 효과의 변화를 파악할 수 있도록 도와주는 판단의 근거로서의 역할 수행
• 보고서 공개를 통해 공공디자인 진흥사업의 필요성과 시민들의 피드백과 요구를 수렴

③ 공공디자인 진흥 사업과 유관계획의 정합성 검토

• 공공디자인 관련 정책이 일관된 방향성에 입각하여 이루어질 수 있도록 검토
• 공공디자인 진흥법뿐만 아니라, 상위 계획에도 어긋나지 않도록 시기별 모니터링 실시

④ 도시변화, 계획여건 변화 진단

• 변화에 능동적으로 대처할 수 있도록 지속적인 관찰과 분석을 통한 모니터링 실시
• 통계자료 및 문헌 조사, 설문조사 등을 실시하여 지자체의 계획 트렌드, 시민의 요구 등의 변화를 파악하고 이를 바탕으로 계획이 수정·보완될 수 있도록 함

❷ 공공디자인 진흥 뱅크(Public Design Bank) 운영

지속적이고 통합적인 공공디자인 진흥을 위해 사업주제의 일관성 있는 개발 및 운용과 상시적인 주민 참여하여 요구에 대응할 수 있도록 공공디자인 데이터 아카이브와 운영 시스템 구축의 기능을 수행한다. 이는 동시에 지역에 맞는 공공디자인 특화 주제를 지속적으로 운영 관리하여 주민 참여 기능과 지역의 공공디자인 씽크탱크 역할을 수행하기 위한 전략이다.

① '공공디자인 진흥 사업 주제' 아카이브(Archive)

- 지자체 공공디자인 진흥에 부합하는 사업주제의 지속적 발굴과 관리 프로그램 운용
- 누구나 접근 가능한 온라인 체계를 통해 사업 주제를 올리고 평가하고 공유할 수 있는 시스템 구축
- 지역의 문제점을 알리고 시급히 개선해야 할 공공디자인 대상을 실시간으로 공유

공공디자인 진흥 뱅크의 시스템 구축

- **대상지 및 지역의 문제점을 주민과 지자체가 공동 발굴 관리**
- **일회성 사업이 아닌 사전 계획된 주제와 사업주제로 지역현안사업 운영**
- **교육 / 안전 / 경제 / 교통 / 행정 / 환경영역에 대한 공공서비스 혁신 아이디어 발굴**
- **지역 문제에 대한 공유와 해결 제안 과정의 참여를 지속적으로 운영하는 시스템**
- **주제 발굴 과정자체가 지역 공공서비스 혁신으로 주민과 공공기관, 전문가의 참여와 협업**
- **공공디자인 기획업무 – 관리업무 – 개발업무를 통합하여 가치 효율성 극대화**

② '공공디자인 자산 발굴제도' 운영

- 쇠퇴해 가는 공공영역 + 공공디자인 개념 융합 가능한 자산에 대한 발굴 프로그램 운용
- 버려지거나 폐쇄되어야 할 유무형적 공공자원에 대한 리사이클링 디자인(Recyling-Design) 사업으로 기존의 기능 외에 공공기능을 부가하여 사용성이 확대된 복합 공공공간으로 개선
- 지역의 문제가 있는 공공디자인 장소 및 공공디자인으로 활성화 가능한 대상지의 지속적 관리

③ 공공디자인 진흥 뱅크를 위한 '시민 공공디자인단' 운용

- 주민이 항시적으로 참여할 수 있는 상시적 조직체계 구성
- 도시재생 지원센터 등과 연계 지속적인 도시디자인에 관한 교육 운영

• 공공디자인 기본계획과 가이드라인을 기반으로 공공서비스 디자인 기준을 수립

• 서비스디자인 기법을 이용하여 시 중심의 공공디자인 서비스 개발

④ 공공디자인 시책관리 및 운용지표 개발

• 공공디자인 시책의 실효성을 강화하기 위해 계획 수립, 사업 추진, 제도 운영, 지역 공공디자인 개선에 대한 주민 체감도 등을 공공디자인 진흥 뱅크를 통해 관리

❸ 통합적 체계 중심의 공공디자인 사업계획 관리

지역 공공디자인의 진흥을 위해 공공디자인 경영 체제 , 통합적 공공디자인 행정, 패키지형 공공디자인을 통한 체계적 관리 운용

Public Design Management		
패키지형 공공디자인	통합적 공공디자인 행정	공공디자인 경영 체제
- 패키지형 관리 시스템 - 공공디자인 컨설턴트 제도	- 디자인 전담 조직 체계 - 디자인 전문가 운용	- 디자인정책자문관 운영 - 시책과 디자인사업 연계
디자인 행정 지원을 위한 지역 공공디자인 센터 설립과 공공디자인 컨설팅 및 발굴회의 운용	공공디자인 실행과 관련한 부서의 통합체계 구성 위해 공공디자인 통합 컨트롤 타워 행정 구축	시책 비전 및 목표 정립하고 정책과 공공디자인사업을 연계 장소마케팅을 통한 공공디자인 적용

그림 19-3 통합적 체계 중심의 공공디자인 사업 계획 관리

19.3 공공디자인 진흥의 실현

공공디자인의 진흥을 위해서는 진흥계획이라는 법적 수단을 통해서 공공공간의 균형 발전, 쾌적한 공공환경 조성, 사람 중심 공공성 개선을 목표로 공공디자인 행정·정책 방향을 재정립하고, 새로운 공공환경과 정책에 맞는 비전을 제시하여 더 나은 공공디자인을 위한 목표를 수립해야 한다. 따라서 문화체육관광부의 '공공디자인의 진흥에 관한 법률'과 진흥계획의 내용에 따라 지자체만의 공공디자인 정책 및 사업의 방향 또한 설정이 필요하다. 또한 기존 진행되어 온 공공디자인 유관 계획들을 기반으로, 공공디자인 관련 사업들의 점진적 확산과 지속적 보완으로 발전시키고, 도시관련 계획 등과의 역할 관계 정립 및 보완을 바탕으로 실천적인 공공디자인 실행을 위한 수단을 강구해야 한다.

공공디자인 진흥계획은 디자인 경영 측면에서 지역의 공공디자인 정책, 활동, 성과를 위한 전략을 수립하고 '공공디자인의 진흥에 관한 법률' 시행에 따른 지역 공공디자인 진흥과 관련한 공공디자인의 효율적 실행을 위한 수단을 계획하고 운용하는 근거로서 사용되어 지역 현안문제 해결과 주민 삶의 질 향상을 추구하여야 한다.
공공디자인 진흥체계에 따른 기본목표는 크게 공공디자인 정책, 공공디자인사업, 공공디자인 관리의 3단계로 구성하며 종합계획을 계획-실행-관리의 3단계의 전략적 운용을 통해 실질적이고 체계적인 도시공공디자인 관리를 실현한다. 이를 위해서는

첫째 공공디자인 정책단계에서는 공공디자인 실현을 위한 기본 개념과 비전 수립, 인적 인프라와 행정체계 그리고 제도 마련의 전략을 시행한다.
둘째 공공디자인 사업단계에서는 정책 단계에서 수립된 여러 계획과 전략 등을 적용한다. 디자인 사업은 예산 주체 유형에 따라 국비지원사업과 시책사업으로 나누고 내용 유형에 따라 체계화한다.
셋째 공공디자인 관리단계는 공공디자인의 전략적인 관리와 지원을 위한 목적을 지닌 디자인 매뉴얼 개발 및 유관 기관 또는 부서에서 진행하는 사업에 대한 디자인 지원 개발과 공공디자인의 평가 홍보 전략개발의 두 가지 체계로 나누어진다.

디자인 관리 업무는 단위 사업의 개념보다는 지속적인 공공디자인의 비전과 철학을 적용할 수 있도록 계획, 유지, 관리 측면에 집중하도록 한다.

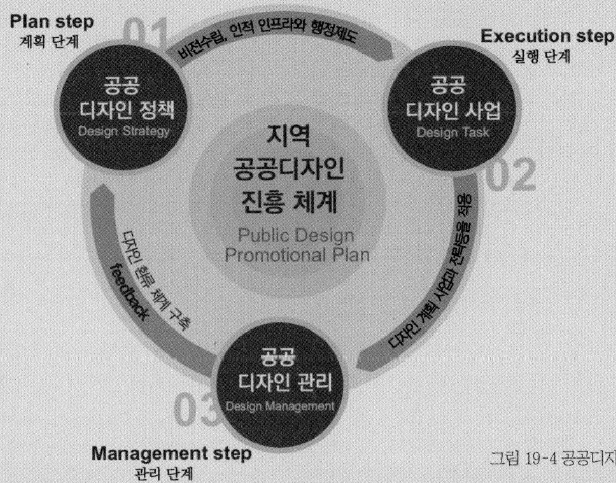

그림 19-4 공공디자인 진흥을 위한 계획-실행-관리의 3단계 프로세스

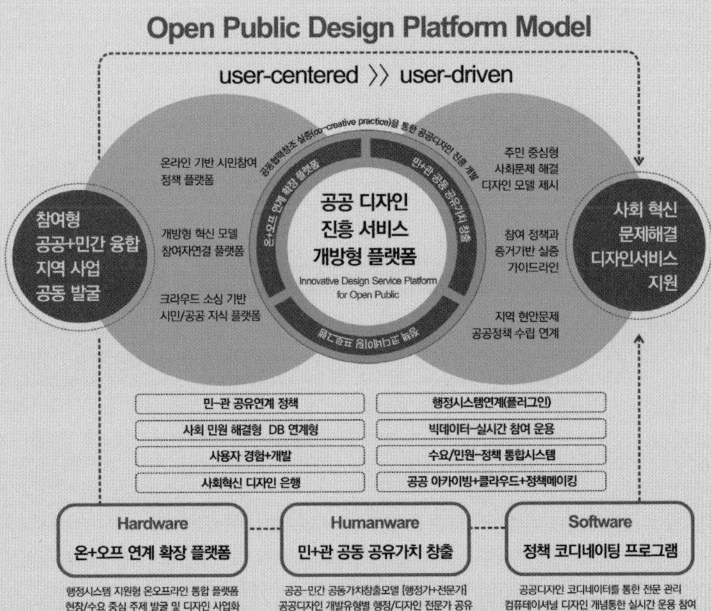

그림 19-5 공공디자인 진흥을 위한 플랫폼 모델

공공디자인의 진흥계획

공공디자인 진흥계획 비전 수립

공공디자인 진흥계획 전략수립

공공디자인 진흥 실행 연구

- 공공디자인 진흥 시범사업
- 공공디자인 진흥구역 지정 및 운영
- 공공디자인 진흥센터 운영
- 공공디자인 직무체계 교육 이수제
- 공공디자인 행정 관리위원단
- 공공디자인 시책관리 및 운용 지표 개발

진흥계획 전략 운용계획 및 실행 관리

단기, 중기, 장기 연차별 공공디자인 진흥 추진 우선순위 및 로드맵 제시 / 진흥종합계획 전략 관리 및 운용

공공디자인 비전 수립, 인적 인프라와 행정제도 구축, 공공디자인 계획 사업과 전략 등의 체계적 운용, 공공디자인 통합관리 체계 구축

국가 정책과 부합하는 공공디자인 사업
공공디자인 진흥법 시행 및 정착 지원

함께하는 공공디자인 문화 확산
참여형 공공디자인 진흥을 위한 프로그램, 사업 운용

공공디자인 행정 전문성의 강화
중앙부처, 지자체, 공사등 공공디자인 행정역량 강화

지속가능한 공공디자인 생태계 창출
공공디자인 관련 공공, 기업, 인력 경쟁력 확보

문화적 공공성과 심미성 향상 / 국가 및 지역 품격제고와 국민의 문화향유권 증대 실현

그림 19-6 공공디자인의 진흥계획을 통한 지속가능한 공공디자인 생태계 창출 5단계

PART 7 공공디자인 진흥전략

20. 공공디자인 행정과 거버넌스

20.1 공공디자인 행정

공공디자인의 등장

21세기에 들어서면서 우리 사회는 급속한 과학기술의 발전과 경제 성장보다는 불특정 다수의 삶의 질을 높이고 공동의 행복 추구를 위한 다양한 사회적 합의가 이루어지고 있다. 인간 중심의 친환경적인 공간이 요구되고, 예술과 문화를 즐기며, 편안하고 안전한 삶을 사는 것이 공동의 목표가 되었고 이러한 배경에서 디자인의 중요성과 공적 역할에 대한 관심이 급증했다.

특히 '공공디자인(Public Design)'이라는 용어의 등장 이후 국회 공공디자인 포럼과 대한민국 공공디자인 엑스포, 공공디자인 문화포럼 등 공공디자인에 대한 다양한 논의와 행사가 이루어졌다. 이를 계기로 정부와 각 지방자치단체에서는 디자인을 통해 시민의 행복한 삶과 문화 향유의 기회를 제공하고 지역경제 활성화를 위한 노력이 확산되고 있다. 공공성 증진, 도시공간 재창출 및 도시경쟁력 제고와 함께 디자인 거버넌스를 통한 시민의식 변화와 참여의 기회를 확대하고 있는 것이다.

공공디자인 행정시스템

공공디자인 행정은 최근 지자체가 일반 행정조직과 절차에 따라 지자체 사업을 시행하는 과정에서 디자인 개념 적용과 접근 방법의 필요성이 증가함에 따라 부각되고 있는 새로운 개념이다.[1]

도시의 경제적 기반이었던 제조업이 쇠퇴하고, 첨단지식 기반산업이 지역경제 활성화의 핵심산업으로 등장하면서 정부가 국민 모두의 인간다운 삶을 보장하고 창의적으로 자아를 실현할 수 있는 환경과 조건을 마련하는 주체가 되어야 한다는 복지국가 개념이 대두되었다. 이러한 정치·사회·문화적 요구에 따라 최근 정부와 지방차지단체에서는 공공디자인을 지역발전 및 도시경쟁력 정책의 도구로 활용하여 사회구성원 모두에게 행복한 삶과 고른 문화 향유의 기회를 제공하고, 지역경제를 활성화하기 위해 노력하고 있다.[2]

이에 따라 다양한 일반 행정분야와 협력하여 디자인 정책을 실현하기 위한 전문적이고 효율적인 공공디자인 행정 시스템이 도입되었다.

<출처: 권영걸, 김순직, 이경돈, 이지영(2011). "공공디자인행정론". 날마다. 150p.>

그림 20-1 공공디자인행정의 도입 배경

[1] 윤종영·안혜신(2009), "공공디자인 행정론", 삼성출판사. 118-119p.

[2] 권영걸·김순직·이경돈·이지영(2011), "공공디자인행정론", 날마다. 150p.

중앙행정기관과 공공디자인

대한민국 중앙행정기관은 18부, 5처, 17청 (정부24 행정안전부 http://www.gov.kr/ 2019년 11월 기준)으로 구성된다.

공공디자인과 관련된 행정업무를 추진하는 대표적인 기관은 행정안전부, 문화체육관광부, 산업통상자원부, 국토교통부 등이 있다. 중앙행정기관은 법령 제정과 제도 개선으로 공공디자인 기반을 구축하고 소속 및 관련기관을 두어 개별적인 사업을 시행하고 있으며 지방자치단체에서는 공공디자인 관련 업무 추진 및 확산을 위한 종합계획을 수립한다.

1 행정안전부

행정안전부는 대한민국의 법령 및 조약의 공포, 정부 조직과 정원, 행정 능률, 전자정부 운영, 지방자치 제도 등에 관한 사무를 관장하는 중앙행정기관이다.

국민참여혁신과에서는 국민 참여를 통한 공공정책 및 서비스를 중심으로 국민의 정책과정 참여 활성화와 제도에 관한 연구, 공공서비스 디자인 과제 발굴, 민간 네트워크 구축 및 국민 디자인단을 구성하여 공공서비스 개선을 위한 업무를수행한다.

생활공간정책과는 지역 주민의 삶의 질 제고를 위한 생활기반 조성으로 자전거 이용 활성화, 공중화장실, 옥외광고물 등 관련 법령 운영과 정책을 수립한다.

❷ 문화체육관광부

문화, 예술, 체육, 관광, 콘텐츠, 종교, 미디어, 홍보 등 문화체육관광부에서는 국민의 문화적인 삶의 질 향상을 위해 다양한 분야에서 폭넓은 정책을 펼치고 있다.

공공디자인 업무를 추진하는 시각예술디자인과는 회화·조각·사진·디자인·공예·건축 등 시각예술에 관한 종합계획의 수립·조정과 시행 및 법령 제정, 제도 개선 등을 담당한다.
주요 업무로는 공공디자인 진흥과 관리를 위한 체계를 마련하고 국립현대미술관을 비롯한 국·공립 시설의 공간기획과 지원, 문화적 공간환경 조성을 위한 종합계획 수립 및 시행, 도시 및 농촌 지역의 문화적 공간환경 조성 등이 있다. 디자인본부 산하에는 디자인 문화진흥팀, 공공공간사업팀, 문화역 284 팀이 있으며, 관련기관 으로는 (재)한국공예·디자인문화진흥원(KCDF)이 있다.

❸ 산업통상자원부

대한민국의 산업, 통상 및 자원과 관련한 사무를 관장하는 산업통상자원부는 경제의 지속적인 성장 동력 확충과 일자리 창출, 부문 간 균형 있는 성장을 위한 기관이다.
엔지니어링디자인과에서는 디자인산업 진흥과 발전 정책 및 사업을 추진하며 디자인 R&D, 디자인 인력 양성과 지원, 산업디자인진흥법, 제도 개선 등의 업무와 유관기관인 한국디자인진흥원(KIDP)을 관리하고 있다.

❹ 국토교통부

국토교통부 건축문화경관과에서는 경관법 제도 운영 및 국토환경디자인사업 시행, 국토경관디자인 대전 등 공모전을 담당하고 경관관리 차원에서 한옥, 건축자산, 경관 등의 제도 개선 및 심의 등을 추진한다. 도로의 설치·관리 및 기타 이에 관련된 사업을 추진하는 한국도로공사는 국토교통부 산하기관으로 고속도로의 시설물에 공공디자인 개념을 도입하고 쾌적한 고속도로 경관 조성을 위한 고속도로 공공 디자인 매뉴얼 개발과 공공디자인 공모전 업무 등을 수행한다.

기관	소관법률	소관부서	디자인관련 주요 업무	전담기관 등
행정안전부	-	국민참여 혁신과	공공서비스 디자인	-
	옥외광고물법 (약칭)	생활공간 정책과	생활환경개선, 옥외광고물 등	-
문화체육관광부	공공디자인법 (약칭)	시각예술 디자인과	문화적 공간환경 조성, 공공시설물 디자인 등	한국 공예·디자인 문화진흥원 (KCDF)
산업통상자원부	산업디자인법 (약칭)	엔지니어링 디자인과	디자인산업 발전정책 등	한국디자인진흥원 (KIDP)
국토교통부	경관법	건축문화 경관과	국토경관 디자인대전, 경관심의 등	국토연구원(KRIHS), 건축도시공간연구소(auri)

<출처 : KCDF(2018). "2018 공공디자인 1차 포럼". (재)한국공예·디자인문화진흥원. p.145.>

표 20-1 중앙행정기관과 공공디자인

지방자치단체와 공공디자인

공공디자인 행정조직은 정책의 전문적이고 실천적인 행정활동을 위한 체계로 지방자치단체의 역할이 매우 중요하다.

디자인 관련 행정업무는 대부분 도시, 건축, 경관, 문화체육관광 부서에 공공디자인 전담과 또는 팀으로 구성되며 경관, 셉테드, 유니버설 디자인 등과 함께 복합적으로 운영되기도 한다. 현재 우리나라의 지방자치단체는 17개 시·도 광역자치단체와 226개 시·군·구 기초자치단체로 구성되어 있다.

구분	지자체명	공공디자인 담당부서	담당팀명
특별시	서울	문화본부 디자인정책과	디자인정책팀,공공디자인사업팀, 공공디자인관리팀
광역시	부산	건축주택국 건축정책과	도시디자인팀
광역시	인천	주택녹지국 도시경관과	공공디자인 담당
	대구	도시재창조국 도시디자인과	공공디자인 팀
	대전	도시재생주택본부 도시경관과	공공디자인 팀
	광주	도시재생국 도시계획과	경관공공디자인담당
	울산	도시창조국 도시재생과	공공디자인 팀
	세종	도시성장본부 경관디자인과	도시디자인 담당
도	경기	도시정책관 건축디자인과	공공디자인 팀
	강원	건설교통국 건축과	경관디자인 팀
	충북	문화체육관광국 건축문화과	건축디자인 팀
	충남	건설교통국 건축도시과	공공디자인 팀
	전북	문화체육관광국 문화예술과	공공디자인 팀
	전남	관광문화체육국 문화자원과	공공디자인 팀
	경북	건설도시국 건축디자인과	경관디자인 팀
	경남	도시교통국 도시계획과	도시디자인 담당
	제주	도시디자인담당관	공공디자인 팀

표 20-2 광역자치단체 공공디자인 업무담당 현황(2019년 11월 기준)

20.2 공공디자인 정책

한국의 디자인 정책

정책(政策, policy)이란 정부·단체·개인의 앞으로 나아갈 노선이나 취해야 할 방침을 의미하지만 일반적으로는 공공문제를 해결하고자 정부에 의해 결정된 행동 방침을 말한다.

우리나라에서 디자인이 정책으로 도입된 시기는 1960년대로 정부주도의 산업진흥정책에 따른 산업디자인 중심이었다. 1970년대를 거쳐 1980년대까지 디자인 산업은 크게 성장했고, 1990년대로 넘어오면서 산업의 중심이 생산에서 서비스로 전환되었다. 이에 따라 사람들의 인식도 변화되어 2000년대에 들어서면서 부터는 인간성의 회복과 도시 환경에 대한 디자인적 접근이 활발하게 이루어지기 시작했다. 정부의 디자인에 대한 관심도 지속적으로 높아져 현재는 산업 측면의 디자인 진흥과 문화 측면의 공공디자인 진흥으로 확대되어 다양한 디자인 정책이 시행되고 있다.

공공디자인 정책

공공디자인 정책은 국책정부가 어떠한 문제를 해결하기 위해 내린 공중을 위한 디자인 정책으로서 정부 또는 지자체의 중장기적 목표의 형성과 그 목표 달성을 위한 계획적인 행동 및 행동지침을 의미한다.[4]

2007년 도시디자인 전담 부서인 '디자인 서울총괄본부'를 구성하고 선도적으로 공공디자인 정책을 추진하고 있는 서울시는 표 20-3과 같이 '하드 시티(Hard City)에서 소프트 시티(Soft City)로'라는 비전의 서울디자인 제1기를 시작하여 제2기 '시민고객을 배려하는 디자인', 제3기 '더불어 창조하는 문화도시'를 거쳐 2019년 현재의 제4기 비전은 '시민 중심의 지속 가능한 디자인' 을 추구한다.

[3] 네이버(http://www.naver.com/). 행정학사전

[4] 차동익(2010). "공공디자인 행정개선(PDAI)모델 연구". 동아대학교 박사학위논문. 18p.

구분	서울디자인 제1기 (2007.5~2009.5)	서울디자인 제2기 (2009.6~2011.10)	서울디자인 제3기 (2011.11~2014.6)	서울디자인 제4기 (2014.7~현재)
비전	하드시티에서 소프트시티로	시민고객을 배려하는 디자인	더불어 창조하는 문화도시 (시민과 함께 만들고 누리는 시민디자인)	시민 중심의 지속가능한 디자인
전략 원칙	건설과 산업, 기능과 효율 → 문화와 디자인 중심	시민고객 우선 디자인 - 시민 중심 디자인 개선 - 디자인 사업육성	생활디자인 커뮤니티디자인	시민 우선 디자인 비우는, 통합하는, 더불어 하는, 지속 가능한 디자인
대상 및 접근 방법	도시(City) 개선(Soft)	시민(Citizen) 배려(Caring)	시민 삶의 질 참여와 소통	소통 신뢰
성과	디자인정책 기반 마련	국제적 위상 강화	사회문제를 해결하는 시민디자인 도입	시민 문화권 보장

<출처 : 서울디자인재단(2014). "서울디자인백서". p.12.>

표 20-3 서울시 디자인 정책 흐름

정책 수행을 위한 공공디자인 행정 업무

체계적이고 전문화된 공공디자인 정책의 실현을 위한 행정 업무는 크게 공사와 용역이 있다. 행정업무 중에서도 용역은 공공디자인 시설물의 설치·유지·보수 등을 위한 공사와 건설기술관리법, 엔지니어링기술진흥법, 건축사법 등의 규정에 따른 기술용역과 공공디자인 기본계획 수립을 위한 학술연구용역이 있으며 그밖에 디자인을 포함한 가이드라인 개발과 같은 일반용역으로 구분할 수 있다.

또한 공공디자인 진흥 조례 등 자치법규 제·개정 관리, 공공디자인 진흥 위원회 구성·운영, 유관부서 공공디자인 협의·자문 및 관련 교육과정 운영, 거버넌스 구축과 같은 다양한 업무의 수행이 포함된다. 따라서 공공디자인 행정가는 무엇보다 정책의 올바른 결정과 집행 및 예산의 관리 등을 수행하기 위한 전문적인 기술과 지식을 갖추고 복합적인 사고를 통한 공동의 문제해결 능력과 다양한 이해 관계자와의 협력과 의사소통 역량이 요구된다.

구분	디자인직류 공무원의 요건
사회문제	사회문제 해결의 방편으로 디자인을 실천·적용할 수 있는 전문적인 지식과 기술 및 경험
지역사회	지역사회에 대한 폭넓은 이해와 안목을 바탕으로 지역사회에 적합한 정책 개발
다양한 이해관계자	다양한 이해관계자들을 조정하고, 공동의 협력을 이끌어낼 수 있는 지도력과 지역사회의 디자인사업을 관리할 수 있는 능력
민-관 협력 네트워크	민-관 협력 네트워크를 토대로 공공디자인 거버넌스 등장에 따른 민주적인 의사소통 능력 및 참여자들의 업무실행 촉진

<출처 : 권영걸, 김순직, 이경돈, 이지영(2011). “공공디자인행정론”. 날마다. 193p.>

표 20-4 디자인 직류 공무원의 요건

20.3 공공디자인 법규와 제도

공공디자인의 진흥에 관한 법률

공공디자인 정책이 효과적으로 추진되기 위해서는 제도적·법률적 장치들이 필요하다. 정책은 법률에 의거하여 합법적으로 추진되어야 하며, 확정된 법률이나 제도는 장기적으로 존속하게 되므로 이를 마련함으로써 예측 가능하고, 일관성 있는 정책 추진이 가능하기 때문이다.[5]

공공디자인과 관련된 법률은 2006년 11월 처음 국회에서 발의되었고, 여러 형태로 접근되었으나 지속적으로 통과되지 못하다가 2015년 6월 발의 후, 12월 31일 국회 본회의 통과, 2016년 2월 3일 공포되어 8월 4일 시행에 들어갔다.[6]

[5] 권영걸, 김순직, 이경돈, 이지영(2011). “공공디자인행정론”. 날마다. 171p.

[6] 최성호(2017). 『공공디자인법과 경관법의 역할 관계에 관한 연구』. 한국디자인문화학회. 616p.

의안명	발의일	발의자	소관부처	결과
공공디자인에 관한 법률	2006.11.8	박찬숙 의원 등	문화관광부	임기만료 폐기
공공디자인 관리 등에 관한 법률	2009.9.11	전여옥 의원 등	행정안전부	임기만료 폐기
디자인 기본법	2008.10.2	남경필 의원 등	문화관광부	임기만료 폐기
공공디자인 문화진흥에 관한 법률	2015.6.16	이종훈 의원 등	문화체육관광부	법률명칭 변경제정
공공디자인 진흥에 관한 법률	2015.12.31	국회 본회의 통과		
	2016.2.3	공포		
	2016.8.4	시행(약칭 공공디자인법)		

<출처: 최성호(2017). “공공디자인법과 경관법의 역할 관계에 관한 연구”. 한국디자인문화학회. p.616.>

표 20-5 공공디자인 관련 법률안 추진 경과

공공디자인의 진흥에 관한 법률(약칭 : 공공디자인법)은 제1장 총칙, 제2장 공공디자인 진흥 종합계획 등, 제3장 공공디자인위원회 등, 제4장 공공디자인사업의 추진 등, 제5장 공공디자인 진흥의 기반조성, 제6장 보칙으로 총 제6장 제23조로 구성되어 있다. 공공디자인법은 공공디자인의 문화적 공공성과 심미성 향상에 필요한 사항을 정함으로써 국가 및 지역 정체성과 품격을 제고하고 국민의문화 향유권을 증대하는 데 이바지함을 목적으로 한다.

이 법에서 사용하는 ‘공공디자인’이란 일반 공중을 위하여 국가, 지방자치단체, 「지방공기업법」에 따른 지방공기업, 「공공기관의 운영에 관한 법률」 제4조에 따른 공공기관이 조성·제작·설치·운영 또는 관리하는 공공시설물 등에 대하여 공공성과 심미성 향상을 위하여 디자인하는 행위 및 그 결과물을 말한다.

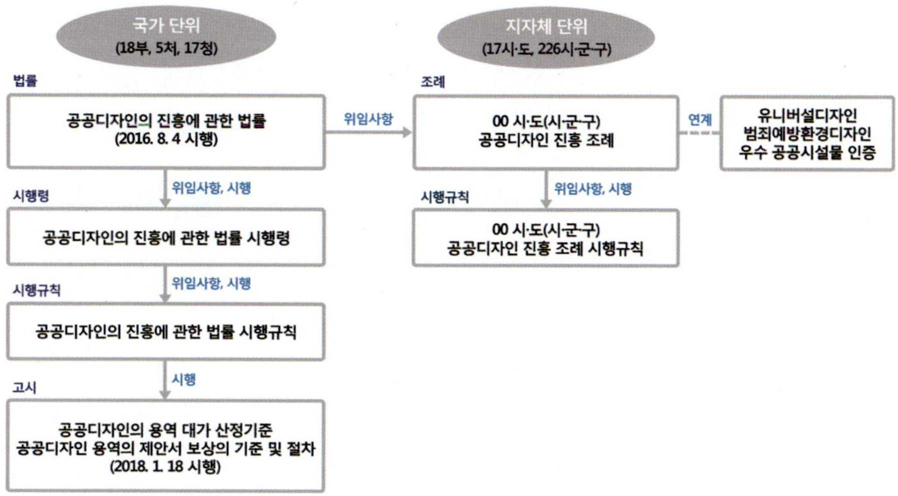

<출처: (재)한국공예·디자인문화진흥원(2018). “2018 공공디자인 교육 표준강의안”. 문화체육관광부. 180p.>

그림 20-2 공공디자인 법 체계

공공디자인법의 제정은 정책 수행에 필요한 예산 편성과 공공디자인 진흥 업무를 전담하는 부서 구성 및 5년마다 공공디자인 진흥 종합계획의 수립과 시행을 의무화함으로써 각 지자체별로 공공디자인 관련 조례를 제정하고 공공디자인 가이드라인 등을 통해 수행해 오던 디자인 업무를 위한 법적근거가 마련되었다는 점에서 큰 의의가 있다.

공공디자인의 진흥에 관한 법률

공공디자인 진흥 조례는 「공공디자인의 진흥에 관한 법률」에서 위임된 사항과 그 시행에 필요한 사항을 규정함을 목적으로 하며 공공디자인 행정이 제도적 체계에 따라 일관되게 추진될 수 있는 법적 근거가 된다. 2019년 2월을 기준으로 17개 모든 광역지자체에서 공공디자인 진흥 조례 수립이 완료되었고 공공디자인 전담부서에서 범죄예방 도시디자인 조례 및 유니버설 디자인 조례 등을 연계하여 총괄 관리하는 지자체가 지속적으로 증가하고 있다.

공공디자인 진흥위원회는 공공디자인법 제3장 공공디자인위원회 등 제7조(공공디자인위원회의 설치)에 따라 공공디자인의 진흥에 관한 사항을 심의 및 조정하기 위하여 문화체육관광부장관 소속으로 둘 수 있다.

제9조에 따른 지역위원회는 지역계획의 수립·시행, 추진협의체에 대한 자문 및 그 밖에 조례로 정하는 사항을 심의하기 위하여 시·도지사 또는 시장·군수·구청장 소속으로 지역의 공공디자인 진흥을 위한 위원회를 둔다. 공공디자인 진흥위원회의 주요 기능은 공공디자인 진흥을 위한 정책, 공공디자인 진흥 종합계획의 수립, 추진협의체(지역 주민, 시민단체, 관련 기업, 관계전문가, 행정기관 등)에 대한 자문, 공공디자인 진흥을 위한 사업과 활동 지원, 관련 법률·제도의 개선과 그 밖에 공공디자인의 진흥을 위해 필요한 사항을 수행하는 것이다.

구분	지자체명	공공디자인 담당 부서	조례명
특별시	서울	문화본부 디자인정책과	• 공공디자인 진흥 조례(2019년 05월 기준) • 범죄예방을 위한 도시환경디자인 조례 • 사회문제해결디자인 조례 • 유니버설디자인 도시조성 기본 조례
광역시	부산	건축주택국 건축정책과	• 공공디자인의 진흥에 관한 조례 • 범죄예방 환경디자인 조례 • 유니버설디자인 기본 조례
	인천	주택녹지국 도시경관과	• 공공디자인의 진흥에 관한 조례 • 범죄예방 환경디자인 조례 • 유니버설디자인 기본 조례
	대구	도시재창조국 도시디자인과	• 공공디자인 진흥에 관한 조례 • 범죄예방 도시디자인 조례
	대전	도시재생주택본부 도시경관과	• 공공디자인 진흥조례 • 범죄예방 도시디자인 조례 • 유니버설디자인 조례

구분	지자체명	공공디자인 담당 부서	조례명
광역시	광주	도시재생국 도시계획과	• 공공디자인 진흥에 관한 조례 • 범죄예방 도시디자인 조례
	울산	도시창조국 도시재생과	• 공공디자인 진흥에 관한 조례 • 범죄예방 도시디자인 조례
	세종	도시성장본부 경관디자인과	• 공공디자인 진흥 조례 • 범죄예방 도시환경디자인 조례
도	경기	도시정책관 건축디자인과	• 공공디자인 진흥 조례 • 공공시설물의 우수 디자인 인증 조례 • 범죄예방 도시환경디자인 조례 • 유니버설 디자인 기본 조례
	강원	건설교통국 건축과	• 공공디자인 진흥 조례 • 범죄예방 도시환경디자인 조례
	충북	문화체육관광국 건축문화과	• 공공디자인 진흥조례
	충남	건설교통국 건축도시과	• 공공디자인 진흥 조례 • 범죄예방 디자인에 관한 조례
	전북	문화체육관광국 문화예술과	• 공공디자인 진흥 조례 • 유니버설 디자인 기본 조례
	전남	관광문화체육국 문화자원과	• 공공디자인 진흥조례
	경북	건설도시국 건축디자인과	• 공공디자인 진흥조례
	경남	도시교통국 도시계획과	• 공공디자인 진흥조례
	제주	도시디자인 담당관	• 공공디자인의 진흥에 관한 조례 • 범죄예방을 위한 도시환경디자인 조례 • 유니버설 디자인 조례

표 20-6 광역자치단체 공공디자인 진흥 조례 제정 현황 (2019년 2월 기준)

공공디자인 진흥 종합계획

문화체육관광부는 2018년 국토교통부, 행정안전부 등 10개 부처와 함께 국민의 '생활 속에서 체감하는 공공디자인'을 주요 내용으로 하는 '공공디자인 진흥종합계획(2018~2022)'을 발표했다.

공공디자인 진흥 종합계획은 '공공디자인의 진흥에 관한 법률 제5조(공공디자인 진흥 종합계획의 수립 등)'에 의거하여 공공디자인의 문화적 공공성과 심미성 향상에 필요한 사항을 정함으로써 국가 및 지역정체성과 품격을 제고하고 국민의 문화향유권을 증대하는데 이바지하고자 수립하는 5년 단위 법정계획이다.

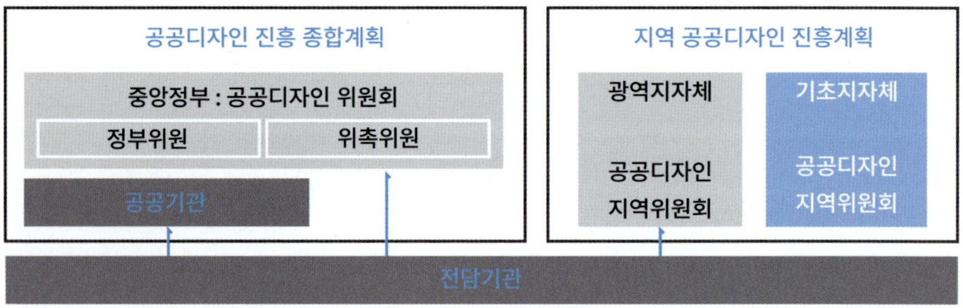

그림 20-3 공공디자인 진흥 종합계획 추진체계

제1차 공공디자인 진흥 종합계획은 부처별·지역별로 추진되던 사업과 정책을부처와 지역이 협력·연계하여 생활 속에서 체감할 수 있는 '안전하고 편리하고 품격 있는 삶'을 비전으로 제시했다.

계획의 기본 방향은 개별에서 협력으로 구조 변화, 물리적 환경 개선에서 서비스 지원 체계로 대상 확대, 관 주도에서 국민 주도로 주체의 변화, 이벤트에서 일상으로 효과의 변화, 재개발에서 재생으로의 접근 변화를 목표로 한다.

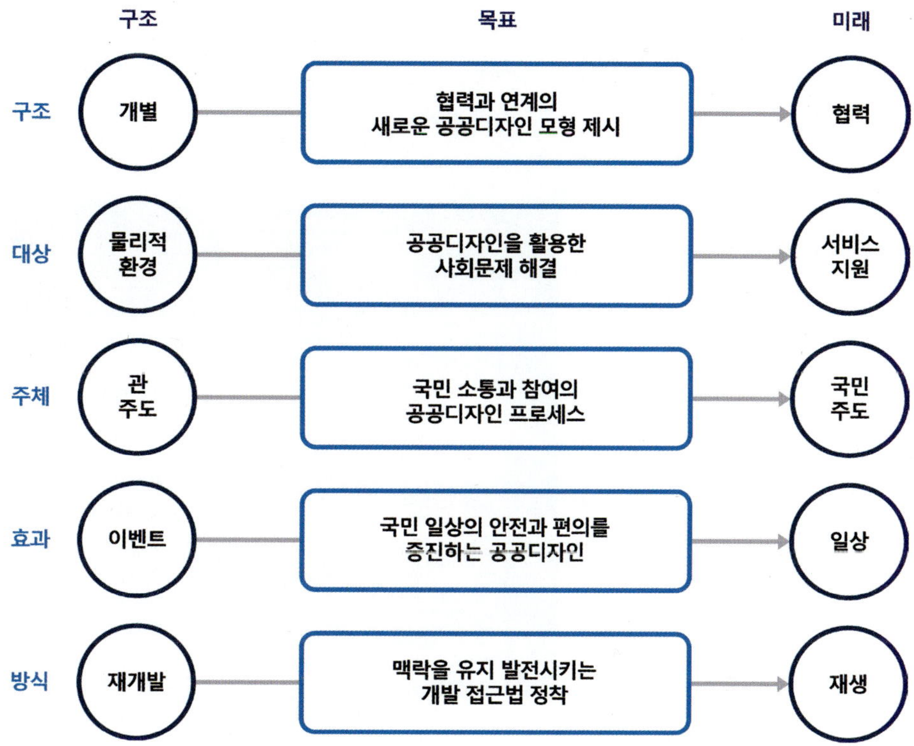

<출처: 관계부처 합동(2018). “제1차 공공디자인 진흥 종합계획(2018~2022)”. 10p.>

그림 20-4 계획 수립의 기본 방향

공공디자인 관련 제도

(재)한국공예·디자인문화진흥원은 공공디자인의 DB관리 및 정보 제공, 공공디자인 전문회사 관리 및 정보 제공, 공공디자인 전문인력 경력 지원 등 다양한 정보제공을 위한 플랫폼을 구축하고 공공디자인 종합정보시스템(https://publicdesign.kr/)의 시범운영을 거쳐 2019년 4월부터 공식 홈페이지를 오픈하여 운영하고 있다. 전문인력 자격을 갖추고 공공디자인에 관한 기획·조사·분석·개발·자문 등을 전문으로 하며 문화체육관광부령으로 정하는 기준에 해당하는 회사는 관할하는 시·도지사에 신고를 통한 공공디자인 전문회사 등록이 가능하다.

또한, 공공디자인 전문 인력에 관한 기준(문화체육관광부 고시 제2018-05호) 제2조에 따른 도시계획, 건축설계, 디자인, 미술, 조경설계 분야의 인력은 전문인력 발급신청을 통해 공공디자인 경력 증명서류를 발급받을 수 있다.

<출처: 공공디자인 종합정보시스템. https://publicdesign.kr/.(2019. 3. 14.)>

그림 20-5 공공디자인 종합정보시스템

그 밖에 공공디자인 진흥사업의 객관적 분석과 사업의 효율적 수행을 위한 평가 자료의 DB 구축 및 지속적이고 효율적인 공공디자인 통합관리를 위한 사후평가 시스템의 운영과 공공디자인 수준 향상과 품격 있는 도시를 위한 우수 공공디자인 인증제 등 다양한 공공디자인 관련 정보를 제공한다.

우수 공공디자인 인증제는 지자체별로 시행되고 있으며 서울특별시 우수 공공디자인 인증제, 경기도 공공시설물 우수 디자인 인증제, 충청남도 우수 공공시설물 디자인 인증제, 전라남도 친환경디자인 인증제(녹색 디자인 인증제)등이 있다.

20.4 공공디자인 거버넌스

협력을 위한 거버넌스(협치)

현대 사회에서 시민의 욕구는 높아지고 사회문제는 한층 다원화되었다. 시민이 공공정책에 무엇이 필요한지를 말하고, 어떻게 해결할지를 결정하는데 적극적으로 참여하기 시작한 것이다. 시민사회 영역에서 공공정책 참여 경험이 쌓이고 보다 주도적으로 개입하려는 욕구가 확장되면서, 국가주도와 시장중심을 넘어서는 대안적인 공공성 확보 시스템으로 거버넌스(governance, 協治)가 등장하게 되었다.[7]

참여도	참여자의 위상	주민모임과의 관계
높음	기획과 집행에서의 책임과 권한부여	지역문제의 분석, 활동계획의 수립과정뿐만 아니라 계획의실행에 있어서도 명확한 책임과 권한을 위임받아 수행
↑	의사결정권을 지님	문제분석과 활동계획 등을 수립하는 과정에서부터 참여하여 구체적인 계획을 함께 마련
	계획 단계에의 참가	활동계획 수립 때부터 참여해 그 내용을 검토하는 등의 역할 부여
	자문 담당자	분석한 문제나 활동계획 등에 대해 단순히 그 의사를 문의하고 참고하는 정도의 관계
	모임 담당자	계획한 활동에 이해관계나 욕구를 갖고 있는 사람들로, 1차적인 동원의 대상
낮음	단순 정보 수혜자	계획한 지역활동 계획이나 지역의 문제점 등에 대해 단순히 홍보 등을 통해 소식을 접하는 정도의 관계

<출처: 서울특별시 도시재생지원센터(2018). "도시재생 1단계 활동가 양성교육 이론교재_3강 주민공동체와 거버넌스의 이해". 서울특별시 도시재생지원센터. 8p.>

표 20-7 한국형 주민참여 단계

[7] 유창복(2017). "협치서울 기본교재". 서울특별시. 8p.

행정과 시민이 협업을 통하여 공공정책의 목표를 달성하는 과정이자 방법으로서의 거버넌스는 시민이 단순한 수혜자나 의견청취에 머물지 않고 공공정책에 관심을 가지고 정책결정에 적극 참여하는 것으로 민과 관이 함께 문제를 해결하는 구조이다.

또한 그 개념은 사회문제 혁신에 있어 기존 정부에 의한 일방적인 행정(government)을 시민사회 및 다양한 민·관 조직들의 활동으로 연계, 이양하여 이들의 참여와 협력을 통해 사회적 목적과 가치를 실현하는 개방적·자치적 행정시스템으로 정의할 수 있다.[8]

공공성 실현을 위한 거버넌스

세계의 도시들은 도시계획과 디자인 과정에 주민참여를 적극 활용하고 있다. 도시의 정책과 디자인 개발과정도 관주도에서 관민협력으로, 다시 민간주도로 변화하는 추세이다.[9]

법 또는 제도적인 장치의 유무에 따라 공청회, 공람, 설명회 등의 제도적 참여와 청원·진정·민원 등의 준제도적 참여 그리고 시위나 요구 등 비제도적 참여가있다. 제도적 참여의 방법은 직접참여, 간접참여, 공개참여로 나누어 볼 수 있는데 직접 참여에는 주민투표, 주민총회, 제안제도, 여론형성 등이 있고 간접참여에는 각종 자문위원회와 압력단체 및 선거를 통한 의사표현 등이 있다. 공개참여에는 주민 스스로 문제와 관심사를 논의하기 위하여 공개적으로 참여하는 것이다. 디자인이 일상생활에 문화처럼 자리 잡은 대부분의 선진국가는 공공성과 사회 혁신을 위한 정책적 요소로 디자인 거버넌스(design governance)가 국가행정과 함께 발전해 왔다.

사회가 복잡해지고 다원화될수록 단일한 실천 주제가 일방적으로 문제를 해결한다는 것이 매우 어렵기 때문에 국가의 공적 결정에 관계된 모든 대상은 사회문제를 해결하는 거버넌스의 주체이자 동시에 서비스를 제공받는 수혜자가 된다.

[8] 전영옥(2017), "북유럽 디자인 거버넌스의 사회혁신 패러다임 분석", 한국디지털정책학회.465p

[9] 권영걸(2010). "서울을 디자인한다". 디자인하우스. 282p.

디자인을 통한 문제해결

서울시는 다양한 사회문제 해결을 위한 디자인 우수정책 사업과 국내외의 성공사례 및 노하우 공유를 통한 사회문제 해결디자인의 바람직한 방향을 제시하고자 시민의 일상을 변화시키고 체감할 수 있는 구체적인 사례를 통해 공감대형성과 인식 확산 및 참여를 유도하고 있다.

디자인을 통한 문제해결 관련 사업으로는 인지건강디자인, 학교환경개선 컬러컨설팅사업, 디자인 거버넌스(디자인 민관협치), 스트레스 프리(Stress-Free)디자인, 청소년 문제해결디자인, 범죄예방 디자인 등이 있다.

<출처: 서울디자인거버넌스. https://design.seoul.go.kr(2019. 2. 6.)>

그림 20-6 디자인을 통한 문제해결

서울디자인 거버넌스

디자인 거버넌스란 다양한 주체들이 함께 소통하고 참여하여 공공의 문제를 디자인으로 해결해 가는 민관협력체계라고 할 수 있다. 시민이 직접 제안하여 사회문제를 발굴하고 시민, 전문가, 디자이너, 기업 등 다양한 주체들이 참여하여 디자인으로 문제를 해결해 나감으로써 모두가 공감하는 디자인 정책을 실현하는 과정이자 방법이다.

서울시 디자인거버넌스는 시민, 학생, 디자이너 및 다양한 분야별 전문가, 기업 등이 함께 참여하여 공공의 문제를 해결해 나가는 소통과 참여의 장으로 시민들의 자유로운 제안을 통해 시범사업 주제를 공모하고, 시민 투표를 거쳐 시범사업 주제가 선정된다. 모든 사업의 진행 과정과 결과는 서울디자인거버넌스(https://design.seoul.go.kr) 홈페이지에 공유되어 시민들의 피드백을 받고 자유롭게 확산되고 활용된다.

<출처: 서울디자인거버넌스. https://design.seoul.go.kr(2019. 2. 6.)>

그림 20-7 서울디자인거버넌스

2015년부터 디자인 거버넌스 사업을 추진하고 있는 서울시는 학생, 주민, 교수, 전문가, 프리랜서 등 다양한 분야의 참여자들이 모여 복잡 다양해지는 사회문제에 대해 실현 가능하고 실효성 있는 해결책을 마련하기 위해 노력하고 있다.

그림 20-8과 같이 추진절차와 모든 과정은 온라인 플랫폼을 통해 공유되며 각 거버넌스 주체 간에 심층적인 소통을 유도하고, 누구나 제안과 사업이 해결되어 가는 과정을 확인할 수 있다.

<출처: 서울디자인거버넌스. http://design.seoul.go.kr/sdg(2019. 2. 6.)>

그림 20-8 서울디자인거버넌스 추진절차

글을 마치며

이와같이 공공디자인 거버넌스는 기관, 기업, 지역 등 다양한 주체들이 함께 공공의 문제를 해결해 나가는 과정으로 법과 조례 등 제도적 장치를 마련하여 보다 체계적인 지원이 요구된다.

PART 7 공공디자인 진흥전략

21. 공공서비스 디자인 전략

21.1 서비스디자인의 등장

한국에서의 디자인

'디자인'이라는 용어가 가지는 매력이 대단한가 보다. 미국의 많은 MBA에서 디자인 과목을 개설하거나 포함하고 있는 것은 디자인이 가지고 있는 매력을 간파했기 때문일 것이다. 대부분의 선진국이 산업사회나 정보사회를 넘어 서비스 사회까지 고도화되고 있는 상황에서 다시 '디자인'에 주목하는 이유가 무엇일까?

'디자인'이라는 용어가 가지는 매력에는 크게 두 가지 의미가 내포되어 있다. 명사로서의 의미와 동사로서의 의미 두 가지가 있는데, 이 두 가지 모두 '혁신과전략' 그리고 '매력적인 결과물'을 내포하고 있기 때문일 것이다. 특히 무형성(Intangible)의 서비스 영역을 실체화(embodiment)하기에 '디자인'만큼 적합한 분야가 없을 것이다. 또한 '디자인'을 개념의 결과물로만 보지 않고 기획의 초기단계에 참여시키면 '혁신의 기회'가 많아진다는 것 또한 경영의 관점에서 아주 매력적인 요소일 것이다.

그러나 한국에서 디자인은 외형만을 예쁘게 치장하는 개념으로 널리 인식되어온 것이 사실이다. 필자가 공부하던 시절만 하더라도 한국디자인진흥원의 전신은 '한국디자인 포장센터' 라는 이름으로 1970년 4월에 당시 상공부장관의 설립승인으로 만들어진 기관이었다.

산업부가 인식한 디자인은
제품을 만들어 '포장' 하는것을
'디자인'으로 인식하고 있었다.

제3공화국 시절 우리 상공부가 인식한 디자인은 제품을 만들어 그것을 포장하는 것을 '디자인'으로 인식하고 있었던 것이다. '디자인포장센터'라는 이름은 이후 **사람들의 인식을 포장, 또는 예쁘게 치장하는 것으로 고정관념화하는 것에 적지 않은 영향**을 주었다.

지금은 '한국디자인진흥원'이라는 이름으로 바뀌어 디자인을 통한 산업발전과 사회혁신 모델에도 다양한 역할을 시도하게 되었다. 무엇보다 다행인 것은 디자인을 산업성장의 중요한 요소로 보고 국가와 기업차원에서 적극적으로 활용하고 있다는 것이다.

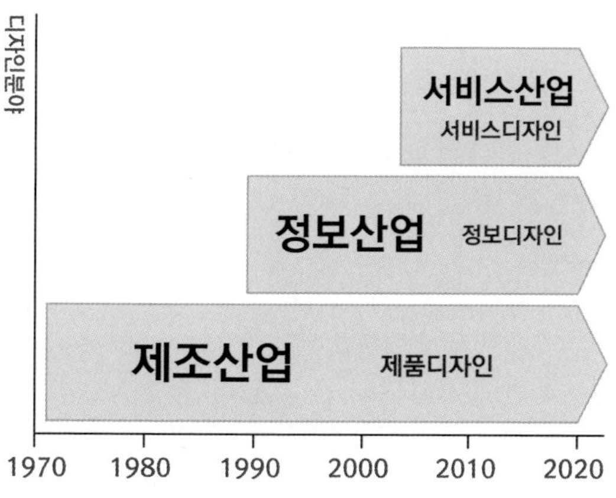

그림 21-1 산업변화에 따른 디자인 분야의 등장

그림 21-1에서와 같이

한국의 고도성장기인 제조산업 경제시기에는 제품 디자인, 패키지 디자인과 같이 제품의 경쟁력 강화를 위한 스타일링(Styling)으로서의 디자인이 매우 중요한 시기였다. 이 시기는 제조기업들이 디자인을 전략적으로 활용하여 제품의 부가가치를 높이는 시기였고 '스타일링'이 디자인의 중요한 가치가 되었다. 90년대 들어서면서부터는 ICT를 기반으로 한 정보통신산업이 국가경제에 매우 중요한 산업으로 자리매김하면서 디자인 역시 ICT 산업에 기여할 수 있는 HCI 기반의 다양한 디자인 분야가 발전하게 되었다.

GUI(Graphics User Interface), Interaction Design, UI(User Interface), UX-(User Experience) 등 보이지 않는 데이터를 디자인하는 '정보디자인'이 디자인의 한 영역으로 발전하게 되었다.

그동안 산업의 후발주자로서 선진국의 성장 모델을 따라하던 패스트 팔로워(Fast Follower)에서 이제는 더 이상 따라할 모델이 없고 스스로 길을 개척해야 하는 퍼스트 무버(First Mover), 즉 선발주자가 되어야 하는 단계에 와 있는것이다. 이렇듯 우리 산업 모델이 복합화되고 그에 따라 사회구조 역시 다양한 형태로 진화하고 있는 것이다.

사회구조가 고도화 되고

복잡할수록 다양한

사회문제들이 함께 대두되고 있다.

사회구조가 고도화 되고 복잡할수록 다양한 사회문제들이 함께 대두되고 있다.

수출의 한계를 극복하고 일자리 문제를 해결하기 위해 일자리 비중이 큰 서비스 산업을 성장시켜야 한다는 요구, 창업을 장려하고 실패에 따른 위험 요소를 사회가 책임지는 사회 안전망의 확대, 수도권 중심에 몰려 있는 산업생태계의 지역 분산화, 신도시 중심 지역개발의 한계를 탈피하고 기존 도심의 슬럼화를 방지하며 이미 가지고 있는 다양한 지역의 자원을 기반으로 경제 활력 회복등과 같은 지역재생 문제들이 드러나고 있는 것이다.

또한 초고령화 사회 진입을 앞두고 있는 상황에서, 우리 사회가 감당해야 할 노인복지의 한계, 공동체적 가치와 보편적 혜택으로서의 공공의료 범위와 의료산업의 성장한계 등, 다양한 사회문제들이 증가하고 있다.

결과적으로 우리는 산업적인 측면의 발전 단계와 그에 따른 사회적인 측면 모두에서 혁신을 통한 새로운 성장모델이 필요한 것이다. 이러한 기업의 혁신을통한 경쟁력 제고의 방법으로서, 또 고도화 되고 있는 **사회문제를 해결하는 디자인으로 '서비스디자인'이 등장하게 된 것이다.**

서비스디자인 등장

서비스디자인은 이미 오래전부터 영국을 시작으로 사회문제해결과 혁신을 위해 디자인 프로세스로 문제를 해결하는 과정에서 체계화되고 고도화된 디자인 방법으로 특정한 분야에 종속되지 않는 총체적인 접근을 하나의 디자인 분야로 명명한 것이다.

영국은 대처수상의 '국영기업의 민영화' 등 정부혁신을 통한 영국병 치유의 일환으로 많은 사회문제들에 디자인 방법론을 활용하면서 '서비스디자인' 방법론이 발전하게 되었다.
이러한 디자인적 문제해결 방법론을 1991년 독일 미하일 엘로프 Michael Erlhoff 쾰른대학교 KISD(Köln International School of Design) 교수가 1991에 '서비스디자인'을 디자인의 한 분야로 소개하면서 본격적으로 사용되기 시작하였다.

공공분야에서는 2004년부터 2007년까지 영국의 디자인 카운슬에서 RED 프로젝트를 통해 미래형 공공서비스 창출을 목적으로 디자인적 사고에 입각해 사회적 문세에 대한 새로운 사고 패러다임과 해결 방법을 시도하였다. 이후 2007년부터 2년 간격으로 영국의 주요 5개 지역을 대상으로 하였으며 총 10년 계획으로 시작된 Dott07 프로젝트로 발전하였다. Dott07 프로젝트에서는 영국의 디자인이 삶의 질 향상을 위해 어떤 역할을 할 수 있을지 시민들이 직접 체험을 통해 인식할 수 있도록 하였다. 첫 번째 프로젝트에서는 북동부 잉글랜드에서 1년간 다양한 행사와 이벤트를 통해 '소비를 줄이는 것이 더 나은 생활을 가져오지 않을까?'라는 주제로 이동, 에너지, 학교, 건강, 식량이라는 이상 생활에서의 다섯 개 분야를 개선하기 위해 실제적인 실험을 실시했다.

이 프로젝트는 600만 파운드, 110억 원에 달하는 예산이 투입되었으며, 여섯개의 서비스디자인 기업이 참여한 대표적인 공공서비스 디자인 프로젝트였다. 이러한 서비스디자인을 활용해 사회 문제 해결을 시도한 성과는 국내에서도 많이 소개되고 연구되기 시작하였다.
미국의 혁신기업 아이데오(IDEO)는 유사한 디자인 띵킹 방법으로 BOA(Bank of America)의 ' 킵터체인지(keep the change)라는 예금 상품이나 '아셀라(Acela) 고속철도 프로젝트' 등을 통해 수요자 경험기반의 총체적 접근이 얼마나 중요한지 잘 보여 주었다.

세계적인 변화에 따라
'서비스디자인'
전문회사 신고분야에 신설되다.

이러한 세계적인 변화에 따라 국내에서도 서비스디자인의 중요성을 인식하여 〈산업디자인진흥법〉을 일부 개정하여 산업디자인 전문회사 신고 분야에 '서비스디자인'을 신설하였으며 2015년 7월 부터 시행하였다. 개정안에서 핵심적인 사항은 제2조에서 다음과 같이 정의하였다.

"이 법에서 '산업디자인'이란 제품 및 서비스 등의 미적·기능적·경제적 가치를 최적화함으로써 생산자 및 소비자의 물질적·심리적 욕구를 충족시키기 위한 창작 및 개선 행위(창작·개선을 위한 기술 개발 행위를 포함한다)와 그 결과물을 말하며, 제품디자인·포장디자인·환경디자인·시각디자인·서비스디자인 등을 포함한다."

이처럼 〈산업디자인진흥법〉에서도 '서비스디자인'을 하나의 디자인 분야로 인정하고 적극적으로 산업에서 활용하도록 독려하고 있는 것이다. 이러한 현상은 그동안 디자인의 영역이 가시적인 영역 Visible Area에 중심을 두고 이루어져 왔다면 최근에는 비가시적 Invisible Area 영역인 체험 중심의 서비스 영역까지 디자인을 통해 전달되기를 요구받고 있기 때문이다. 이제 전통적인 제품영역에서도 서비스를 포함한 총체적인 서비스가 이루어지지 않으면 경쟁력을 가질 수 없게 된 것이다.

21.2 공공서비스 디자인

공공디자인의 정의

일반적으로 '공공디자인'이라고 할 때 떠오르는 생각은 '공공시설물'에 대한 디자인을 의미한다고 볼 수 있다. 그동안 이루어진 공공디자인 분야도 대부분 '공공시설'을 기반으로 이루어진 것이 사실이다. 공공시설을 먼저 정의하면 "공공시설은 도시민의 공공생활과 도시의 경제·사회활동을 원활하게 지원하기 위하여 정부 및 지방자치단체가 설치하는 시설과 민간이 정부의 지원이나 또는 자력으로 설치하는 시설로서, 도시 전체의 발전 및 기타 시설과의 기능적 조화를 도모하도록 법정 도시계획에 의해 설치되는 도시계획시설이다."(도영준, 1999) 로 정의할 수 있을 것이다.

그러나 단순하게 공공시설물의 디자인만을 공공디자인이라고 정의하기에는 너무 협의의 의미로 축소된다. '공공성'에 대한 정의를 별도로 언급하지 않더라도 보다 적극적인 측면에서의 접근이 필요하다.

그림 21-2 보이는 디자인과 보이지 않는 디자인

2011년 출간된 책 〈공공디자인 행정론〉에서 공공디자인(Public Design)은 공공의 이익에 봉사하는 디자인을 통해 사회구성원 모두의 행복한 삶과 고른 문화 향수의 기회를 추구한다. 공공디자인은 무엇보다 하나의 태도이며 입장이며, 그것은 늘 '사회구성원 모두를 위한 세상 만들기'에 초점이 맞춰져 있다.

공공디자인은 공적 영역의 문화적 가치와 사회적 가치의 디자인적 조정 및 조율을 목표로 한다. 공공은 소통이며, 디자인은 가치를 지향하는 특성을 지니고 있다. 즉, 이 두 가지를 조화롭게 결합시켜 주는 행위가 바로 공공디자인이다. 구체적으로 서술하자면, '국가와 수많은 사회 구성원 간의 관계맺음에 연관된 그 무엇', 혹은 '그러한 결과로 이루어진 것', 그리고 '관계맺음의 주체가 향유하는 대상의 가치를 향상시키는 작업'이 곧 공공디자인이다. 좀 길고 복잡하지만 '공공'이라는 정의는 차치하고 "공적 영역의 주체가 향유하는 대상, 즉 문화적, 사회적 가치를 향상시켜 구성원 모두가 혜택을 보는 모든 디자인 활동"을 공공디자인이라고 할 수 있을 것이다.

공공디자인의 영역

공공디자인은 주로 도시를 기반으로 이루어져 왔다. 역사적으로는 콜로세움과 대중목욕탕 및 광장과 도로 등 다양한 형태의 공공시설들이 있었으며 이를 설계(Design)하는 것이 공공디자인의 시작이었다. 이어 도시의 성장과 더불어 '도시경관'이라는 개념이 생겨났으며 자연스럽게 가로, 광장, 공원, 친수공간, 전면공지와 같은 공공공간 부분이 필수적으로 공공디자인의 영역에 해당되게 되었다.

공공디자인의
영역이
확장되었다.

또한 공공건축 부분도 도시경관에 있어 매우 중요한 부분이 되었다. 각 지자체에서 시민과 근접하게 행정을 펼치고 있는 동사무소·구청·구립이나 시립 도서관과 스포츠센터 등 다양한 행정, 문화시설과 복지공간, 교육, 의료, 교통시설과 같은 공공건축물도 공공디자인 영역으로 확장되었다.

서울시에서 추진중인 '찾아가는 동사무소' 사업 역시 시민을 위한 복지와 근무환경 개선사업이기도 하지만 공간디자인을 개선 함으로써 민원인들과 행정의 공무원들 간의 접점을 어떻게 효율적으로 만들 것인가에 대한 적극적인 공공디자인 활동이라고 볼 수 있다.

공공서비스 디자인의 영역

영역 분류	세부 대상 항목	관련 부서 예시
공간 디자인	· 도시경관(Landscape) : 일정한 공간단위의 통일적인 외관 · 공공건물 : 관공서외 공공 문화시설 등 · 도로 : 인도와 차도 등 교통공간 · 개방공간(Open Space) : 공원, 광장, 녹지 등 · 역사 공간 : 궁묘능원 등 문화유산과 전통거리 · 특별지역 : 문화, 관광 등 특별 지정 지역 · 도시색채계획 · 야간조명계획	도시과 도시개발과 건축/주택과 문화재과 도시관리과 공원녹지과 등
시설물 디자인	· 가로 시설물 : 가로에 설치되는 각종 장치물 · 기타 공공시설물 및 개방공간에 설치되는 상치물	교통과 문화예술과 관광과 등
이미지 · 정보디자인	· 지자체 상징물 : 각종 국가 문장과 정부 기관의 표지 · 지자체 행사 상징물 : 국가 의례, 국제 행사 등의 상징물 · 지자체 정보시스템 : 정부 홈페이지 등 온라인과 오프라인 정부시스템 · 지자체 간행물과 포스터 : 각종 홍보물과 캠페인 포스터 · 지자체 상징물 : 지자체 CI와 지역 축제 관련 상징물 등 · 교통안내시스템 : 도로 표지판, 신호체계 등 · 관광정보시스템 : 각종 관광정보시스템과 관광지안내판 등 · 옥외 광고물: 간판, 전광판 등 각종 옥외설치 광고물	기획/홍보과 총무과 문화예술과 관광과 도시개발과 광고물관리과 도로과 등

<출처: 지자체 디자인행정매뉴얼, (2007, 한국디자인진흥원 내부자료 수정 및 보완)>

표 21-1 기존 공공디자인의 영역

서비스디자인의 정의에 대해서 위키피디아에서는 “서비스디자인은 서비스 제공자와 고객, 고객 경험 사이에 질을 높이기 위해 사람과 인프라 및 커뮤니케이션 또한 서비스를 구성하는 물질적인 것을 계획하는 활동”이라고 정의하고 있다. 그러나 필자는 서비스디자인의 개념이 아직도 진화하고 있는 과정이라고 본다. 학계, 산업계, 유관연구소 등에서 다양한 관점의 정의를 내리고 있다는 것이 그 반증일 것이다.

공공서비스디자인 역시 아직은 명확한 ‘정의’가 되지 못했다고 하는 것이 맞을것이다. 영국의 디자인카운슬, 핀란드의 준 정부기관으로서 수년간 ‘정부를 위한 디자인 연구’를 수행해 온 시트라의 전략 디자인 유닛, 덴마크의 준정부기관인 마인드랩(Mind Lab), 호주의 사회혁신 센터인 택시(TACSI) 등 디자인을 공공정책과 사회혁신에 전략적으로 활용하고 있는 정부 및 준정부 기관들에서도 다양한 개념적 정의를 내리고 있다.

한국디자인진흥원에서도 기존 산업을 위한 디자인의 범주에서 벗어나 공공디자인 영역에도 적극적인 역할을 찾고 있다. 대표적인 활동이 산업부와 행자부가 공동으로 진행하고 있는 '국민디자인단'이다. 이렇듯 최근의 상황은 디자인을 통해 복잡한 사회문제를 창의적으로 해결하기 위한 사례들을 만들어 내고 있는 단계라고 할 수 있다.

기본적으로 공공서비스디자인은 공공정책을 효과적으로 설계하기 위한 전략적인 디자인 개념이다. 이는 공공정책 및 공공분야의 서비스를 구상하고 개발·전달하는 과정 전반에 서비스 디자인 방법을 적용하는 것을 의미한다. 따라서 공공서비스디자인은 물리적 디자인 결과물보다 공공정책을 설계하는 디자인 방법이라고 할 수 있다.

핀란드 Sitra의 전략디자인 부사장인 마르코 스테인버그 Marco Steinberg는 "전통적인 디자인이 사물의 형태를 규정한다면, 새로운 디자인은 의사결정의 형태를 규정한다."라고 주장했다. 이 맥락과 같이 기존의 다양한 공공행정과 사회문제를 접근하는 정책의 설계 방법에 디자인을 도입해 적극적으로 활용하고 있는 것이다.

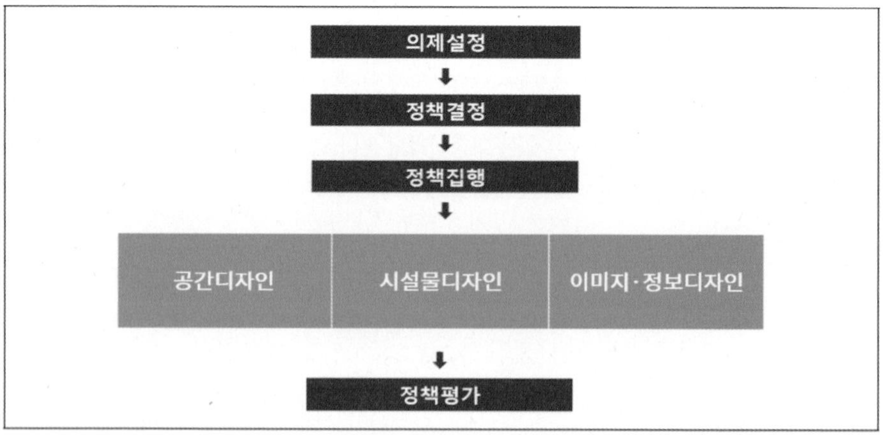

그림 21-3 기존 공공영역에서의 디자인의 활용

그림21-3에서와 같이 기존 디자인의 활용 범위가 공간, 시설물, 시각매체, 색체 등에 국한하여 정책의 집행 단계에서 주로 있었다면, 공공서비스 디자인은 누구를 위하여 무엇을 왜 해야 하는가로부터 접근하는 디자인 방법인 것이다.

따라서 이전 그림에서와 같이 정책의 집행 단계가 아닌 정책의 의제를 설정하거나 정책의 결정단계에 적극적으로 개입하여 정책을 효과적으로 설계하고 정책목표를 효과적으로 달성하기 위한 전략적 실행방법이라고 할 수 있다.

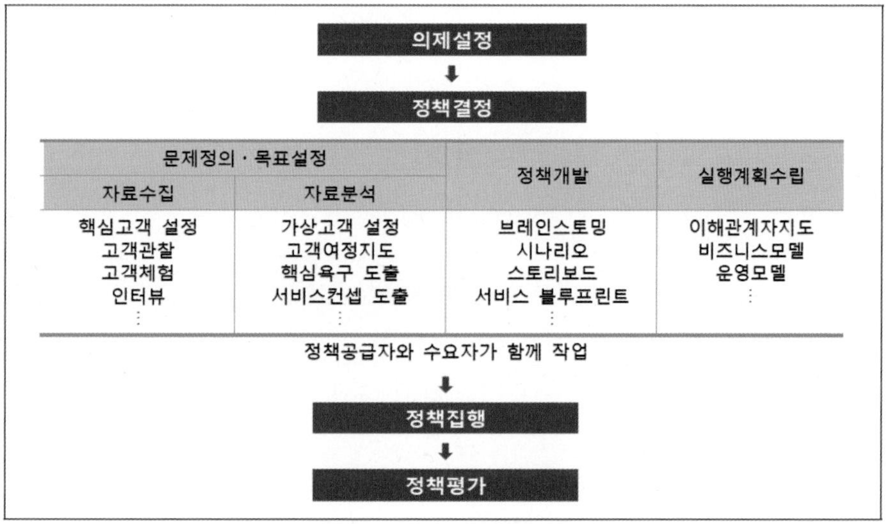

출처 : 공공서비스디자인 사용설명서. 안행부 등, 2014

그림 21-4

공공서비스 디자인의 가치

2013년 한국디자인진흥원에서 발행된 책 〈공공정책, 책상에서 현장으로〉에 나와있는 공공서비스 디자인을 수행했을 때 얻을 수 있는 가치가 무엇인지를 다음 다섯가지로 소개하고 있다.

1.

첫째, 정책목표를 효율적으로 달성할 수 있도록 한다.

아래의 표에서 보는 바와 같이 전통적인 공공디자인이 정책의 집행단계에서 집행이 되고 그에 따라 많은 자원이 집행의 단계에서 쓰여졌다고 한다면, 공공서비스 디자인은 정책의 형성 단계에서부터 공급자 중심이 아닌 수요자 중심에서 그들의 요구사항을 파악하고 이해관계자들의 총체적인 문제해결 접근을 통해 실질적인 문제해결을 적은 예산을 통해서 구현할 수 있다는 장점이 있다.

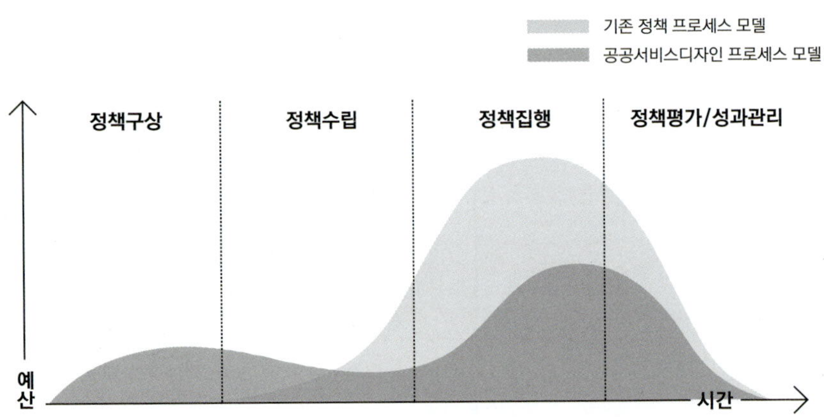

<출처: 공공정책 책상에서 현장으로 산업통상자원부, 한국디자인진흥원>

그림 21-5 기존 정책 프로세스 모델의 예산이 소요되는 유형과 공공서비스디자인 프로세스 모델의 예상 소요 예상 유형 비교

2.

둘째, 수요자 중심의 접근 방법을 통해 맞춤형 공공 서비스가 실현될 수 있다.

서비스디자인 방법은 수요자의 니즈를 파악하고 그에 적합한 정책을 추출하고 설계하는 데 핵심적인 역할을 한다. 수요자의 경험을 통대로 정책을 설계하고 실제화하기 때문이다.

3.

셋째, 현장과 이해관계자들은 생태계를 고려한 정책 아이디어를 설계한다.

협력적 디자인 기술은 다양한 현장 인력의 지식을 활용할 수 있도록 한다. 창의적인 협력 워크숍을 통해 다양한 이해관계자의 욕구를 찾아내고 현장의 아이디어를 바탕으로 현실적이고 실현 가능한 정책 아이디어를 도출하기 때문에 그만큼 정책의 성과와 지속가능성 또한 높일 수 있다.

4.

넷째, 수요자가 정책의 비전 제시 역할을 할 수 있다.

디자인 사고방식과 도구들을 활용하여 수요자들 스스로 우리 삶의 미래 비전과 시나리오를 구상하도록 하고 이를 토대로 필요한 정책을 설계하기 때문에, 기존 정책에 비해 동기부여가 명확하며 정책 집행의 참여율과 성과가 높게 나타난다.

5.

다섯째, 프로토파이핑을 통해 정책집행에 대한 리스크관리가 가능해진다.

대규모 예산이 집행되기 전에 작은 규모의 프로젝트에 적용해볼 수 있어 문제점을 개선하고 위험요소를 줄일 수 있다.

적용분야	민간부문		공공부문
	제조산업	서비스산업	
기존 디자인 역할	산업디자인	산업디자인	공공디자인
새로운 디자인 역할	제조산업의 서비스화를 실현하는 방법론	서비스산업 선진화 방법론	공공서비스를 수요자 중심으로 혁신함으로써 사회문제를 해결하는 방법론
양적 확대전략 (예)	Future Envisioning, 제조서비스모델 시범사업, 수요기업 인식확산	Future Envisioning, Biz모델 시범사업, 수요기업 인식확산	공공서비스디자인 사업, 인식확산(워크숍, 세미나)
질적 고도화전략 (예)	중소기업 인력지원, 선행디자인조직, 기획시 디자인역할 강화, 적용방법 개발	중소기업 인력지원, 서비스디자인팀 운영지원, 적용방법 개발	공공정책기획/운영 절차 개선, 표준모델 개발, 제도화 공공디자인 절차 개선, 제도화, 디자인감리/평가 시장 개척

표 21-2 수요시장별 서비스디자인 적용 전략

21.3 공공디자인 전략의 필요성

공공환경의 변화

국경 없는 세계화로 인해 민간기업의 경쟁만큼이나 국가간 경쟁이 치열해지고있고 도시 간의 경쟁도 어디가 더 경쟁력 있는 도시인가를 두고 경쟁하고 있다.
매년 다양한 기관에서 자기 나름의 지표를 기반으로 국가 또는 도시의 경쟁순위를 발표하고 있다. 또한 국가 내에서도 지역 간 경쟁은 날로 치열해지고 있다. 도시와 지자체의 이런 변화는 다음 세 가지 원인이 있다.

첫째, 선거를 통한 민선지자체장이 탄생되면서 정책이 경쟁의 한 요소로 작용했다는 것이다. 선거시에 공약하는 공약의 내용부터 정책의 집행까지 '표'를 의식하지 않을 수 없기 때문에 수요자 중심적인 정책과 실행을 염두에 둘 수밖에 없다.

둘째, 사회 환경의 변화에 따라 지자체 역시 경쟁하는 시대로 접어들었다는 것이다. 지자체간 주민을 유치하고 새로운 일자리를 만들기 위해 다양한 노력들을 기울이고 있다. 이것을 단순하게 정의하면 '세금 확보'를 위한 생존경쟁에 돌입했다는 것을 의미한다. 이 배경에는 지역 주민이 지자체를 떠나면 지자체 역시 소멸될 수 있다는 위기감이 있는 것이다.

셋째, 사회가 고도화되면서 수요자의 욕구를 공급자가 책상에 앉아서 파악하기란 정말 쉽지 않기 때문이다. 민간부문에서 확산된 '고객이 왕이다'라는 구호는 단지 민간부문에서 그치지 않고 공공부분에서 확산되이 까다로운 수요자, 즉 '시민'에게 맞춰진 정책이 만들어지고 있는 것이다. 이러한 관점에서 수요자중심적 접근방법인 서비스디자인은 매우 유용하다.

공공서비스디자인 전략의 필요성

공공서비스디자인은 전략적으로 단순히 디자인 영역에 국한된 것이 아니라 그 본질적 분야의 전략을 파악하고 있어야만 가능한 영역이며 그것에 부합되게 계획이 진행되어야 하는 모든 '전략'의 기본 개념이다. 디자인 분야에서는 다양한 전략이 필요하며,
공공정책에서 사용할 수 있는 디자인 전략이 '공공서비스디자인' 이다. 수요자 중심의 관점에서 다양한 상위법이나 관련법들과 정합성을 유지하면서 의제와 정책을 결정하고 어떻게 목표를 달성할 것인지를 설계하는 것이 공공서비스 디자인 전략이라고 할 수 있다.

디자인 전략 중에서도 서비스 디자인 전략은 매우 포괄적인 영역을 다루고 있다. 브랜드 전략과도 유사하지만 브랜드 경험 전략과 서비스 시스템 부분까지 고려한 영역이라고 봐야 할 것이다.

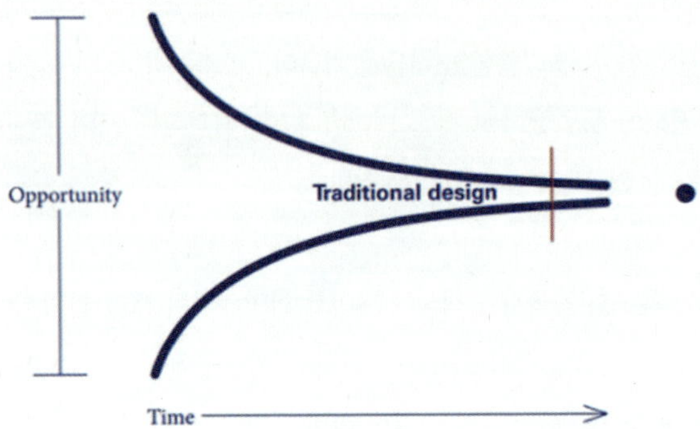

그림 21-6

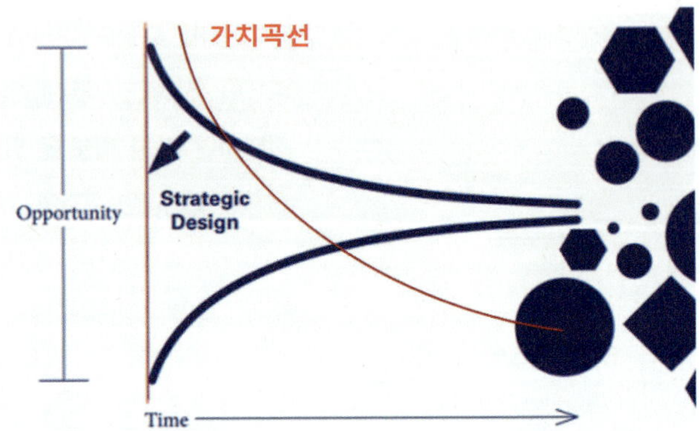

그림 21-7

일반적인 디자인 영역은 공공행정 영역의 끝단에서 진행되는 것이 대부분이다.

위의 그림에서 보는 바와 같이 전통적인 디자인은 실행단에서 디자인이 활용되기 때문에 그 활용의 방법과 디자인의 가치를 발현한 기회가 제한적일 수밖에 없다.

그러나 서비스디자인 전략은 행정 서비스의 앞 부분에서부터 함께 진행된다. 특정한 지자체장이 지역민의 욕구를 파악해서 공약한 내용이 있고 그 지자체장이 당선이 되었다면 시민들은 그 공약이 실현되기를 기대할 것이다.

중요한 것은 그 공약의 방향이 맞는다면 구체적인 실천 전략이 필요할 수 있다. 따라서 기존의 유사정책이나 상위법, 관계법들을 함께 살펴보고 서비스디자인 전략을 수립하고 실천해야 한다.

그림 21-7에서 보는 바와 같이 공공서비스 디자인은 전통적인 디자인보다 앞단인 수요의 발굴시점부터 역할을 할 수 있다. 이 지점에서 바로 '전략'이라는 개념이 주요하게 대두되는 것이다.

공공서비스 디자인 전략은 정책의 집행단계에서 공공디자인이 활용되는 것이 아니라 **의제의 수립과 정책결정단계에서 활용되기 때문에 높은 가치를 발휘**할 수 있는 것이다. 정책의 앞단으로 올수록 다양한 기회를 확보할 수 있기 때문이다. 그림21-4에서 언급한 내용과 같은 개념인 것이다.

최근 디자인진흥원에서
적극적으로 '국민디자인단' 활동을 통해
공공서비스디자인 영역을 적극적으로 활용한다.

공공서비스 디자인의 지향점

서비스디자인의 특성으로 인해 전략적인 위상이 기존의 공공디자인에 비해 높을 수밖에 없다. 그럼에도 비가시적이라는 측면과 결과물이 모호한 과정 중심이라는 한계로 인해 그 가치를 제대로 인정받고 있지는 못하다. 다행인 것은 최근 디자인진흥원에서 적극적으로 '국민디자인단' 활동을 통해 공공영역에서 서비스디자인을 적극적으로 활용해 나가는 사례를 만들어 나가고 있다는 것이다.

디자인 진흥원에서는 이런 공공서비스디자인의 '확장전략' 뒤에 '고도화전략'을 진행할 계획이다. 또 한편으로는 문화체육관광부를 중심으로 공공디자인 진흥종합계획을 수립하고 공공디자인 진흥을 위한 법률 제도 개선에 나서고 있다. 특히 '안전하고 편리하고 품격있는 삶'이라는 비전을 제시하고 목표로는 '생활 속에서 체감하는 공공디자인'을 설정했다. 추진 전략으로는

① 생활 안전을 더하는 공공디자인
② 모든 이를 위한 공공디자인
③ 생활편의를 더하는 공공디자인
④ 생활품격을 높이는 공공디자인
⑤ 기초가 튼튼한 공공디자인

등 다섯 가지를 추진전략으로 수립하여 진행하고 있다. 이러한 공공디자인 분야는 그 해당 부분의 의제를 설정하는 단계에서부터 서비스디자인 방법을 활용하여 접근하는것이 필요한 분야들인 것이다.

공공서비스 디자인과 공공디자인이 대립관계이거나 어느 것이 어느 것을 포함하고 있다거나 하는 이분법적인 사고는 불필요하다. 단순하게 정의한다면 기존공공디자인의 가치를 높이고 그 가능성을 확대시키기 위해 꼭 필요한 것이 공공서비스 디자인이기 때문이다.

우리가 이를 보다 전략적으로 활용하여 사용한다면 수요자인 국민에게 보다 많은 혜택을 제공하게 될 것이라고 확신한다. 결국 전략적인 디자인이라는 것은 공급자와 수요자를 포함하는 이해관계자 모두 를 승리자로 만들어 주는 디자인이기 때문이다.

찾아보기

ㄱ

강조법(Emphasis method) 254
거버넌스(governance, 協治) 409
건축디자인 자문제도 198
건축물 입면(Building Wall) 149
골목길 자본론 175
공간환경(空間環境) 264
공공 공간(公共空間) 264
공공 공간(Public space) 240
공공 공간 조형디자인 240
공공디자인(Public Design) 393
공공디자인 가이드라인 305
공공디자인 정책 21
공공디자인 진흥 뱅크(Public Design Bank) 387
공공매체 디자인 18
공동체성 245
공적 영역(public territory) 241
국가건축정책위원회 148
귬리 자유공원(Gyumri's Freedom Square) 371
근대골목 투어 205
기반구축 프로세스 30

ㄴ

네르비온강 174
네이밍(naming)하기 88
뉴어바니즘(New Urbanism) 166

ㄷ

대중교통전요지구 151
대중교통전용지구 152
도서관 버스(Bieb Bus) 280
도시디자인 관리체계 198
도시재생(urban redevelopment) 139
도시재생 뉴딜 사업 185
도시재생사업 182
도심 공공조형물 214
독자성(Originality) 378
되먹임(Feedback) 337
드로잉(Drawing) 350
디자인 거버넌스(designgovernance) 410

ㄹ

리사이클링 디자인(Recyling-Design) 388

ㅁ

마다니프(Madanipour) 147
마이클 왈저(Michael Walzer) 147
마인드랩(Mind Lab) 421
물성(materiality) 248
미러시트(mirror sheet) 82

ㅂ

뱅크사이드(Bankside) 발전소 281
버내큘러 디자인 258
버스도착 안내서비스(BIT) 154
범죄예방 환경디자인(CPTED) 101
보행 도시(Walking City) 136
보행로면(Ground Plane) 149
보행장애물 44
뷰캐넌(Buchanan) 116
브라이언 파크(Bryant Park) 261
블루오션(blue ocean) 220
비장소(non-place) 372

ㅅ

사인(sign) 294
사적인 영역(private territory) 240
사회적 활동 240
사회적 활동(social activities) 173
상징기능 301
색채디자인 252
생활밀착형 도시정책 182
샤렛(Charrette) 352
서울디자인 거버넌스 412
선택적 활동(optional activities) 173
선택적 휴식활동 240
셉테드 원리 102
소셜 플랫폼(Social Platform) 370
소셜 플랫폼 디자인 364
소프트 시티(Soft City) 399
스마트로드숍 156
스트레스 프리(Stress-Free) 디자인 411
스티글러(George Stigler) 268
시뮬레이션(simulation) 129
식별기능 302
실체화(embodiment) 414
심미성(Aesthetic Impression) 246
씨그랜트(Sea Grant) 232

ㅇ

아름다운 버디베어(United Buddy Bears) 372
아이덴티티 16
아이디어 스토어(Idea Store) 371
아카이브(Archive) 388
아크로스 후쿠오카 277
안내 사인 10원칙 328
안전도시(CPTED) 31
안전디자인 81
알코브(alcove) 41
앨빈 토플러(Alvin Toffler) 232
에콜데 보자르(Ecole deBozzare) 352
오스카 뉴먼(Oscar Newman) 170
원도심 도시재생사업 182
유니버설 디자인 307
유니버설 디자인(Universal design) 377
유니버설 화장실 61, 68
유니버설 디자인 16
유효거리 42
유효높이 43
융화법(Harmony Method) 254
인클루시브 디자인(Inclusive Design) 377
읽기 쉬운 런던(Legible London) 136

ㅈ

자연적 감시 102
자연적 접근통제 102
장소 만들기 엑스포(Placemaking Expo) 371
장소 만들기 운동 371
장소 특정적인(site-specific) 372
잭슨(Jackson) 147
정서의 구조(structure of feeling) 365
제인 제이콥스(Jane Jacobs) 167
제임스 밴스(James Vance) 139
조형디자인 252

ㅊ

차로면(Roadside) 149
창공면(Canopy) 149
창의 밀도(transparency) 149
청라언덕 205

ㅋ

캐노피(canopy) 83
커뮤니케이션(Communicator) 226
컬래버레이터(Collaborator) 226
케빈 린치(Kevin Lynch) 147
코디네이터(Coordinator) 226
코리더(corridor) 247
콜라주(Collage) 350
크라이스트처치(christchurch) 169
클럽재 268
킥 플레이트(kick plate) 53

ㅌ

테이트모던 갤러리(Tate Modern Gallery) 281
통신주용 브라켓(bracket) 86
통합 마스터플랜 190
특화디자인 318

ㅍ

팔로알토 173
패스트 팔로워(Fast Follower) 416
퍼블릭 디자인 페스티벌(Public Design Festival) 377
퍼스트 무버(First Mover) 416
퍼실리테이터(facilitator) 337
포스트-퍼블릭 디자인(Post-Public Design) 377
포획이론 269
프란시스 티볼즈(Francis Tibbalds) 147
필수적인 외부 활동 240
필수적 활동(necessary activities) 173

ㅎ

하드 시티(Hard City) 399
한국디자인진흥원(KIDP) 396
한국해양디자인협회 225
해양디자인 223
해양디자인(Marine Design) 232
해양문화디자인 220
핸드레일 47
행태지원성 245
형태(Form, 形相) 246

Index

CABE(The Commission for Architecture and the Environment) 274
D.D.I(Diary Depth Interview) 315
GUI(Graphics User Interface) 415
Interaction Design 415
NRF(Northwest Regional Facilitators) 345
UI(User Interface) 415
UX(User Experience) 415

Author Information

Part 1. 모든 이를 위한 공공디자인

공공디자인 해석하기

이 석 현

중앙대학교 실내환경디자인전공 교수

한국도시설계학회 공공디자인위원회 위원장

한국색채학회 17대 회장

더나은도시디자인포럼 회장

공공공간의 무장애디자인

박 세 연

신구대학교 색채디자인과 교수

한국색채학회 이사

연세대학교 박사과정 (실내건축)

SAIC 석사 (실내건축 전공)

유니버설디자인 - 공공화장실 디자인 사례

배 임 선

용인시 도시재생지원센터 업무지원총괄

서울교통공사 디자인위원회 위원

강남대교육대학원 외래교수역임

전. 용인시청 공공디자인팀장

Part 2. 생활안전을 더하는 공공디자인

안전마을 조성을 위한 공공의 디자인

장 진 우

수원시청 디자인개발팀장

교토시립예술대 환경디자인 박사

전, 일본 경관공학연구소

도시안전을 위한 환경색채

배 용 진

중앙대학교 생활SOC센터 교수

디자인학 박사

한국색채학회 이사

서울시교육청 색채전문가

고속도로의 안전디자인

황 인 진

한국도로공사

조경학 박사수료

도로기술사

국제공인가치전문가(CVS)

Part 3. 재생 공공디자인

도시재생과 연계된 공공디자인

이 제 선

연세대학교 도시공학과 교수

LH공사(1992~2005)

미국 와싱턴대학교 도시설계 박사

가로재생 디자인

고 은 정

수원시청 디자인기획관

전. 상지대학교 조교수

전. SITE환경디자인 대표

전. 한국공공디자인학회 상임이사

원도심 도시재생과 공공디자인

송 원 화

광주시청 마을만들기 팀장

명지대학교 건축학부 졸업

도시재생 활성화를 위한 공공디자인

김 명 주

대구시 중구 도시재생국장

전, 대구시 중구 관광개발과장

전, 대구시 중구 도시재생과장

Part 4. 품격을 높이는 공공디자인

해양문화디자인

조 정 형

국립부경대학교 공업디자인학과 교수

부경대학교 학생처 부처장

부경대 BK21 Madec 인재양성사업단 단장

한국해양디자인학회 회장

일상으로서의 공공공간 디자인

김 철 중

광주대학교 인테리어디자인학과 교수

홍익대학교 공간디자인학 박사

한국도시설계학회 공공디자인연구위원회 위원

과천시 경관위원 및 안산시 성호기념관 자문위원

공공건축 디자인

원 세 용

청주대학교 교수

전, 일본 교토대학 연구원

전, 의왕시 도시디자인정책관

Part 5. 생활편의 공공디자인

공공안내사인 색채 디자인

박 희 경

대전세종연구원 도시기반연구실

디자인학 박사

협성대학교 강사

서울시교육청 색채전문가

지하철 역사공간 안내체계 디자인

권 영 재

상지대학교 산업디자인학과 조교수

노먼포스터 London HQ 근무

서울시 공공디자이너

2017 대한민국 공공디자인 대상 학술부문 우수상

Part 6. 참여 공공디자인

주민참여를 통한 공공디자인

김 연 금

조경작업소 울

서울시립대학교 공학박사 (조경계획 및 설계전공)

영국 뉴캐슬대학교 박사후 연수

도시연대 커뮤니티디자인 센터 센터장

커뮤니티 활성화 전략

이 의 준

(주)에스이디자인그룹 SEDG 공동대표

서울시 공공디자이너

(사)한국경관학회 상임이사

(사)한국도시설계학회 이사

공공 소셜 플랫폼 디자인

류 제 홍

도시기획자

문화학박사

창3동 도시재생지원센터장

Part 7. 공공디자인 진흥전략

공공디자인 진흥을 위한 전략

이 현 성

홍익대학교 공공디자인전공 부교수

에스이디자인그룹SEDG 공동대표

서울시 공공디자이너, 경기도 공공디자인 닥터

2019 문화체육부장관 표창 _문화 (공공디자인)분야

공공디자인 행정과 거버넌스

이 정 은

서울특별시 도시재생실 주거환경개선과

(사)한국컬러유니버설디자인협회 이사

전, 동두천시 안전도시국 건축과

전, (주)엠씨에스디자인

공공서비스 디자인 전략

민 영 삼

더디엔에이(주) 대표이사

국민대학교 테크노디자인대학원 석사

전, 삼성전자

전, 컴온21

Publishing Information

공공디자인으로 대한민국 바꾸기

이 도서의 국립중앙도서관 출판예정도서목록(CIP)은
서지정보유통지원시스템 홈페이지(http://seoji.nl.go.kr)와
국가자료공동목록시스템(http://www.nl.go.kr/kolisnet)에서
이용하실 수 있습니다. CIP제어번호: CIP2017012544

2020년 3월 5일 초판 인쇄
2020년 3월 10일 초판 발행

저자	(사) 한국도시설계학회 공공디자인연구위원회
발행인	주병오 · 주민기
발행처	(주)지구문화
주소	경기도 파주시 회동길 209 파주 출판문화도시
편집팀	(031) 955-7731, Fax (031) 955-7730
홈페이지	www.ji-gu.co.kr
전자우편	jigupub@daum.net
디자인	강은주(에스이디자인그룹 SEDG)
표지	이현성, 강은주
등록번호	1979년 7월 13일 제 9-57호
ISBN	978-89-7006-868-8 93600
정가	28,000원

PUBLIC
DESIGN

모든이를 위한 공공디자인 · 생활안전을 더하는 공공디자인 · 재생 공공디자인
품격을 높이는 공공디자인 · 생활편의 공공디자인 · 참여 공공디자인 · 공공디자인 진흥전략